水产养殖病害诊断与防治图说

SHUICHAN YANGZHI
BINGHAI ZHENDUAN YU FANGZHI TUSHUO

颜远义 主编

SPM 南方传媒
广东科技出版社
全国优秀出版社
·广 州·

图书在版编目（CIP）数据

水产养殖病害诊断与防治图说 / 颜远义主编. —广州：广东科技出版社，2023.2

ISBN 978-7-5359-7831-8

Ⅰ. ①水… Ⅱ. ①颜… Ⅲ. ①水产养殖—病害—诊断—图解 ②水产养殖—病害—防治—图解 Ⅳ. ①S94-64

中国版本图书馆CIP数据核字（2022）第041363号

水产养殖病害诊断与防治图说

Shuichan Yangzhi Binghai Zhenduan yu Fangzhi Tushuo

出 版 人：严奉强

责任编辑：区燕宜

封面设计：柳国雄

装帧设计：友间文化

责任校对：高锡全

责任印制：彭海波

出版发行：广东科技出版社

（广州市环市东路水荫路11号　邮政编码：510075）

销售热线：020-37607413

http：//www.gdstp.com.cn

E-mail：gdkjbw@nfcb.com.cn

经　　销：广东新华发行集团股份有限公司

印　　刷：广州市彩源印刷有限公司

（广州市黄埔区百合三路8号　邮政编码：510700）

规　　格：787 mm×1 092 mm　1/16　印张12.5　字数250千

版　　次：2023年2月第1版

2023年2月第1次印刷

定　　价：79.80元

如发现因印装质量问题影响阅读，请与广东科技出版社印制室联系调换（电话：020-37607272）。

《水产养殖病害诊断与防治图说》

编委会

主　　编：颜远义

副 主 编：徐力文　唐绍林　苏友禄

编写人员：王江勇　郭志勋　马亚洲　张　志　林华剑

唐　姝　倪　军　孙秀秀　方　伟　曾庆雄

梁淑芬　肖丽华　蔡　强　赖远军　梁前才

陈明波　黄晓声

审　　稿：姚国成

序言

Preface

水产养殖业是我国从业人数较多、经济效益较好的重要农业经济产业之一，为我国人民提供了优质食品及动物蛋白，对保障与提高我国人民的体质具有重要的、不可替代的作用。我国水产养殖业历史悠久，据考证，自公元220年左右起就有稻田养鱼的记载，唐、宋、明、清各代均有著作较详细地记载了养鱼技术，如唐代《岭表录异》、明代《农政全书》、清代《广东新语》中均有专门介绍养鱼技术的内容。广东江河密布，气候温暖，一年中可养殖的时间较长，一直是我国重要的水产养殖主产区，其中珠江三角洲水产养殖业具有悠久的历史，近代的桑基鱼塘更是名扬天下。改革开放以来，广东水产养殖业发展迅猛，养殖品种多，规模化、集约化程度高，形成了众多的优势水产养殖产业区，如湛江的对虾养殖，茂名的罗非鱼养殖，台山的鳗鱼养殖，江门、阳江、汕头的牡蛎养殖，阳江与饶平等地的海水鱼养殖，珠江三角洲的杂交鳢、大口黑鲈、花鲈等的养殖，在我国水产养殖业中均占有重要地位。

随着水产养殖业的发展，水产养殖病害的危害性越来越大，几乎每一种水产养殖品种均发生过危害较大的流行病。养殖历史较久的草鱼、养殖历史较短的多种海水鱼均遭受过各种病害侵扰，对虾更有多达20余种病毒病，且新的水产疾病频繁发生。据监测统计，我国水产养殖业每年因病造成的直接经济损失超过150亿元，广东水产养殖业每年因病造成的直接经济损失也达20多亿元。对虾白斑综合征、罗非鱼链球菌病、海水鱼刺激隐核虫病、牡蛎疱疹病毒病都曾导致相关养殖品种的整个产业遭遇毁灭性打击。水产养殖病害防控难度大，成为水产养殖业健康发展的重要制约因素，是广大从业人员最为头痛的问题。

本书的编写目的，意在为水产养殖生产一线人员在水产养殖动物疾病快速诊断与防控方面提供帮助。本书编写人员均长期从事水产养殖病害研究、监测调查、检疫防控、为生产一线提供技术咨询服务等工作，书中图片绝大多数来自编写人员亲自拍摄及积累，少数引用的均标明了出处，以尊重他人的知识产权，保证材料的真实性。防控方法也是编写人员的经验汇集，并经商讨、反复修改才定稿。

本书内容共分五章，其中，第一章《水产养殖动物疾病诊断概述》由苏友禄研究员编写，第二章《鱼类疾病》由徐力文副研究员、苏友禄研究员编写，第三章《对虾疾病》由唐绍林高级工程师编写，第四章《蟹类疾病》由郭志勋研究员编写，第五章《贝类疾病》由王江勇研究员编写。颜远义高级工程师、苏友禄研究员对鱼病内容进行了修改，徐力文副研究员、唐绍林高级工程师对虾病内容进行了修改。此外，鱼病的防控方法由颜远义高级工程师编写，并经徐力文副研究员、唐绍林高级工程师、苏友禄研究员修改成稿，还请蔡强高级工程师、陈明波高级工程师、黄晓声高级工程师对虾病内容提出了修改意见，赖远军高级工程师、梁前才高级工程师对鱼病内容提出了修改意见，编写组其他人员也参与了部分章节的编写工作。全书初稿完成后，经姚国成研究员审核，由颜远义高级工程师最后汇总修改意见成稿。

书中养殖品种、病名初次使用时配有学名，但以后使用的是俗名或广东当地习惯名称，这主要是为了方便读者，以免阅读生疏的名字引起误会。本书实用性强，以供生产上使用为主要目的，便于及时、快速、准确地诊断病情，尽快、尽早地采取正确防控措施，以期尽可能降低因病害造成的损失。本书可供水产养殖生产一线人员，水产动物检疫人员，渔医、渔药、饲料等的从业人员，大中专院校有关专业学生，观赏鱼养殖人员及其他为水产养殖生产企业提供技术服务的人员参考。

本书在编写过程中，得到原广东省水生动物疫病预防控制中心马亚洲主任、张志副主任的支持和帮助，也得到广东省动物疫病预防控制中心林琳主任、孙彦伟副主任、林乃峰副主任的关心和支持，在此一并致谢！

由于时间和水平所限，本书在编写过程中难免存在错漏之处，敬请读者批评指正，编者不胜感谢！

编写组

目录
Contents

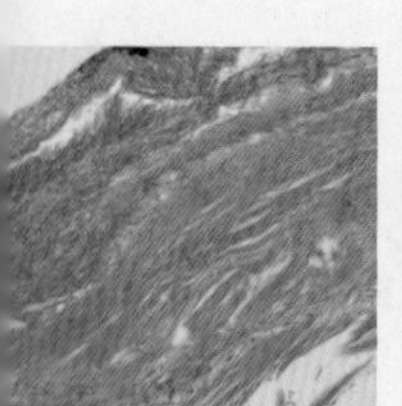
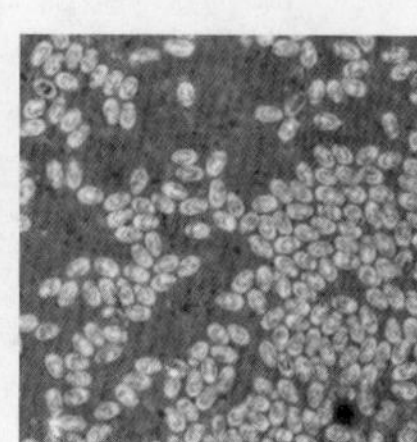
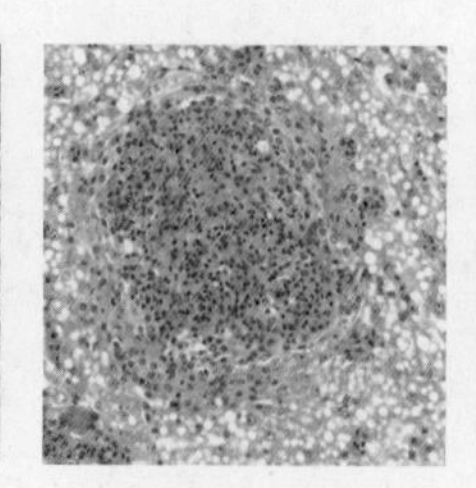
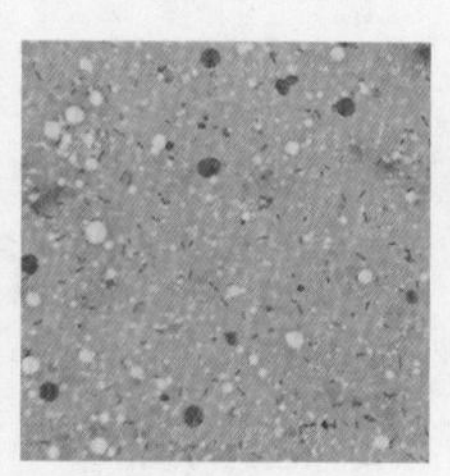
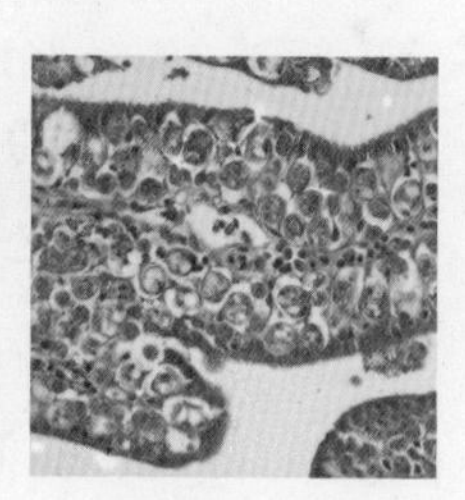

第三章 对虾疾病 / 119

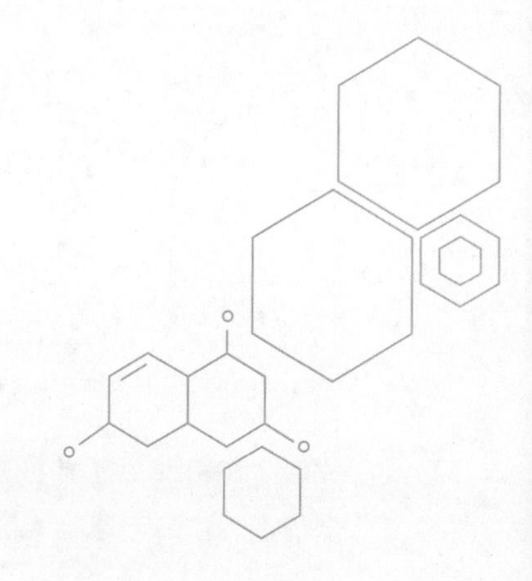

第四章 蟹类疾病 / 157

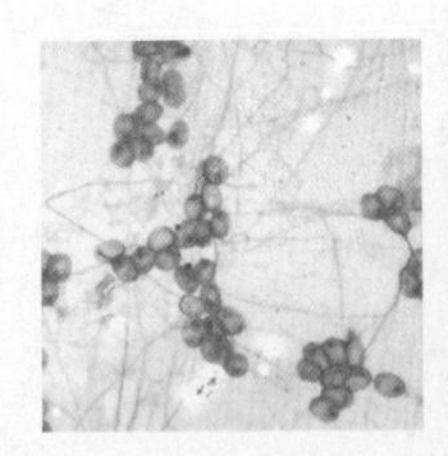
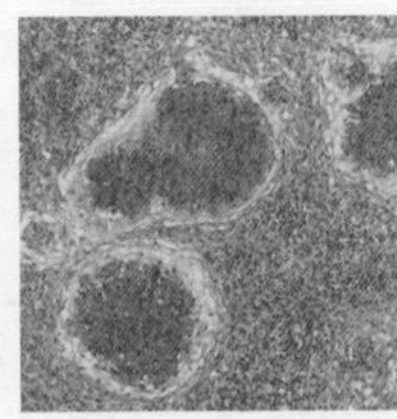
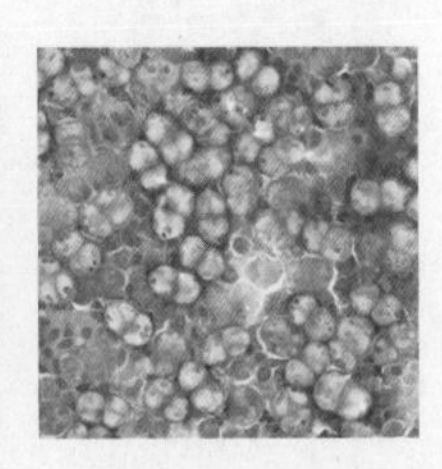

第五章　贝类疾病 / 169

Chapter 1

第一章
水产养殖动物疾病诊断概述

第一节　水产养殖动物疾病的诊断依据

水产养殖生产中不易做到仅检测患病机体的各项生理指标就对水产养殖动物疾病作出诊断，大多需通过发病动物的临床症状和显微镜检查或其他方法检测的结果作出病情诊断，以达到快速确诊、及时采取应对措施的目的。本章总结了几种辅助方法，可以帮助初步诊断病因。

一、如何判断是否由病原体引起的疾病

有些水产养殖动物发病，并不是由传染性或者寄生性病原体引起的，可能是由于水体中溶氧量低导致的动物机体缺氧、各种有毒物质导致的机体中毒等。这些非病原体导致的水产养殖动物失常或者死亡现象，通常都具有明显不同的症状。首先，由于饲养在同一水体的动物受到来自环境的应激性刺激是大致相同的，机体对相同应激性因子的反应也是相同的，因此，机体表现出的症状比较相似，病理发展进程也比较一致；其次，除某些有毒物质引起水生动物的慢性中毒外，非病原体引起的疾病往往会在短时间内出现大批水生动物失常甚至死亡，查明患病原因后，立即采取适当措施，症状可能很快消除，通常都不需要进行长时间治疗。

二、如何判断是否季节性发生的疾病

各种病原体的繁殖和生长均需要适宜的温度，而饲养水温的变化与季节有关。水产养殖动物疾病的发生大多具有明显的季节性：适宜于低温条件下繁殖与生长的病原体引起的疾病大多发生在冬季，如水霉病、淡水小瓜虫病等；而适宜于较高水温的病原体引起的疾病大多发生在夏季，如烂鳃病等多数细菌性疾病。

三、如何根据外部症状和游动状况判断疾病

虽然多种传染性疾病均可以导致水产动物出现相似的外部症状，但是，不同疾

病的症状也具有不同之处，而且患有不同疾病的水产动物也可能表现出特有的游泳状态。如鳃部患病的鱼类一般均会出现浮头的现象，而当鱼体上有寄生虫时，就会出现鱼体挤擦和时而狂游的现象。

四、如何依据种类和发育阶段判断疾病

各种病原体对所寄生的对象具有选择性，而处于不同发育阶段的各种水产动物由于其生长环境、形态特征和体内化学物质的组成等均有所不同，对不同病原体的感受性也不一样。有些疾病在年幼动物中容易发生，在成年阶段则不会出现或危害较小。如车轮虫等对鱼苗危害较大，对成鱼危害较小。

五、如何依据发生的水域特征判断疾病

由于不同水域的水源、地理环境、气候条件，以及微生态环境均有所不同，导致不同地区的病原区系也有所不同，对于某一地区特定的饲养条件而言，经常流行的疾病种类并不多，甚至只有1～2种，如果是当地从未发现过的疾病，患病水产动物也不是从外地引进的，一般都可以不加考虑。

第二节　水产养殖动物疾病检查方法与确诊

一、检查水产养殖动物疾病的工具

对水产养殖动物疾病进行检查时，需要用到一些器具，可根据具体情况配置。一般而言，养殖规模较大的养殖场和专门从事水产养殖技术研究与服务的机构和人员，均应配置解剖镜和显微镜等，有条件的还应该配置部分常规的分离、培养病原菌的设备，以便准确判断疑难病症。即使个体水产养殖业者，也应该准备一些常用的解剖器具，如显微镜、解剖剪刀、解剖镊子、解剖盘和温度计等（图1-1）。

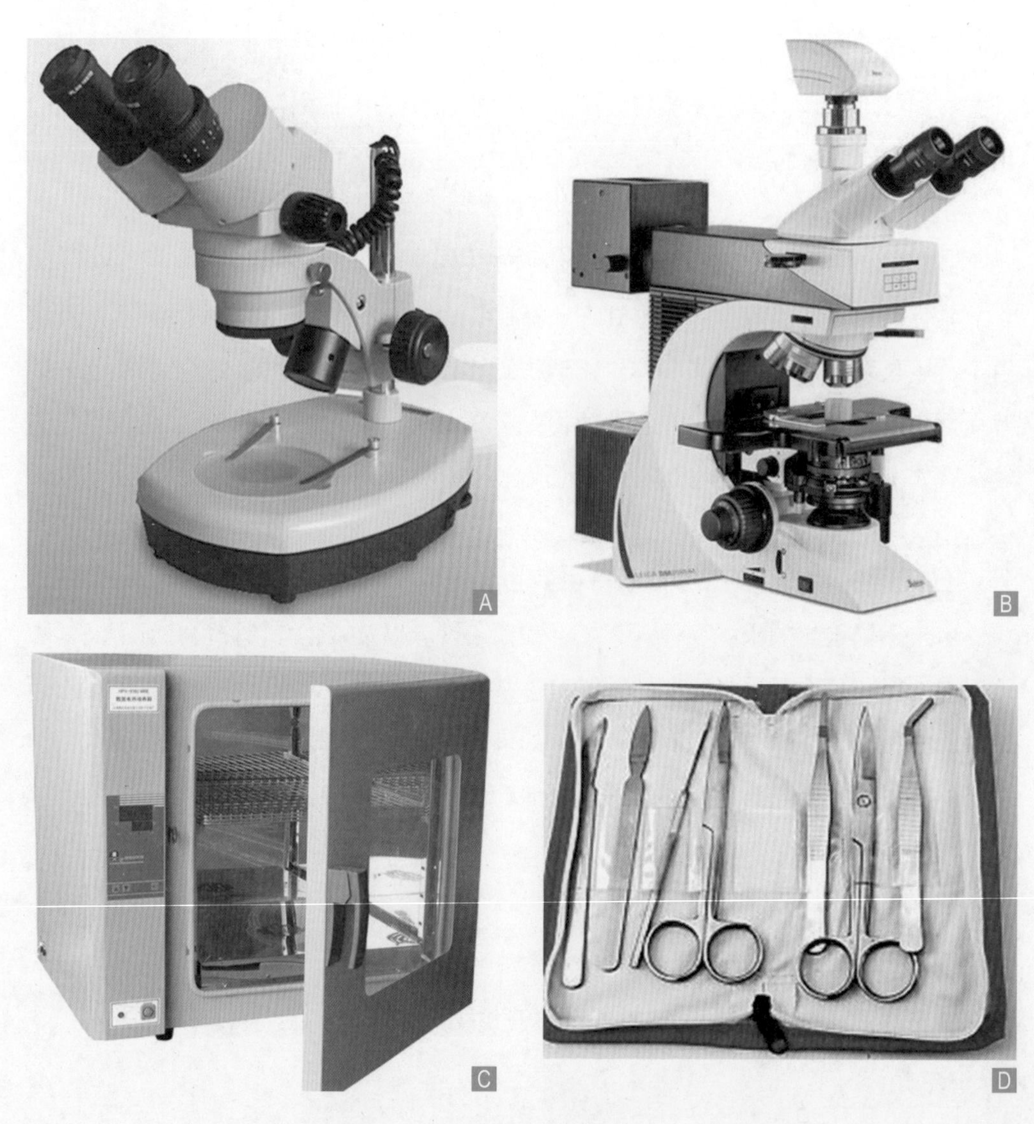

A. 解剖镜；B. 显微镜；C. 培养箱；D. 解剖器具。

图1-1 检查鱼病常用工具

二、肉眼检查方法

对水产养殖动物进行肉眼检查的主要内容：①观察动物的体形，注意体形是瘦弱还是肥硕。体形瘦弱的水产动物体往往与慢性型疾病有关，而体形肥硕的大多是患急性型疾病；注意腹部是否膨胀，如出现臌胀的现象应该查明臌胀的原因。此外，还要观察水产动物体是否有畸形。②观察动物的体色，注意体表的黏液是否过多，鳞片是否完整，机体有无充血、发炎、脓肿和溃疡的现象出现，眼球是否突出，鳍条是否出现蛀蚀，肛门是否红肿外突，体表是否有水霉、水疱或者大型寄生物等。③观察鳃部，注意观察鳃部的颜色是否正常，黏液是否增多，鳃丝是否出现缺损或者腐烂等。④解剖后观察内脏。若是患病水产动物比较多，仅凭对动物外部的检查结果尚不能确诊，应解剖1～2尾疑似患病动物，检查内脏。解剖水产动物的方法是（以鱼为例）：剪去鱼体一侧的腹壁，从腹腔中取出全部内脏，将肝脏、脾脏、肾脏、胆囊、肠等脏器逐个分离开，逐一检查。注意肝脏有无淤血，消化道内有无饵料，肾脏的颜色是否正常，腹腔内有无腹水等。

三、显微镜检查方法

在肉眼观察的基础上，从体表和体内出现病症的部位，用解剖刀和镊子取少量组织或黏液，置于载玻片上，加1～2滴清水（从内部脏器上采取的样品应该添加生理盐水），盖上盖玻片，稍稍压平，然后放在显微镜下观察，应特别注意对肉眼观察时有明显病变症状的部位作重点检查。显微镜检查特别有助于对原生动物等微小寄生虫引起的疾病的确诊。

四、确诊

根据对水产动物检查的结果，结合各种疾病发生的基本规律，就基本上可以明确疾病发生原因并作出准确诊断。需要注意的是，当从水产动物体上同时检查出两种或者两种以上的病原体时，如果两种及以上病原体是同时感染的，即称为并发症，若是先后感染的两种及以上病原体，则将先感染的称为原发性疾病，后感染的称为继发性疾病。对于并发症的治疗应该同时进行，或者选用对两种及以上病原体都有效的药物进行治疗。由于继发性疾病大多是原发性疾病造成水产动物体损伤后发生的，对于这种状况，应该在找到主次矛盾后，依次进行治疗。对于症状明显、病情单纯的疾病，凭肉眼观察即可作出准确诊断。在水生动物疾病中，因细菌感染引起的疾病占了很大的比例，有必要对病原进行分离、培养、鉴定及药敏实验操作（图1-2），以期达到对症用药，提高防控效果。但是，对于症状不明显、病情复杂的疾病，就需要做更详细的检查方可作出准确诊断。当遇到这种情况时，应该委托当地水产研究部门的专业人员协助诊断。当症状不明显，无法作出准确诊断时，也可以根据经验使用药物边治疗、边观察，进行所谓试验性治疗，积累经验。

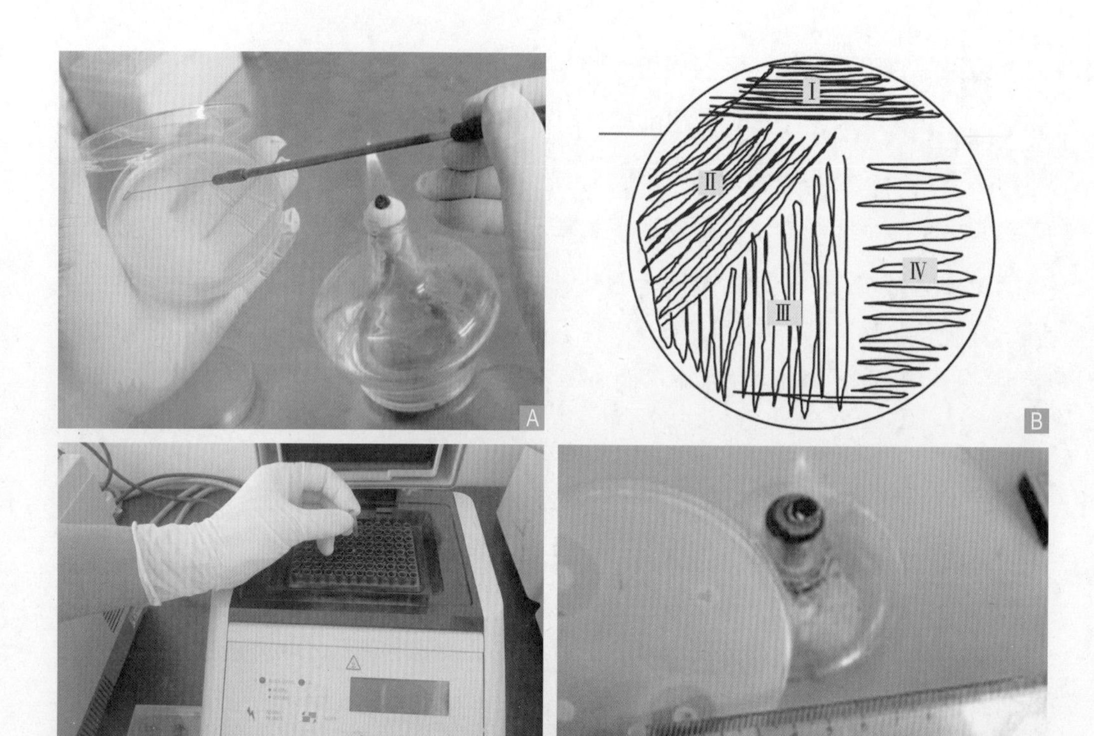

A. 细菌分离的平板划线； B. 平板划线四区接种法模式；
C. 置基因扩增仪上进行扩增； D. 测量抑菌圈直径。

图1-2 细菌性病原的确诊

Chapter 2

第二章

鱼类疾病

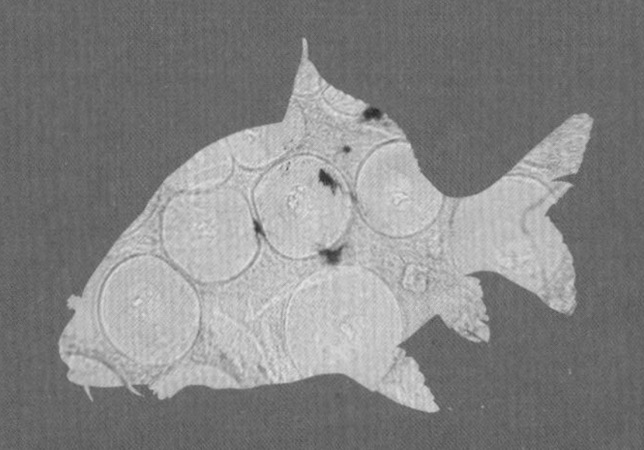

广东是我国重要的鱼类养殖基地，据2018年统计数据，广东鱼类养殖总产量4 100 000 t，约占全国总量的6.5%，位列全国前三位。因广东养殖周期长、养殖鱼类品种多、规模大与集约化程度高，因而鱼病危害严重，如鱼虹彩病毒病、草鱼出血病、气单胞菌病、链球菌病、指环虫病、刺激隐核虫病等均可引起鱼类大量死亡，造成严重的经济损失。

第一节　鱼类病毒性疾病

一、鱼类病毒概述

已报道可引起鱼类病毒病的病原体达上百种，常见的有20多种，大多数属于弹状病毒科、虹彩病毒科和疱疹病毒科，少数属于呼肠孤病毒科、双节段RNA病毒科、腺病毒科、反转录病毒科、野田病毒科和正黏病毒科等。2022年农业农村部颁布的《一、二、三类动物疫病病种名录》共有36种水生动物疫病，其中有9种鱼类病毒病，本节还列入了多种新发生的鱼类病毒病。鱼类病毒性疾病大概从20世纪50年代才开始研究，在初始阶段主要是用电子显微镜观察病变组织内的病毒，对鱼类还用活细胞进行病毒分离、培养和感染试验，研究进展很快。随着养殖品种的不断增多及水环境的恶化，已有的病毒病不断扩大宿主和地域传播范围，新生病毒病不断出现，给水产养殖业乃至野生水生动物资源带来巨大损失和影响，严重制约了水产养殖业的健康发展。病毒病常常具有暴发性、流行性、季节性和致死性强的特点，其病毒病原对宿主细胞的专一寄生使得病毒病防治异常困难。因此，鱼类病毒病的防治要依赖于早期检测和早期预防、降低养殖密度和改善养殖环境等来减少病毒病带来的损失。

二、真鲷虹彩病毒病

（一）病原

真鲷虹彩病毒（red seabream iridovirus，RSIV）属于虹彩病毒科（Iridoviridae）细胞肿大病毒属（*Megalocytivirus*），已知该属虹彩病毒有20余种，真鲷虹彩病毒为双链线状DNA病毒，有囊膜，核衣壳为二十面体，直径120～200 nm。

（二）流行情况

该病毒宿主几乎涵盖了我国主要的海水养殖鱼类及部分重要的淡水养殖鱼类，既可以垂直传播也可以水平传播。可感染的硬骨鱼类包括鲈形目、鲽形目、鳕形目、鲀形目等4目近百种海水、淡水鱼类，如石斑鱼、蓝子鱼、美国红鱼（*Sciaenops ocellatus*）、花鲈（*Lateolabrax maculatus*）、真鲷（*Pagrus major*）、大黄鱼（*Larimichthys crocea*）、大菱鲆（*Scophthalmus maximus*）、大口黑鲈（*Micropterus salmoides*）、鳜（*Siniperca chuatsi*）和尖吻鲈（*Lates calcarifer*）等，在珠江三角洲池塘养殖美国红鱼每年发病率都很高。近年来在我国及东亚地区其他国家危害日益严重，患病鱼的死亡率从30%（成鱼）到100%（幼苗），给水产养殖业造成重大经济损失。该病有明显的季节性，流行季节为5—10月，7—10月为发病高峰期，水温在25 ℃左右时开始出现流行，28～30 ℃最易流行，20 ℃以下则一般不发病，主要发生在成鱼养殖阶段。

（三）症状

细胞肿大病毒感染后外观临床症状（图2-1）主要包括：体表无明显损伤，嗜睡，黑身，部分鱼鳍基出血，游泳异常，漂浮于水面；贫血症状明显，血液稀薄、色淡，凝固性差，鳃丝完整但颜色偏淡；肝脏肿大且失血般苍白，胆囊充盈，胆汁溢出；严重时肝脏有点状出血，腹腔内有血水（图2-2）。该病毒对鱼体上皮组织和内皮组织亲嗜性较强，对脾脏、肾脏等鱼类造血器官和组织的破坏尤为严重，从而导致病鱼贫血、多器官衰竭而死亡。在组织病理学变化方面，细胞肿大病毒通常会导致病鱼的脾、肾等病毒靶器官内出现大量嗜碱性的、细胞质匀质化的、直径

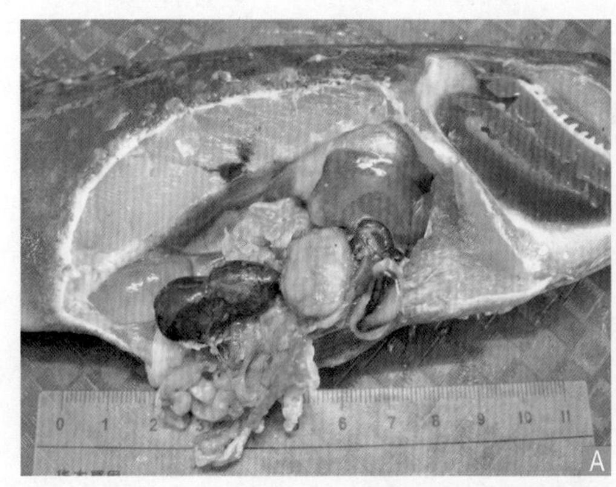

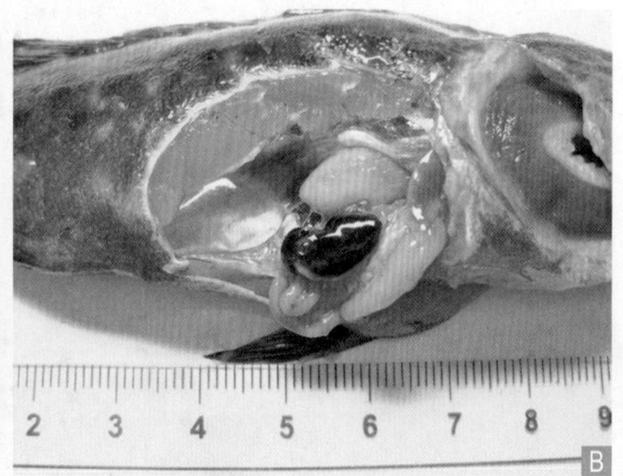

A. 老虎斑脾脏肿大；B. 青石斑鱼脾脏肿大。

图2-1　感染虹彩病毒的鱼解剖病变

15～20 μm的肿大细胞（图2-3），这是该类病毒重要的感染特征之一，也是该类病毒被命名为“细胞肿大病毒”的原因。组织病理切片观察发现：病鱼的肝脏、脾脏、肾脏、肠道和鳃等出现了不同程度的组织病理变化（图2-4）。

图2-2　感染虹彩病毒的尖吻鲈肝脏点状出血，腹腔内有血水

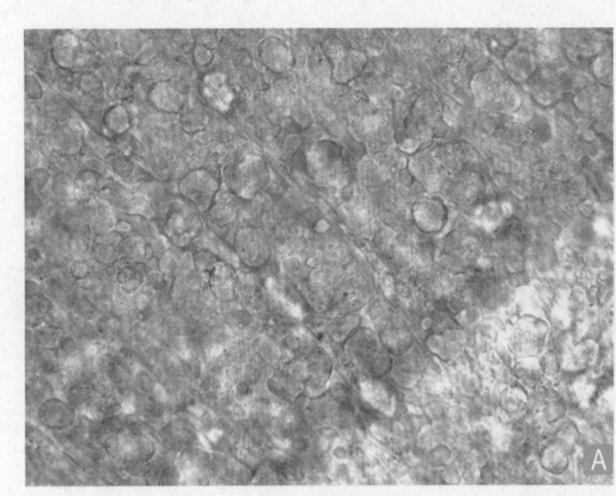

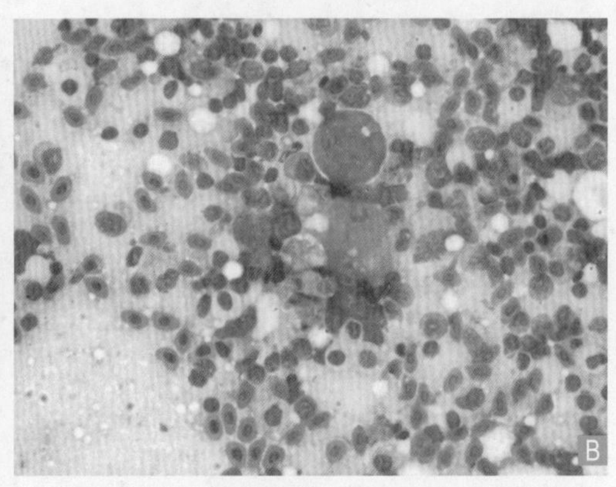

A. 珍珠龙胆石斑鱼鳃血管中的肥大细胞；B. 珍珠龙胆石斑鱼脾脏中的肥大细胞。

图2-3　感染虹彩病毒后组织中的肥大细胞

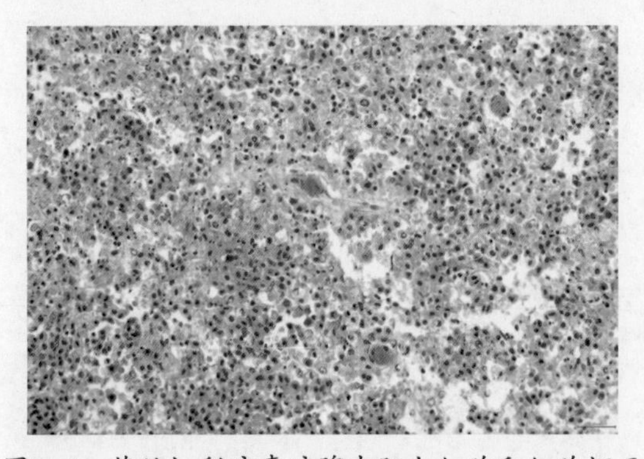

图2-4　花鲈虹彩病毒病脾中肥大细胞和细胞坏死

（四）诊断方法

根据病症特点及流行情况作出初步诊断。

（1）根据病鱼体表、鳃的外观症状和脾脏肥大可作出初步诊断。

（2）取病鱼的脾脏、肝脏、心脏、肾脏或鳃组织，切片，吉姆萨（Giemsa）染色，在光镜下观察到异常肥大的细胞。

（3）做肾脏超薄切片，通过电镜观察到病毒粒子。用BF-2、LBF-1等细胞株分离培养病毒，用直接免疫荧光抗体技术检测。

（4）用聚合酶链式反应（PCR）鉴定，如检疫中采用《SN/T 1675—2011　真鲷虹彩病毒病检疫技术规范》检测，或用《 GB/T 36191—2018　真鲷虹彩病毒病诊断规程》进行检测诊断。

（五）防控方法

真鲷虹彩病毒病的防控方法主要有以下几个方面。

（1）适当降低放养密度。池塘纯养和海水网箱养殖密度不宜过高。

（2）调控好池塘水质。纯养池塘的透明度最好保持在30 cm左右，透明度过高或过低对养殖均不利。水质过肥、藻类过度繁殖，则应更换部分塘水，注入清洁水；塘水过瘦，应该补充有机肥，培育藻类，保持水质相对稳定。定期使用生石灰，使塘水保持弱碱性（pH 7 ~ 8为宜）。

（3）培育抗病力强的苗种。有的鱼虽然体内存在病毒，但由于抵抗力强而并不发病。有条件的孵化场应从自然水体中引入亲本或开展良种选育，以提高鱼对疾病的抵抗力。

（4）免疫接种。免疫接种可能是控制虹彩病毒病的最有效方法。可通过注射疫苗来提高鱼体对该病的特异性免疫力。

（5）内服保健。在饲料中添加有益菌或免疫调节剂，补充营养，提高机体抗应激能力。内服三黄粉，1次量为每千克体重添加三黄粉0.2 ~ 0.3 mg，拌饲投喂，1天1次，连用6天。或内服维生素C钠粉，或维生素C和抗病毒免疫促长素，1次量为每千克饲料分别添加维生素C和抗病毒免疫促长素4 g和3 g，或各2 g，拌饲投喂，1天1次，连用3 ~ 5天。

（6）彻底清塘。放养苗种前应清除塘底过多的淤泥，并使用生石灰和漂白粉消毒。

（7）使用无污染水源。有条件的养殖场可建立蓄水池，将养殖用水引入蓄水池自行净化一段时间或消毒处理后再引入养殖塘。最好采用半封闭方式养殖，管理好水质，不轻易排换水。

（8）加强消毒工作。虹彩病毒传染性很强，应采用严格的隔离措施，以免相互传染。除水源、苗种外，还应注意饲料、工具的消毒。养殖用的各种工具做到各个塘分开使用，或经清洗消毒后再用于其他养殖塘。

（9）减少饲料投喂量。发病后减少饲料投喂可减少患病鱼对溶解氧的需求，减轻池塘中的环境压力，减少病鱼死亡，利于病鱼的恢复。

（10）药物刺激会增加发病鱼死亡，水体消毒用温和性药物为好。①大黄、黄柏、穿心莲按1∶1∶1的比例混合，加水煮沸20 min，连汁带渣全池泼洒。1次量为每立方米3～5 g，1天1次，连续两天。或全池交替使用溴氯海因和碘制剂。②溴氯海因：含量为24%，每立方米水体用量0.2 g。③碘制剂：聚维酮碘，每立方米水体用量4.5～7.5 mg（以有效碘计）；复合碘溶液，每立方米水体用量0.1 mL。

（六）注意事项

（1）注意休药期。

（2）严格检疫，对检测呈病毒阳性的鱼及时做淘汰处理。

（3）加强饲养管理，改良水质，对饵料鱼在饲喂前进行消毒处理。

（4）要特别注意以下三点：第一是不要大换水。大换水很可能会加速鱼死亡，出现越换水越死亡的现象，原因可能是环境的剧烈改变使鱼产生较强的应激反应。第二是禁用刺激性大的药物，如硫酸铜、敌百虫等。第三是发病后一定要及时减料，减料是控制该病患病鱼死亡的重要措施。

三、传染性脾肾坏死病毒病

（一）病原

传染性脾肾坏死病毒（infectious spleen and kidney necrosis virus，ISKNV），属虹彩病毒科细胞肿大病毒属，该病毒和真鲷虹彩病毒同源性在99%以上，世界动物卫生组织（OIE）鱼病专家委员会在《水生动物疾病诊断手册》中认为ISKNV与RSIV是同一种病原，只是命名不同。该病俗称鳜暴发性传染病，1994年在珠江三角洲鳜养殖中暴发大规模流行病，吴淑勤等对其进行调查并于1997年首次观察到病原为截面呈六角形、直径约150 nm的球状病毒粒子。何建国等首次提出该病毒可能属于虹彩病毒属。病毒在4 ℃水温下可存活4年以上，在42 ℃干燥后仍可保持感染性并能存活1周以上，在55 ℃以上时30 min可被灭活。对乙醚、氯仿、紫外线较敏感，在pH 4～12时可存活1周以上，低于4或高于12时可有效将其杀灭。

（二）流行情况

全国养殖鳜的地区均可流行，对鳜养殖业造成很大威胁，还可以感染大口黑鲈、笋壳鱼（*Oxyeleotris marmoratus*）等淡水鱼，是笋壳鱼养殖重要的病毒病。

该病毒可以经水传播和垂直传播，具有明显的季节性（5—10月），发病流行水温25～34 ℃，最适水温28～30 ℃。主要发生于鱼种和成鱼养殖阶段，在天气突变、水质变化大时呈急性死亡，传染性强，死亡率高，可造成严重损失。

（三）症状

病鱼“游水”，在水面不下沉，食欲下降，鱼体变黑，有时有抽筋样颤动；病鱼鳃丝贫血，发白或有出血点，伴有寄生虫或细菌感染，出现出血、腐烂等现象，有的鳃盖出现出血点；解剖常见有腹水，肠内有时充满黄色黏稠物，胆囊肿大；肝脏肿大，有缺血状、土黄色或有淤血点等症状；脾脏肿大、充血，呈紫黑色；肾脏肿大坏死、充血（图2-5、图2-6）。ISKNV可感染鱼的脾脏、肾脏、鳃、肝脏、心脏、脑和消化道等器官和组织，受感染细胞肿大、核固缩，肾小管和肾小囊的血管球萎缩，

A. 患病鳜“游水”；B. 正常鳜（上）和患病鳜（下）。

图2-5　传染性脾肾坏死病毒病感染的鱼解剖病变（一）

A. 笋壳鱼脾脏肿大；

B. 大口黑鲈肝脏肿大。

图2-6　传染性脾肾坏死病毒病感染的鱼解剖病变（二）

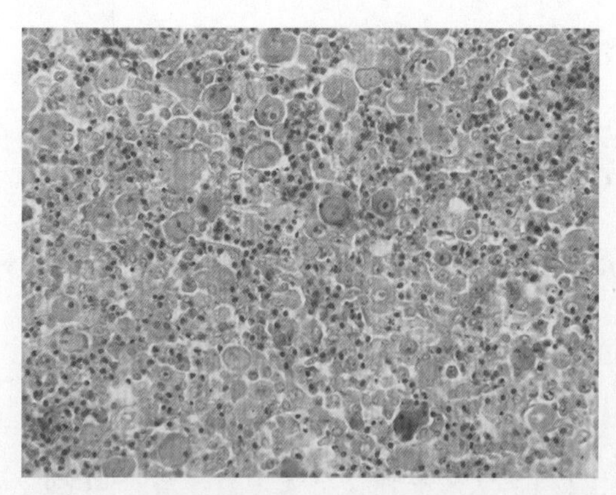
图2-7　患病鳜脾脏淤血，出现大量肿大细胞

在脾脏、头和肾脏组织的细胞质内可观测到大量病毒颗粒（图2-7）。

（四）诊断方法

（1）根据症状及流行情况进行初步诊断，病鱼出现鳃出血、呈白色或颜色浅淡，肝脏颜色偏白、有紫黑色出血点，脾脏、后肾肿大或坏死等特有的临床症状，结合天气、水温条件等流行情况及苗种来源可初步诊断。

（2）根据《传染性脾肾坏死病毒检测方法》（SC/T 7211—2011）进行检测诊断。取垂死鳜5~10尾，采集脾脏、肾脏、肝脏组织混合制样、检测，如结果呈阳性，可确诊鳜传染性脾肾坏死病毒病。

（五）防控方法

传染性脾肾坏死病毒病的防控方法主要有以下几个方面。

（1）预防措施：对养殖场实施苗种生产管理制度，要选购经过检疫的鳜种苗；加强养殖水体、工具、场地设施等的消毒，加强饲养管理；加强疫病监测，掌握流行病学情况，及时淘汰隐性带病毒亲鱼，切断垂直传播的途径。

（2）投喂优质饲料鱼。培育饲料鱼最好使用配合饲料，投放的饲料鱼应做到规格、数量适宜并保证适口性。

（3）使用配合饲料投喂的减少饲料投喂量。虽然发病前不少病鱼已停止进食，但也有临死前仍在追食饲料鱼的情况，应减少饲料的投喂量，减轻池塘环境污染。

（4）细致管理。经常抽检鳜样本的体表，观察鳃是否有车轮虫、指环虫、斜管虫等寄生虫，并及时用硫酸铜及中药杀虫剂全塘泼洒；根据实际情况选用聚维酮碘、戊二醛、大黄等全池泼洒进行消毒，防止鳜烂鳃、出血病并发；当水温达到25 ℃以上时，注意加强保健，避免鱼体因体质下降、免疫能力降低而引发鳜传染性脾肾坏死病毒病。

四、大口黑鲈虹彩病毒病

（一）病原

1991年，美国佛罗里达州的野生大口黑鲈（加州鲈）中分离出大口黑鲈病毒，此后几年在美国多地暴发鱼灾，经病原分离鉴定为大口黑鲈病毒。1996年，J A Plumb等将其归类到虹彩病毒科，1999年，J Mao等通过基因序列分析，明确大口黑鲈病毒的分类地位属于虹彩病毒科（Iridoviridae）蛙病毒属（*Ranavirus*），后称之为大口黑鲈虹彩病毒（largemouth bass ranavirus，LMBV）。在国内，邓国

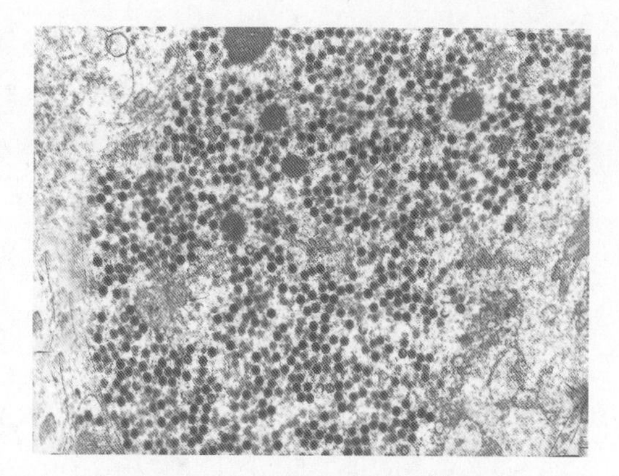

图2-8　大口黑鲈虹彩病毒颗粒

成等于2009年从体表大片溃烂的大口黑鲈身上分离出虹彩病毒科蛙病毒属的病毒，并将该病暂命名为大口黑鲈病毒性溃疡病，后将该病毒更名为大口黑鲈溃疡综合征病毒（LBUSV）。该病毒是一种正二十面体结构、有囊膜的DNA病毒，和国外报道的大口黑鲈虹彩病毒同源性很高，主要衣壳蛋白（MCP）基因氨基酸序列分析结果表明，此两种病毒之间有3个氨基酸残基差异，但与裂唇鱼病毒DFV（doctor fish virus）完全一致（doctor fish是一种热带鱼，学名为淡红墨头鱼）。国际病毒分类委员会第八次报告将LMBV、DFV、孔雀鱼病毒（GV6）归类为蛙病毒属（图2-8）。

（二）流行情况

珠江三角洲6—10月均有发病，流行水温25～32 ℃，夏季高温期较为常见，主要危害大口黑鲈成鱼，但小规格鱼苗和鱼种也有检出病毒粒子的，发病时间3～7天，发病死亡高峰期为发病后第3至第5天。该病发病急，死亡率高，据初步调查，池塘发病率在30%～50%，严重时死亡率高达60%，若处理不当，短时间内会造成大量死亡，给大口黑鲈养殖业造成严重威胁。

（三）症状

病鱼趴边，体表出现红斑状的溃疡病灶，后期大片溃烂，或眼睛溃烂，尾鳍、胸鳍和背鳍基部红肿溃烂，解剖病鱼可见鳃丝、肝脏、脾脏、肾脏有不同程度的病变，部分鱼体色变黑，眼有白内障，或伴有心腔血块聚积，鳃动脉扩张淤血、鳃出血，肝脏肿大发白或有出血点，脾脏肿大、发黑，肾脏充血（图2-9、图2-10）。

（四）诊断方法

（1）根据流行病学和主要症状初步诊断，当高温期发现游边病鱼有体表浅表性溃烂时，可初步怀疑是大口黑鲈虹彩病毒感染。但是要区别诺卡氏菌和气单胞菌

引起的体表溃烂，诺卡氏菌感染的大口黑鲈解剖可见肌肉和内脏有白色结节。

（2）此外，通过实验室确诊，采集脾脏、肾脏、肝脏组织混合制样，用相应的引物做PCR检测，如结果呈阳性即可确诊。

需要注意的是，低温期的体表溃烂基本不是由大口黑鲈虹彩病毒引起的，多为细菌、真菌引起，要注意区别。

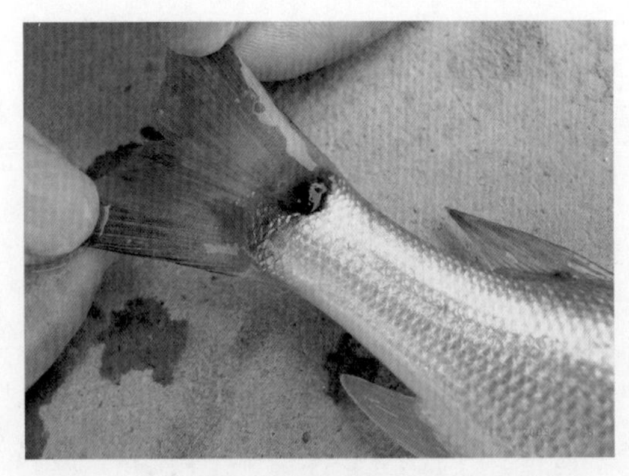

图2-9 感染虹彩病毒的大口黑鲈体表症状

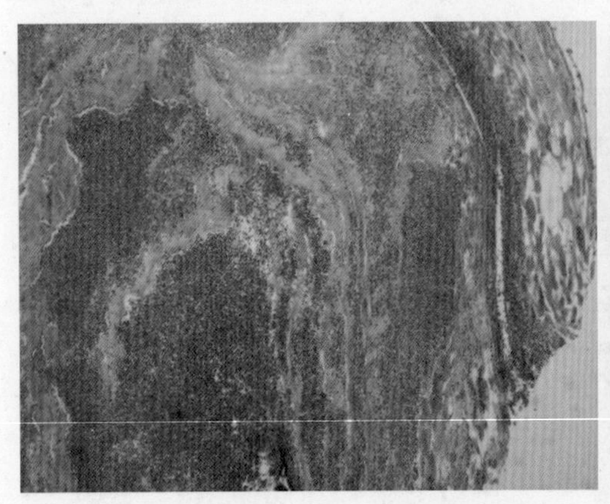

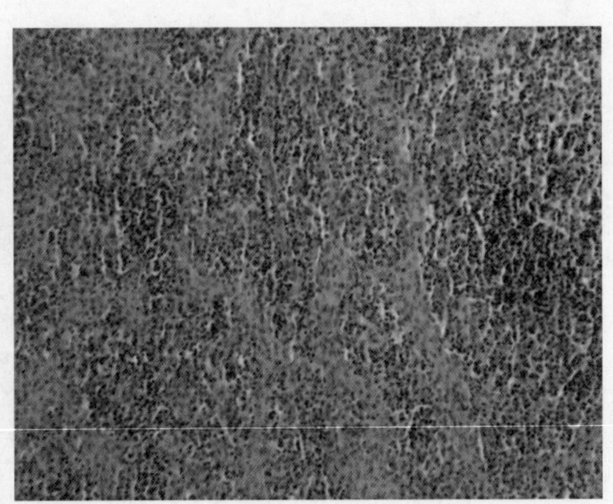

图2-10 感染虹彩病毒的大口黑鲈心脏血窦组织病理学变化

（五）防控方法

（1）加强对苗种的检测，避免苗种携带病原。

（2）保持水环境稳定，高温期要防缺氧和返底，减少应激因素。

（3）一旦发现有烂身病鱼定身在水面，及时检测病毒，同时多开增氧机，待发病高峰期过后低剂量使用温和的消毒剂（如聚维酮碘）处理，使用刺激性小的抗菌药防继发细菌感染，切记不可大剂量消毒、杀菌、杀虫。

（4）发现病鱼时及时捞出，避免与健康鱼接触，以防交叉感染。

五、淋巴囊肿病

（一）病原

淋巴囊肿病毒（lymphocystis disease virus，LDV）属虹彩病毒科淋巴囊肿病毒属。病毒粒子呈正二十面体，其截面呈六角排列，直径一般为160～260 nm，有囊膜，囊膜厚50～70 nm，为双链线状DNA病毒（图2-11）。

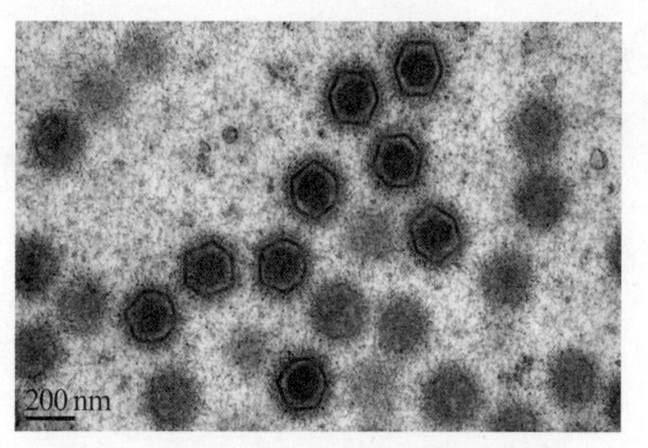

图2-11　石斑鱼淋巴囊肿病的病毒粒子

（二）流行情况

主要危害海水鱼类的鲈形目、蝶形目和鲀形目的一些种类，如牙鲆（*Paralichthys olivaceus*）、真鲷、军曹鱼（*Rachycentron canadum*）、花鲈、大菱鲆、石斑鱼、紫红笛鲷（*Lutjanus argentimaculatus*）和美国红鱼。该病是慢性病，流行地区广，全年均可见，在10月至翌年5月水温10～20 ℃时为流行高峰期，感染率较高，尤其是在高密度工厂化养殖池和网箱。苗种阶段和当年鱼可出现死亡，但是死亡率不高于30%。当水温超过25 ℃时，有的囊肿可脱落自愈，也可再次发生，二龄鱼一般不会引起大量死亡，但病鱼外表难看，因失去商品价值而造成经济损失。

（三）症状

病鱼体表皮肤、鳍、吻和眼球等处出现许多大小不一的水疱状囊肿物，囊肿物多呈灰白色、淡黄色，并常紧密相连成桑椹状，分散、聚集成团或连成片，严重的密布全身皮肤。除发生在鱼体表外，鳃丝、咽喉、肠壁、肠系膜、肝脏、脾脏、卵巢等器官和组织上也可能出现。病鱼发病较轻时，行为、摄食正常，但是生长缓慢，发病严重时，游动缓慢，不摄食，体色发黑，贫血，并出现死亡（图2-12）。

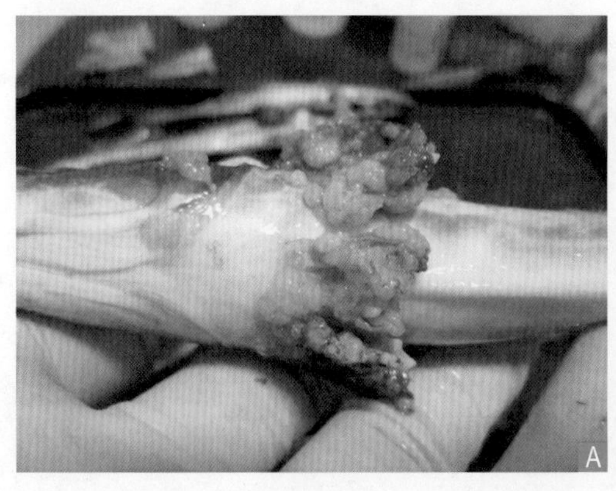

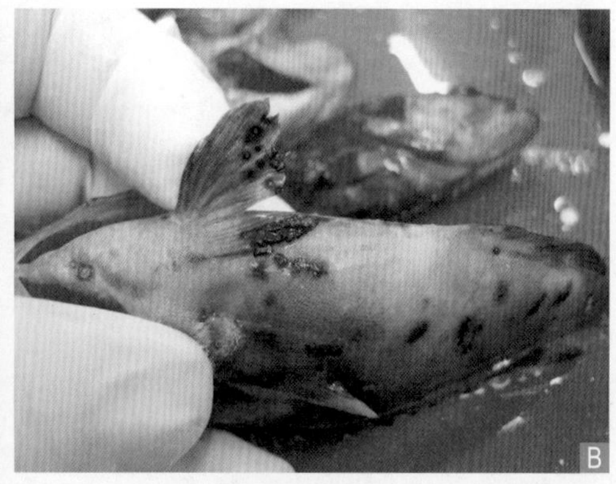

A. 军曹鱼体表囊肿；B. 珍珠龙胆石斑鱼鳍条有囊肿。

图2-12　患淋巴囊肿病的鱼体表病变

（四）诊断方法

通过肉眼观察特异的外观症状可初步诊断；将囊肿物置于载玻片上压片，在光镜下观察到肥大的囊肿细胞也可以诊断；还可采用酶联免疫吸附测定（ELISA）、免疫荧光等方法确诊（图2-13）。

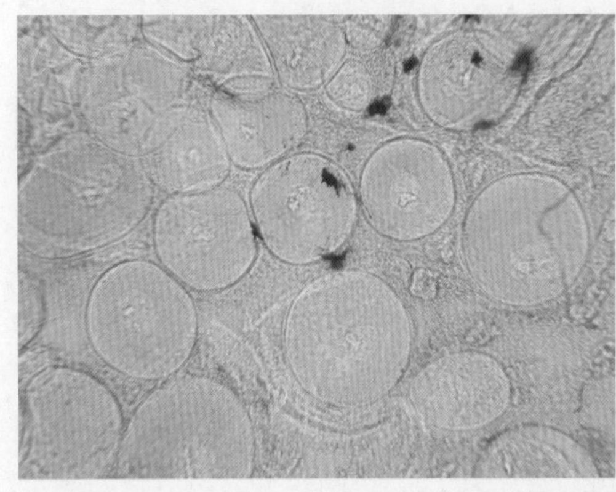
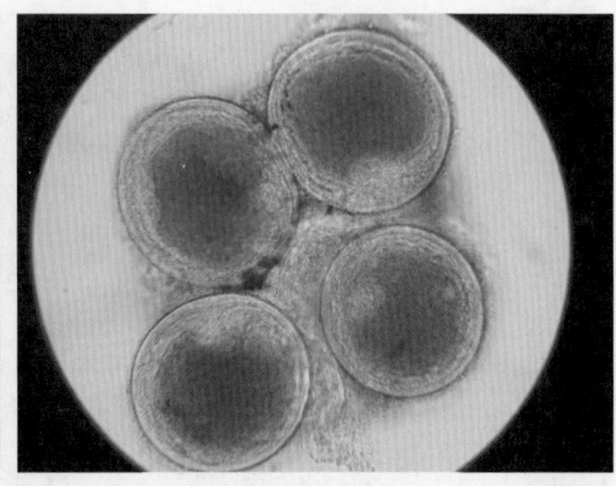

图2-13　患淋巴囊肿病的鱼体表病变组织压片

（五）防控方法

（1）引进亲本和苗种时，应严格检疫，发现携带病原的应该彻底销毁。此外，苗种期用淋巴囊肿病组织浆灭活疫苗注射或浸浴有一定的预防效果。

（2）养殖生产中发现病鱼时及时拣出并销毁，对发病的养殖网箱或鱼池实施隔离养殖。

（3）放苗时控制密度，避免过密养殖。

（4）养殖过程中应保持良好水环境，用底质水质改良剂改善水体环境。

（5）发病期减少投饵量70%～80%或停喂，对控制病情有较明显的效果。

（6）用50 mg/L浓度的过氧化氢（3%双氧水）浸浴感染鱼20～30 min，或用10%聚维酮碘溶液浸浴5～10 min；有条件的将养殖水温每天提升1 ℃直至25～27 ℃养殖10天左右，囊肿物可能自行脱落消失，病情会逐渐减轻。

六、病毒性神经坏死病毒病

（一）病原

病毒性神经坏死病毒病资料显示该病最早于1985年暴发，1990年，日本学者在患病鱼脑部发现病毒粒子，并首次将该病命名为病毒性神经坏死病。病毒性神经坏死病毒（viral nervous necrosis virus，VNNV）属于野田村病毒科乙型野田村病毒属（*Betanodavirus*），国内又译为β诺达病毒属，主要侵害宿主的脑部和视网膜等组织，因此病毒性神经坏死病毒导致的疾病也称为空泡性脑视网膜炎（vacuolating encephalopathy and retinopathy，VER）。该病毒为无囊膜、二十面体的RNA病毒，直径为25 ~ 30 nm。

（二）流行情况

该病在海水鱼中最常见，也是危害最大的传染病之一，尤其对石斑鱼、花鲈及鲹科、鲷科、鲀科、石首鱼科和鲆类、鲽类等的仔鱼、稚鱼危害最大，近年来给广东养殖的青石斑鱼等苗种造成了巨大的损失。不仅如此，目前还发现它可感染笋壳鱼、鳜、部分鲇形目鱼类等淡水鱼，并造成死亡。海水鱼的死亡率一般可达40% ~ 100%，部分种类的成鱼也会被感染，但死亡率较低，该病流行水温25 ~ 32 ℃。它可通过水平和垂直传播，病毒可以附着在鱼卵表面或在水中游离而感染仔鱼，PCR检测显示病毒阳性亲鱼的后代全部患病毒性神经坏死病。

（三）症状

仔鱼期病鱼厌食，病鱼活力差，身体瘦弱，体色发黑，游动异常，或随水流无力游动，或腹部朝上（胀鳔导致），浮于水面做盘旋游动，或在水中打转。受惊吓与刺激（投饵）时出现痉挛性异常游泳，有时横卧在池塘底部，鲆、鲽类则沉在水底，无眼侧朝上，石斑鱼大部分病鱼都会趴底。部分病鱼脑、眼、口部充血发红，眼球脱落。所有种类的病鱼最后都会浮上水面或狂奔而死亡，病理切片可见中枢神经组织和视网膜中心出现空泡化（图2-14、图2-15）。

图2-14　病毒性神经坏死病毒感染的石斑鱼

图2-15　病毒性神经坏死病毒感染的卵形鲳鲹（A）和石斑鱼（B）的临床表现

（四）诊断方法

（1）根据病症特点及流行情况作出初步诊断。

（2）细胞培养分离病毒和病毒鉴定。

（3）取可疑病鱼的脑网膜组织细胞或视网膜做组织切片，苏木精-伊红（HE）染色，观察有无神经组织坏死、大型空泡，或用电子显微镜观察有无病毒包涵体（图2-16）。

（4）用荧光抗体测试、ELISA检测法诊断。

（5）逆转录-聚合酶链式反应（RT-PCR）检测法，如采用《SC/T 7216—2012 鱼类病毒性神经坏死病（VNN）诊断技术规程》检测诊断。

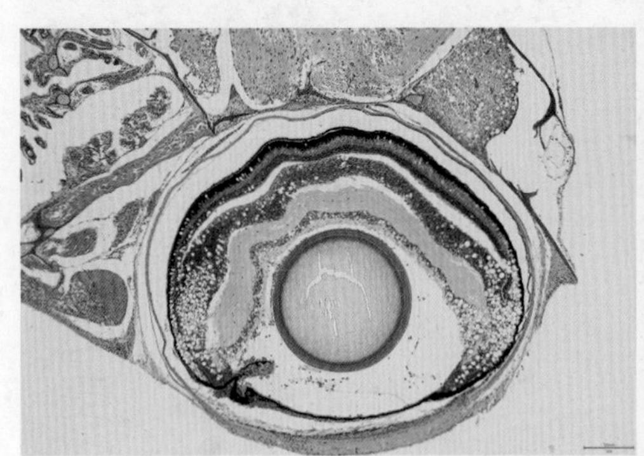
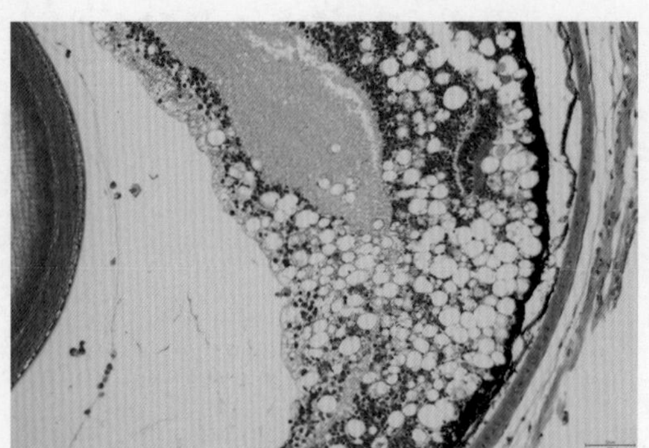

图2-16　病毒性神经坏死病毒感染的鱼病脑和视网膜空泡化

（五）防控方法

（1）受精卵卵膜携带许多病毒，我国台湾养殖地区提倡受精卵在研磨发泡期（16～18 h）用20 mg/L的有效碘浸浴受精卵15 min，或在水温20 ℃时用50 mg/L浓度的次氯酸钠浸泡受精卵10 min，还可用臭氧处理过的海水洗卵3～5 min，虽然多数病毒被携带于胚胎和受精卵核内而很难清洗，但消毒处理后，养殖过程发病情况会改善许多，有条件的育苗场或者养殖人员可以借鉴。

（2）在购买鱼苗和鱼卵时，使用神经坏死病毒检测试剂条或其他现场检测试剂，如果时间充足，采样送至科研单位检测病毒，再选择检测后显示病毒含量较少或者没有的池塘，此外，用10%聚维酮碘溶液浸浴鱼苗，每次30 min，连用2～3次。

（3）海南、广东、福建的自然海水本身都携带病毒，很难做到彻底消灭病毒，要建立蓄水池，严格消毒，对该病毒有效的消毒剂主要有卤素类、乙醇类、碳酸及pH 12的强碱溶液，如用次氯酸钠50 mg/L处理10 min；用臭氧消毒或紫外线照射，可减少因水源携带病原而造成的传染。

（4）对发病的养殖网箱或鱼池实施隔离，捞出病鱼并销毁，及时捞出死鱼深埋。对育苗室、育苗池、养殖池和器具进行消毒处理。由于病毒对干燥和直射光有很强的耐受力，所以推荐使用消毒剂进行消毒处理。

（5）尽量减少搬塘、过塘等刺激性操作，运输过程要有充足溶氧，鱼苗下塘后要保证水体环境稳定。

（6）开口后内服三黄粉、多维素等，每千克饲料拌饵4～8 g，1天1次，连用7天。

七、草鱼出血病

（一）病原

草鱼呼肠孤病毒（grass carp reovirus，GCRV）又称草鱼出血病毒（grass carp hemorrhagic virus，GCHV），属于呼肠孤病毒科（Reoviridae）水生呼肠孤病毒属（*Aquareovirus*）。该病毒是我国自行分离鉴定的第一株鱼类病毒，属于水生呼肠孤病毒属的C群，为水生呼肠孤病毒属中致病力最强的毒株。早在1954年，中国科学院水生生物研究所菱湖鱼病工作站就发现磺胺胍医治草鱼（*Ctenopharyngodon idellus*）肠炎时，对一龄以上的病鱼治疗效果高达80%左右，而对当年的草鱼则只有20%～30%，1955年加重用药结果相同，从而怀疑可能是病毒引起的。1970年，湖北黄陂滠口养殖场首次发现草鱼大量死亡现象，疑似病毒引起的出血病症，以后在全国养殖区陆续发现。1978年，陈燕燊确定草鱼出血病为病毒引起，1980年又报道了该病毒的电镜形态，并于1983年命名为呼肠孤病毒。GCRV具备正呼肠孤病毒的形态结构特征，病毒粒子呈二十面体，5∶3∶2的对称球体颗粒形状，直径为

70 nm左右，病毒核心直径约50 nm，无囊膜结构。病毒RNA核心与内壳层、中间层和外壳层为典型的多层排列。该病毒形态的典型特征是在其5次轴上有三聚体凹陷区，因而暴露出中间层的三聚体亚单位。GCRV主要是由蛋白质与核酸组成，并含有以糖蛋白形式存在的少部分糖类，不含脂类。GCRV在pH 3～10的范围内活性稳定，在56 ℃条件下作用30 min仍具有感染性。

（二）流行情况

呼肠孤病毒感染草鱼和青鱼，在全国范围内均可流行，在华中地区每年有两个发病高峰期，为5—6月和9—10月，发病水温22～33 ℃，最适水温在27～30 ℃，低于20 ℃不发病。在广东主要发生在春季夏花鱼种培育前后阶段。主要危害规格为5～20 cm/尾的当年或一龄草鱼鱼种，死亡率一般为30%～50%，高的可达60%～80%，二龄草鱼很少发病，但可携带病毒而成为传染源。危害极为严重，给草鱼、青鱼养殖带来巨大经济损失。

（三）症状

发病初期，草鱼体色发暗或者变黑，摄食减少或不摄食。该病分为“红肌肉型”“肠炎型”和“红鳍红鳃盖型”等（图2-17、图2-18、图2-19、图2-20、图2-21、图2-22），实际上病鱼可以有其中一种或几种临床症状。“红肌肉型”病鱼撕开表皮后可见全身肌肉发红或出现点状或块状出血，鳃丝因严重出血而苍白，剖检腹腔可见肠道、肝脏、脾脏因失血而发白，多见于规格为5～10 cm/尾的小草鱼；“红鳍红鳃盖型”可见鳃盖和鳍条基部严重出血，头顶、口腔和眼眶点状出血，多见于规格为10 cm/尾以上的草鱼；“肠炎型”解剖可见肠道发红、充血，有

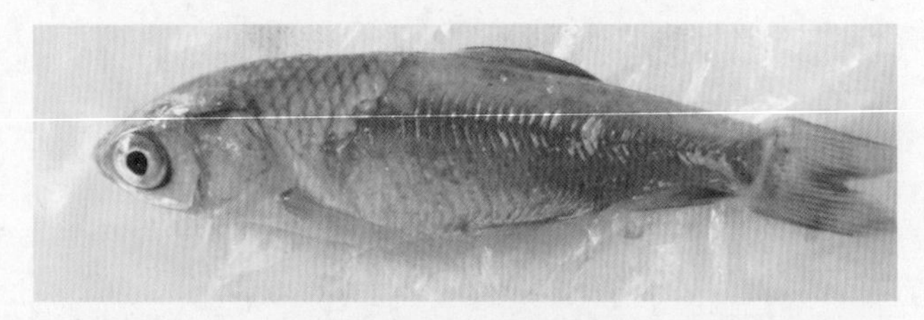

图2-17 草鱼出血病“红肌肉型”（王庆）

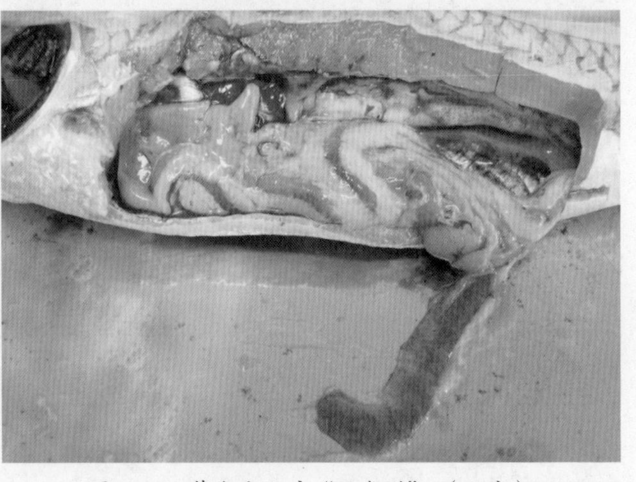

图2-18 草鱼出血病“肠炎型”（王庆）

图2-19　草鱼出血病“红鳍红鳃盖型”（王庆）

图2-20　草鱼出血病“红鳍红鳃盖型”的红鳍（王庆）

图2-21　草鱼出血病“红鳍红鳃盖型”的红鳃盖内侧（王庆）

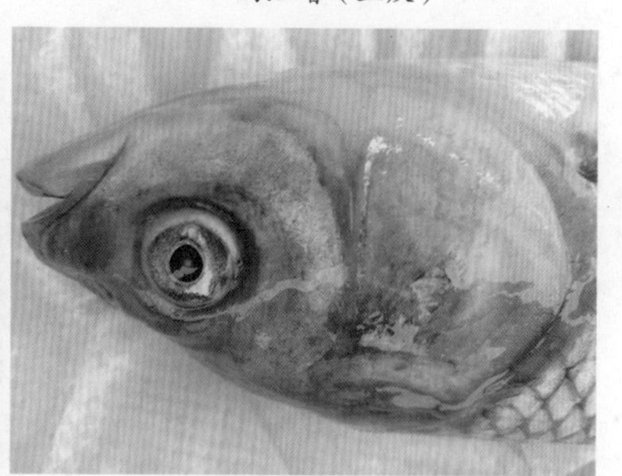

图2-22　草鱼出血病“红鳍红鳃盖型”的红鳃盖外侧（王庆）

的内脏点状出血，在各规格的草鱼中均可见到，是最常见的类型。

（四）诊断方法

（1）根据临床症状和流行病学初步诊断。水温适合时，草鱼当年鱼种或者青鱼发生死亡，同池塘二龄草鱼和其他鱼不死亡或死亡少，再根据症状初步诊断。

（2）将病料接种到CK（草鱼肾细胞）等草鱼细胞中，在25 ℃培养，有些病毒株能出现致细胞病变效应（CPE），然后用凝胶电泳直接观察RNA带、免疫学方法（如中和试验和ELISA）等鉴定病毒；对不能产生CPE的病毒株，可用PCR方法或者直接用凝胶电泳观察病毒的11条RNA带进行病毒检测；结合组织病理学，偶尔可在肝细胞等的胞质内观察到嗜酸性包涵体。

（3）注意鉴别病毒性肠炎和细菌性肠炎。活检时，患有草鱼出血病的肠道弹性好，外观较为整洁；而细菌性肠炎肠道弹性差，黏液多。

（五）防控方法

（1）注射疫苗。目前草鱼出血病最有效的防控方法是免疫，可分两种方式。

浸泡免疫用浓度为0.5%的草鱼出血病灭活疫苗，加浓度为10 mg/L的莨菪碱，水温20～25 ℃，浸泡3 h；可采用腹腔或背部肌内注射免疫，体长6～7 cm鱼种每尾注射0.2 mL，体长18～20 cm鱼种每尾注射0.5 mL，它可保护鱼种度过当年发病流行季节。

（2）采用生态养殖防病，降低发病率。高温季节注满池水，降温后减少换水、加水量，一次加水量不宜过大，深水位以保持水温稳定。食场周围定期泼洒漂白粉或漂白粉精进行消毒，使用的网具也要消毒。

（3）维持优良水质。少量多次使用生石灰调节pH，选择合适的水产渔药肥水、稳水。

（4）控制池塘密度，投喂优质、适口饲料。

（5）内服中药防治。①每100 kg鱼体重用水花生10 kg，捣烂后拌食盐500 g、大黄粉1 kg、韭菜2 kg或生大蒜500 g，再拌米粉、麸皮或浮萍10～20 kg做成药饵，连喂7～10天。②投喂大黄，每1万尾鱼种以500 g大黄拌料投喂，6天为1个疗程，首次加倍；或大黄粉碎后，热水浸泡过夜，连渣带水拌入料中。③每亩（亩为已废除单位，1亩≈666.7 m^2）水深1 m的养殖池，用金银花75 g、菊花75 g、大黄375 g、黄柏225 g研成细末，加食盐150 g，混合后加适量水全池泼洒。

八、锦鲤疱疹病毒病

（一）病原

锦鲤疱疹病毒（koi herpesvirus，KHV）属于疱疹病毒目（Herpesvirales）异疱疹病毒科（Alloherpesviridae）鲤疱疹病毒属（*Cyprinivirus*），该病毒也称为CyHV-Ⅲ，和鲤痘疮病毒（CyHV-Ⅰ）、鲫疱疹病毒（CyHV-Ⅱ）为同一属，是一种较大的线性、双链DNA病毒，成熟的病毒粒子有囊膜，直径170～230 nm。锦鲤疱疹病毒病最早于1998年在以色列暴发，但直到1999年才确认KHV为真正病原，随后在美国、英国和荷兰有暴发被报道。2002年4月，刘荭等首次在中国广东发现患病锦鲤可能感染该病毒；2011年，朱霞等利用框镜鲤鳍细胞（KFC）从我国辽宁某养殖场的患病锦鲤分离得到该病毒。如今锦鲤疱疹病毒病（KHVD）已蔓延到大多数大洲，超过30个国家或地区曾暴发该病，包括以色列、英国、德国、美国、波兰、捷克、日本、澳大利亚、韩国、马来西亚、中国、加拿大、俄罗斯、新加坡及印度等。

（二）流行情况

KHV感染宿主的范围比较窄，目前只发现易感染锦鲤、鲤（*Cyprinus carpio*）及其变种鱼。幼鱼与成鱼均易感染，广东多发于“劳动节”“国庆节”前后，潜伏期5～7天，最适水温23～28 ℃，当低于18 ℃或高于30 ℃时基本不发病，但邢程等于2013年4月在水温-2～5 ℃、平均水温为3 ℃的吉林长白地区的某网箱养殖鲤大量死亡后检出锦鲤疱疹病毒。在最适水温范围内，当水温变化较大时，突然发病并造成大量死亡。KHV暴发后幸存的鱼带毒，可将病毒传染给其他鱼。

（三）症状

感染KHV后的锦鲤或鲤的临床症状与病程有关，处于不同时期的患病鱼的症状有差异。感染初期：体表有少量出血点和白斑，鳞片松动、脱落并带有血丝；肛门略微红肿；眼凹陷，眼底出血；鳍条充血，尾鳍最为严重，臀鳍和背鳍次之；皮下和肌肉出血；打开鳃盖，鳃丝呈深红色，剪去一条全鳃，血流量减少且凝固迅速；肠道充血发红且硬挺，肾脏肿大、颜色发红，脾脏肿大、有出血点，胆汁的颜色较深（图2-23、图2-24）。感染中后期：出现精神抑郁，行动迟缓且无方向感地游泳或停止游泳，皮肤出血及出现白斑和水疱，鳍条上有血丝，鳃盖和鳃丝出血并产生大量黏液，患病鱼在1～2天内死亡，发病急，感染率和死亡率高，且容易死亡的常是体态肥硕的病鱼。

图2-23　锦鲤疱疹病毒感染的病鱼眼凹陷，鳃丝溃烂

图2-24　锦鲤疱疹病毒感染的病鱼鳍条充血，肾脏、脾脏肿大出血

（四）诊断方法

（1）根据流行病学情况、症状，当水温适宜时，仅鲤（包括锦鲤）出现眼睛凹陷，局部鳃丝溃烂时，可以初步诊断。但要注意区别鲤浮肿病毒病，鲤浮肿病毒

病发病症状和锦鲤疱疹病毒病类似，而流行水温较广，7～28 ℃都可流行。

（2）细胞培养与分离法。目前，国内外常用锦鲤鳍条细胞系KF和普通鲤脑细胞系CCB进行KHV病毒培养和分离。

（3）透射电镜观察法。取待测病鱼的鳃丝、肝胰腺、脾脏、肾脏及脑等组织混合样，剪成大小约0.5 cm×0.5 cm的组织块，用2.5%戊二醛溶液固定，磷酸缓冲液清洗，再用1%锇酸溶液固定2 h，梯度乙醇脱水，苯二甲酸二丙烯酯包埋，常规电镜超薄切片染色，透射电镜观察并拍照。KHV感染过的样本细胞体积增大，出现大量的空泡，并且能够在细胞质中观察到大量成熟和未成熟的病毒粒子。

（4）ELISA检测法。该方法以纯化的KHV作为抗原包被酶标板，检测鱼血清中的KHV抗体，是判断外表健康鱼是否感染KHV的有效方法。

（5）间接免疫荧光抗体试验（IFAT）。免疫荧光技术是将不影响抗原抗体活性的荧光色素标记在抗体（或抗原）上，与其相应的抗原（或抗体）结合后，在荧光显微镜下呈现一种特异性荧光反应。

（6）分子生物学检测法。利用PCR与DNA测序技术，在核酸水平上检测KHV病毒。根据KHV病毒基因序列设计特异性引物并对待测DNA模板进行PCR扩增，测序分析扩增片段，再与相应的基因序列进行比对，得出检测结果。运用于KHV病毒检测的分子技术主要有以下几种：单轮PCR技术、巢式PCR技术、多重PCR技术、荧光定量PCR技术、环介导等温扩增（LAMP）技术。

（五）防控方法

（1）在发病期减少鲤投放和养殖密度，降低单位面积产量，停止拉网等强刺激活动，减少饵料投喂量至平常投喂量的40%，可明显降低死亡率。

（2）发病期不要引进其他锦鲤，不宜使用杀虫剂。进入场地的交通工具和人员需经消毒，每个池塘的生产用具不要混用且常消毒，定期消毒养殖水体。

（3）发病后2天内，气温急剧变化12 ℃以上时，病情可缓解，但易复发。小水体养锦鲤，可将水温缓慢提升到33 ℃以上，维持24 h，效果非常好；或者用冰块把水温缓慢降到15 ℃左右，维持24 h，这也可明显降低死亡率。

九、鲫疱疹病毒病

（一）病原

1992年秋季和1993年春季在日本养殖的金鱼暴发鲫疱疹病毒病并造成严重

死亡，并于1995年首次报道该事件。由于观赏鱼国际贸易频繁，该病在全球范围均见发生。最初该病毒被命名为金鱼造血器官坏死病毒（goldfish haematopoietic necrosis virus，GFHNV），也被称为疱疹病毒性造血器官坏死病病毒（herpesviral haematopoietic necrosis virus，HVHNV），因为该病的病原是第二个分离自鲤科鱼类的疱疹病毒，按照国际病毒分类委员会的命名规则，它被正式命名为鲤科疱疹病毒-2（CyHV-2）。从2009年起，苏北地区发生异育银鲫“鳃出血”死亡，池塘其他套养品种未发生死亡，后经鉴定是CyHV-2引起发病。该病毒是线性双链DNA分子，感染初期在细胞核内形成直径为65～99 nm的DNA双链，同时还形成直径为90～180 nm的空衣壳，病毒DNA进入空衣壳后变成实心衣壳，成熟病毒粒子有包膜，直径170～220 nm，因此用电镜观察感染的病变细胞可以同时看到3种形态的病毒粒子。

（二）流行情况

目前报道该病毒对异育银鲫能造成严重死亡，对黄金鲫、鲤、草鱼等不造成死亡，具有较强的宿主专一性。该病俗称“鳃出血”，病鱼大多体重在100 g以上，小规格鱼种及二龄以上的鱼较少发病，当年鱼种在梅雨和秋季多发，而一龄鱼在晚春到初夏多发，江苏地区一般在4月下旬至6月、10—11月水温15～26 ℃时多发，超过30 ℃或低于12 ℃时病害停止发生。此外，该病单养或主养池塘发病率高，有盐度水体发病率相对较低。

（三）症状

濒死的异育银鲫在水中侧游，提出水面后，血液会顺着鳃丝流出，但在水中一般不出血；病鱼体表出血或正常，尾鳍、胸鳍末端色素褪去，明显发白，部分病鱼腹部膨胀；死后接触水面的一侧鳃盖部出现“红斑”，但不是所有鱼都有此症状；解剖可见鱼鳔分布大量出血点，有腹水，脾脏肿大，脾肾表面伴有白色斑块或结节，肠道无食物，肾脏和鳔点状出血，组织病理切片显示鳃、肝脏、脾脏、肾脏等坏死，鳃小片末端出血、上皮脱落，有广泛性点状坏死灶（图2-25、图2-26、图2-27）。

图2-25　鲫疱疹病毒病的发病鱼鳃盖出现红斑

图2-26 鲫疱疹病毒病的发病鱼体表出血

图2-27 鲫疱疹病毒病的发病鱼内脏出血

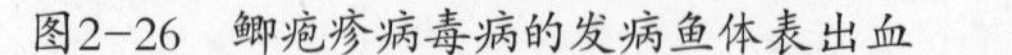

（四）诊断方法

（1）根据流行病学初步诊断，当水温在15～26 ℃，病鱼出水后出现“鳃出血”，死鱼接触水面侧鳃盖有红斑，身体可见出血等症状时，可以初步判断；但要注意与细菌性败血症区别，细菌性败血症水温越高发病越严重，温度低时发病少见，此外，鲫“大红鳃”不是鲫疱疹病毒病。

（2）用实验室方法确诊，实验室采用巢式PCR、TaqMan实时PCR、LAMP等检查方法确诊，还可以采用电镜观察、组织病理切片辅助诊断。

（五）防控方法

（1）严格的检疫制度。从亲鱼到苗种进行检疫，严格控制潜伏感染鱼的流通。

（2）彻底清塘。使用鱼用茶籽饼将鱼塘残余的野杂鱼和残留鲫除尽，另外，干塘后建议用生石灰清塘，放苗前1个月再用漂白粉彻底清塘。

（3）发病季节精细管理，尽量不要大排大灌，减少进水量，确保池塘水质稳定。

（4）合理的养殖密度。密度高容易发病，引起大量死亡，尤其是行情差时，存塘量多，更容易发病。

（5）一旦发病，要正确诊断，不要用刺激性强的消毒剂、杀虫剂，内服多维素、黄芪多糖、板蓝根等保健药物控制病情和死亡量，在发病后期外泼聚维酮碘等温和型药物，以防继发细菌感染。

十、鲤春病毒血症

（一）病原

鲤春病毒血症是由鲤春病毒血症病毒（spring viraemia of carp virus，SVCV；简称鲤春病毒）引发的危害鲤科鱼类的一种急性、高致死性的传染病。SVCV属于弹状病毒科（Rhabdoviridae）水疱性病毒属（*Vesiculovirus*），为单股负链RNA病毒。有一层囊膜，病毒大小为180 nm × 70 nm，依赖于RNA的RNA聚合酶（最适活性温度为20 ~ 22 ℃），在氯化铯（CsCl）中的浮密度为1.195 ~ 1.2 g/mL。该病毒能在鲤性腺、鳔初代细胞、BF-2（蓝鳃太阳鱼成纤维细胞）、EPC（鲤上皮瘤细胞）、FHM（胖头鲹肌肉细胞）、RTG-2（虹鳟性腺细胞）等鱼类细胞株上增殖，并出现CPE，其中FHM和EPC细胞最敏感，能够产生的最大感染性为10^9 TCID50/mL。

（二）流行情况

鲤春病毒血症第一次出现是在南斯拉夫，随后传播至欧洲其他地区和亚洲，2003年在美国暴发，由于发病区域附近养殖有从中国进口的观赏鱼，从而再次引发了对中国观赏鱼带有SVCV的怀疑。2003年，深圳出入境检验检疫局在天津的两个养殖场的观赏鱼中分离到了SVCV，这也是中国首次报道从无临床症状的锦鲤和鲤中分离出SVCV。SVCV可以感染所有年龄的鲤，但死亡的大都是仔鱼。该疾病的暴发取决于水温、鱼类的年龄和生理状态、种群密度及生长压力因子等。在春季疾病暴发时，一龄仔鱼死亡率可达70%，感染的成鱼死亡率稍低。水温是SVCV感染的关键环境因素，高死亡率发生在水温10 ~ 17 ℃时，尤其在春季。水温超过22 ℃很少发病。

SVCV主要是水平传播，但并不排除垂直传播。水平传播是可以直接进行的，也可以通过媒介传播，其中水是主要的非生物性媒介。生物性媒介和污染物也能传播SVCV。吸血的寄生虫如水蛭和鱼虱等是传播该疾病的主要机械载体，排泄物及污染的器具也能进行传播。SVCV可储存在有临床症状的病鱼，以及人工养殖或野生的无临床症状的带毒鱼中。强毒力的病毒可通过粪便、尿液、鳃、皮肤黏液和皮肤上的水疱或水中部位的分泌物排出体外，排泄出的病毒粒子仍可保持感染活性，4 ~ 10 ℃时在水中可保持4周时间，在泥中可保持6周。病毒可以通过鳃侵入鱼体内，在鳃上皮细胞中增殖。当病鱼出现显性感染时，其肝脏、肾脏、脾脏、鳃、脑中含有大量病毒。病鱼、死鱼及带毒鱼都是传染源，带毒鱼还是引起春季大规模发病的主要原因和来源。

（三）症状

鲤春病毒血症病毒的宿主范围很广，能感染四大家鱼和其他几种鲤科鱼，鲤是其中主要的、最易感的宿主。病鱼行为上主要表现为易聚集在池塘的进水口附近，行动迟缓，呼吸缓慢，食欲降低，对外界刺激的反应迟钝，身体平衡能力降低，发病后期的鱼萎靡不振，身体倾斜，经常卧于池底。由于鱼体内的水盐平衡遭到破坏，受感染鱼的临床症状表现为病鱼体色发黑，腹部膨大，鳃丝苍白，肛门红肿，皮肤、鳃和眼球常有出血斑点（图2-28）。体内出血、出现腹膜炎及腹水，肠道严重发炎，其他内脏上也有出血斑点，其中以鳔最为常见；肌肉也因出血而呈现红色，肝脏、脾脏、肾脏肿大（图2-29）。这些临床症状的出现是病毒在鱼体内增殖，尤其是在毛细血管内皮细胞、造血组织和肾细胞内增殖所致。

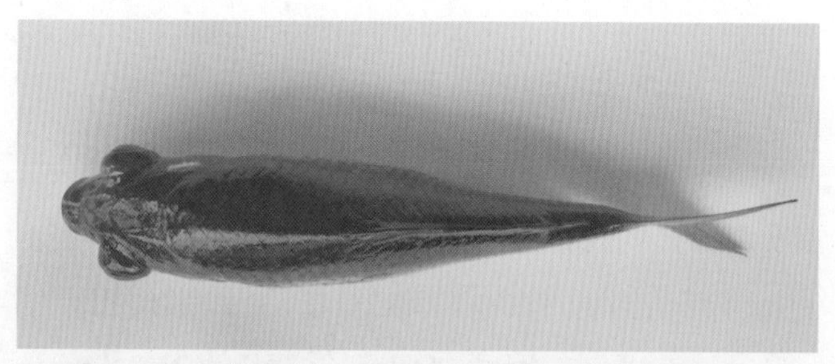

图2-28　鲤春病毒血症的发病鱼身体发黑，眼球突出

图2-29　鲤春病毒血症的发病鱼内脏出血，鳔有出血斑点

（四）诊断方法

将病鱼的肝脏、脾脏、肾脏、脑，或精液、卵巢液接种到FHM（胖头鲹肌肉细胞）、EPC（鲤上皮瘤细胞）、CO（草鱼卵巢细胞）等细胞进行病毒分离。在20 ℃培养出现CPE后，再用中和试验、免疫荧光或PCR技术鉴定病毒。检测标准参考《GB/T 15805.5—2008　鱼类检疫方法　第5部分：鲤春病毒血症病毒（SVCV）》。

（五）防控方法

（1）检出后全面捕杀。

（2）同池其他养殖对象在隔离场或其他指定地点隔离观察。

（3）养殖场所用二氯异氰脲酸钠或二氧化氯等全面消毒。

（4）必要时采用聚维酮碘、含氯消毒剂和中药进行预防。

（5）提高水温来预防，合理控制养殖密度，使用水质改良剂，保持良好的养殖环境。

十一、大口黑鲈弹状病毒病

（一）病原

大口黑鲈弹状病毒（*Micropterus salmoides* rhabdovirus，MSRV）属于弹状病毒科（*Rhabdoviridae*）水疱性病毒属（*Vesiculovirus*），为线性单股负链RNA病毒，病毒粒子大小为53 nm × 140 nm，形似子弹状或棒状。

（二）流行情况

大口黑鲈弹状病毒病目前已经在广东大部分养殖地区流行，发病时间主要在4—5月、10—11月，多发生于水温突然升高或降低时，发病水温一般为18～25 ℃，最适水温25～28 ℃，可感染规格为2～6 cm/尾的大口黑鲈苗种和乌鳢（*Channa argus*）。感染途径主要以水体为媒介、水平传播，亦可由亲鱼通过垂直传播给苗种。该病传播快，潜伏期短，死亡率高。近年来，此病已引起局部地区大口黑鲈养殖池塘发病率、死亡率达80%以上，用药效果不佳，造成巨大经济损失。

（三）症状

患病鱼体色发黑，反应迟钝，呼吸困难，靠池塘边漫游，有的病鱼可见身体消瘦甚至出现“打转”，身体弯曲，出现腹水，腹鳍基部充血（图2-30），解剖可见肝脏严重肿大、出血，脾脏肿大，鳔严重出血，胃肠空，肾脏严重肿大，头肾间质会出现坏死（图2-31）。

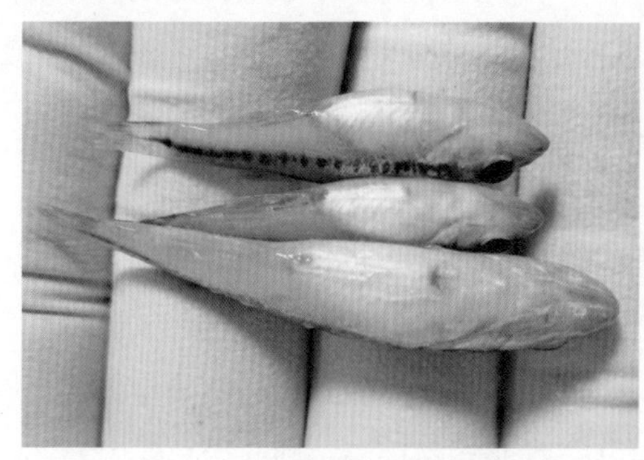

图2-30 大口黑鲈弹状病毒病临床病变：腹水，腹鳍基部充血

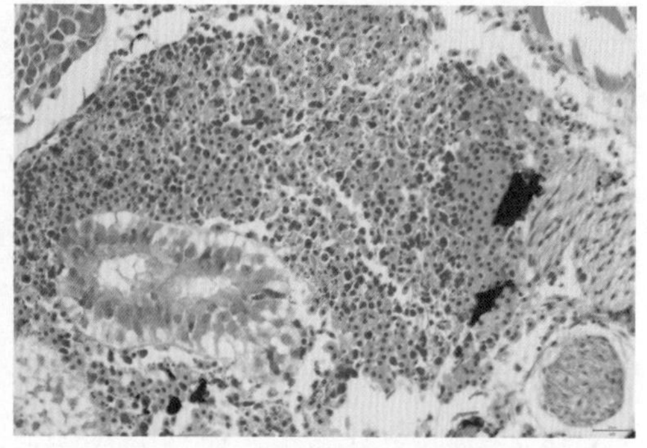

图2-31 大口黑鲈苗弹状病毒病症状：头肾间质坏死

（四）诊断方法

从发病鱼的临床症状、组织病理变化及发病季节、水温等可以做出初步诊断。

取发病鱼的肝脏、脾脏、肾脏等器官和组织，采用RT-PCR检测，便可确诊。

（五）防控方法

（1）控制传染源。彻底清淤、晒塘、消毒；不投喂冰鲜鱼，全程投喂配合饲料；引进鱼苗前检测疫病；发病池塘翌年可轮养其他品种。

（2）增强鱼体质。放苗后的大口黑鲈存在应激、免疫力低下、肠道消化吸收能力弱等问题，投喂免疫增强剂（如黄芪多糖、三黄粉、多维素、多肽）和抗病毒中药（如金银花、黄芪、板蓝根），或在饲料中添加富含绿原酸、黄酮和多糖的杜仲叶提取物，既可以抗氧化，缓解鱼苗的应激，又可以促进肠道有益菌双歧杆菌和乳酸菌的增殖，从而增强肠道消化力，还可以抑菌抗病毒，从而增强鱼体免疫力。

（3）改善环境。根据自身管理和池塘条件确定适宜的养殖密度、养殖容量，在养殖过程中要定期使用环境改良剂。

（4）减轻鱼体应激反应。拉网、过塘、气温骤变前使用抗应激药物，发病后采取增氧、减料、抗应激、调水等应急措施，及时清除销毁病死鱼，全池泼洒有机碘等刺激性较小的消毒剂进行水体消毒。

十二、杂交鳢弹状病毒病

（一）病原

目前为止报道的危害较大的鱼类弹状病毒有鲤春病毒血症病毒（spring viraemia of carp virus，SVCV）、传染性造血器官坏死病病毒（infectious haematopoietic necrosis virus，IHNV）、鳜弹状病毒（*Siniperca chuatsi* rhabdovirus，SCRV）、病毒性出血败血症病毒（viral haemorrhagic septicaemia virus，VHSV）、乌鳢弹状病毒（snakehead rhabdovirus，SHRV）等，国内报道的杂交鳢弹状病毒（hybrid snakehead rhabdovirus，HSHRV）和斑鳢弹状病毒（*Channa maculata* rhabdovirus，CHRV）与鳜弹状病毒（SCRV）亲缘关系较近，和水疱性病毒属属于同一支，而和国外分离报道的诺拉病毒属的乌鳢弹状病毒（SHRV）关系较远，还不确定该病毒是SCRV的变异株还是新毒株。报道的HSHRV是线形负链的呈子弹状RNA病毒，病毒粒子大小为（100～430）nm×（45～100）nm，直径约60 nm，而报道的CHRV病毒粒子大小为53 ～140 nm。

（二）流行情况

发病水温20～32 ℃，流行水温25～28 ℃，珠江三角洲4—10月均可见发病，所有规格的鱼均可见感染，目前发现能造成规格100 g/尾以上的成鱼死亡，小苗也有检测出该病毒的，因此也可能垂直传播。急性发病第3天能达到死亡高峰期，处理不当会造成大量死亡。

（三）症状

病鱼趴边漫游，部分体色发黑，停止摄食，有的鱼在水面窜游，鱼体表无明显病变，鳃丝也无明显异常，解剖见肝脏、脾脏和肾脏有不同程度的肿大、出血，尤其是肝脏、脾脏严重肿大，鳔严重出血（图2-32、图2-33）。组织病理学可观察到肝脏组织细胞大面积的坏死（图2-34）。

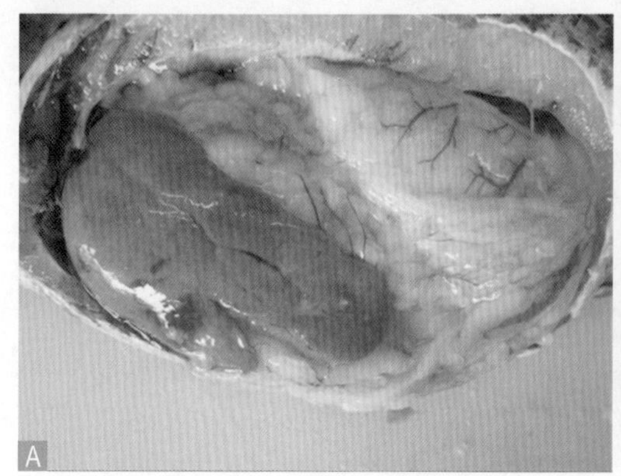

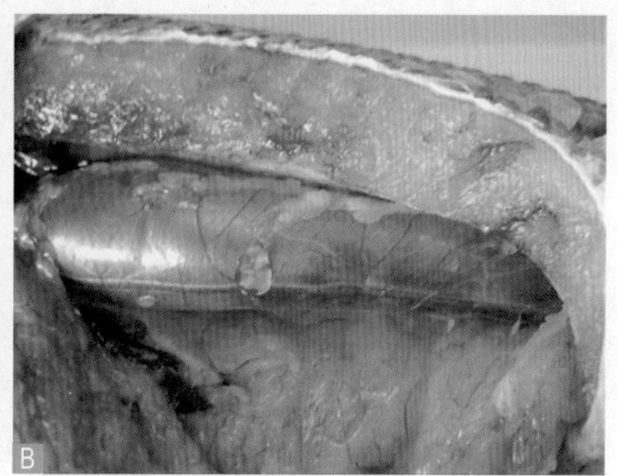

A. 发病杂交鳢肝脏肿大；B. 发病杂交鳢鳔出血。

图2-32　杂交鳢弹状病毒病的剖检病变

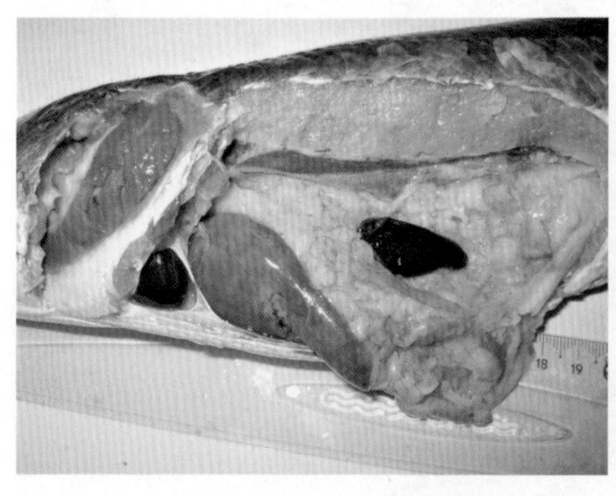

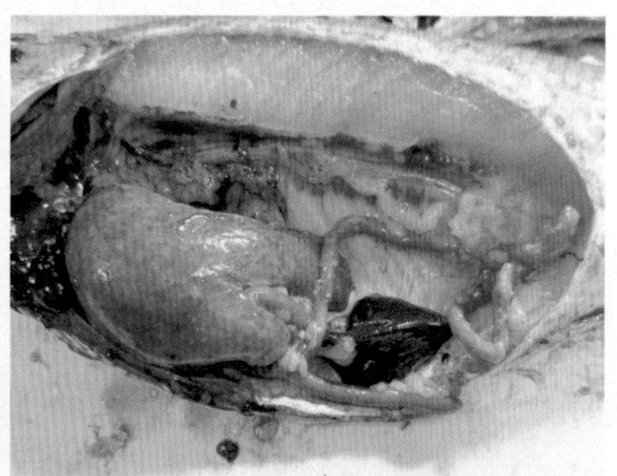

图2-33　感染弹状病毒乌鳢肝脏肿大、出血，脾脏肿大

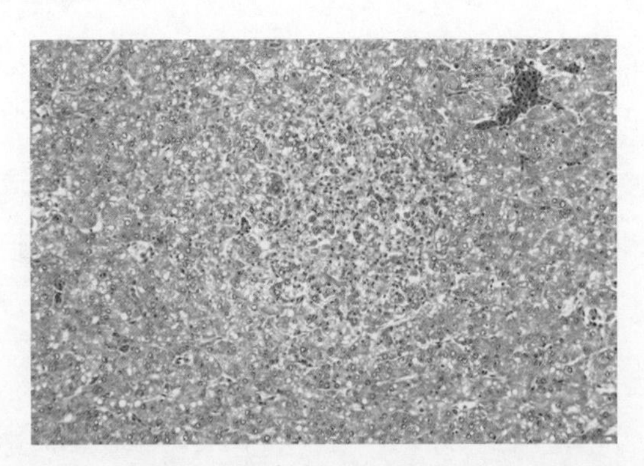

图2-34　感染弹状病毒乌鳢的肝脏组织大面积坏死

（四）诊断方法

（1）解剖见发病鱼鳔出血，肝脏、脾脏严重肿大，伴有出血等症状可以初步判断为杂交鳢弹状病毒引起。

（2）弹状病毒为单股负链RNA病毒中唯一具有子弹状形态的病毒，因此可以采用电镜检测。

（3）也可以用RT-PCR方法检测病毒，该方法是目前检测弹状病毒最为特异而灵敏的方法。

（五）防控方法

（1）一般杂交鳢的产量高，放苗密度大，投喂多，池塘水质指标容易超出安全范围，尤其是养殖后期，因此要注重水质、底质调控，保持良好的水质环境。

（2）增氧设备要足。养殖后期水体容易缺氧，应加开增氧机，同时使用增氧药物，防止缺氧。

（3）怀疑是杂交鳢弹状病毒时，要谨慎用药，减少消毒、杀虫等刺激性操作，同时取样检测病毒。

（4）当池塘发生弹状病毒时，及时捞出死鱼，避免污染池塘环境，此外内服保健，增强机体抗病毒能力。

十三、罗非鱼罗湖病毒病

（一）病原

该病于2009年在以色列某养殖场暴发并被报道，罗非鱼（*Oreochromis niloticus*）死亡率高达70%以上。此后在厄瓜多尔、埃及等地发生，2014年才确认其病原为新型RNA病毒，同时将该病毒命名为罗湖病毒（Tilapia lake virus，TiLV），近年在泰国、马来西亚等地相继被检出。2017年5月，广州利洋水产科技股份有限公司从海南文昌市采集的罗非鱼病样中首次检出该病毒，月底联合国粮食及农业组织全球粮食和农业信息及预警系统发布特别警报。6月中旬，我国台湾桃园市确诊台湾地区首例罗湖病毒病。同年8月，广东湛江市某罗非鱼养殖场暴发疫病，症状类似国外报道的罗湖病毒病，经广东省水生动物疫病预防控制中心、中山大学、中国检验检疫科学研究院分别检测和鉴定，确诊为由TiLV引起。TiLV是一种单股负链RNA病毒，病毒粒子为具包膜的二十面体结构，大小为55～75 nm，其分类地位尚未被确认，目前正被分类于正黏病毒科，属于新型病毒。

（二）流行情况

罗湖病毒是一种具有极强传染性的水生动物新发疫病，养殖和野生的罗非鱼都可能感染，感染所有规格的罗非鱼，但小苗死亡率较成鱼高，患病死亡率达到20%～90%，病毒在24～33 ℃均可以生长，因此5—10月均可能导致罗非鱼发病。病毒可以通过水源传播，感染后幸存的鱼对病毒具有免疫力，因此一个池塘病毒发病后，不会再有因病毒大量死鱼的事件发生。此外，不同品系的罗非鱼对病毒的抗病能力不同。

（三）症状

患病鱼食欲不振，游动缓慢，体色变黑，下颚、胸鳍基部充血，双侧或单侧眼球突出、浑浊发白等，有的鱼鳃出血，有的鳃盖内缘出血，解剖肾脏和脑出现出血或者充血，脾脏、肝脏肿大或有出血点（图2-35、图2-36、图2-37）。

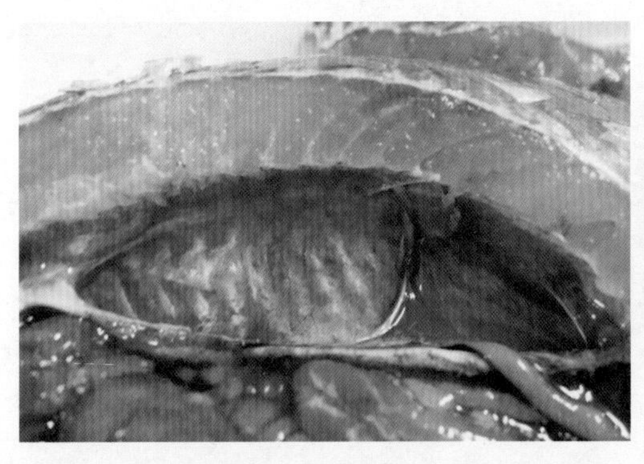

图2–35　疑似感染罗湖病毒的罗非鱼肾脏严重出血

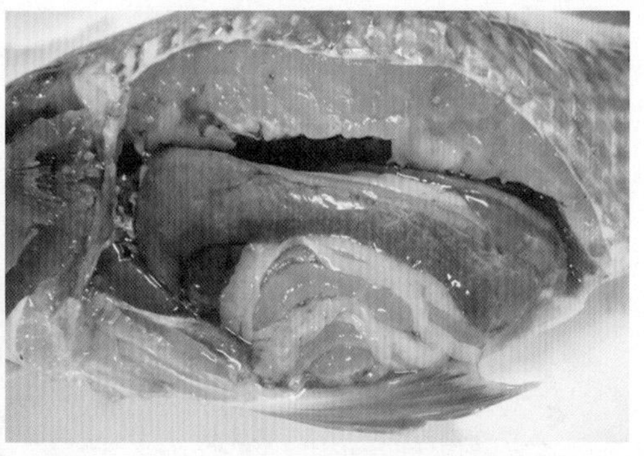

图2–36　疑似感染罗湖病毒的罗非鱼肝脏肿大、出血

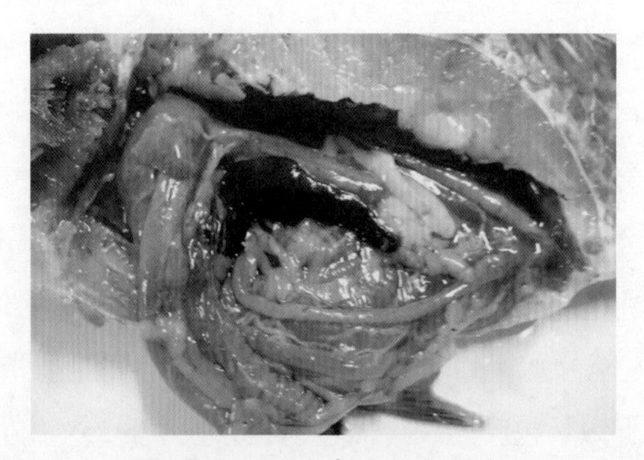

图2-37 疑似感染罗湖病毒的罗非鱼脾脏肿大发黑

（四）诊断方法

（1）根据池塘发病情况、水温及病鱼体表和解剖症状做出初步诊断，但要注意区别链球菌感染的罗非鱼引起的眼球突出，一般链球菌发病水温相对较高。

（2）利用分子学诊断方法确诊，现有用罗湖病毒快速试剂盒RT-PCR、实时定量PCR法确诊。

（五）防控方法

（1）降低养殖密度，发病严重的多发生在养殖密度高的池塘。

（2）苗种死亡率比成鱼高，可能该病毒会垂直传播，因此加强苗种和亲鱼的检测，同时，苗种下塘前要增加池塘溶氧，外泼天然植物多糖等抗应激药物。

（3）加强日常管理，定期7天改底、调水，减少水变概率。

（4）该病尚无有效治疗手段，放养对该病毒抗病能力较强的罗非鱼品种。

第二节 鱼类细菌性疾病

一、细菌性病原概述

细菌性疾病是鱼类疾病中最为常见而且危害较大的一类疾病。随着养殖事业的发展，有关这方面的研究报告也日渐增多。与病毒性疾病不同，细菌性病原可以进行人工培养，在光学显微镜下一般都可看得见，用化学药物可以进行防治。细菌的形态对诊断和防治疾病及研究细菌等方面的工作具有重要的理论和实践意义。细菌性疾病是威胁鱼类健康最大的一类病害，几乎每一种养殖鱼类均发生过多种危害较重的细菌性病害。其中细菌性败血症可感染鲫、鳊、鲢、鳙、鲤、鲮等鲤科鱼类，全国主要淡水鱼养殖地区均有发生。5—10月为细菌性疾病发生的主要季节，其中以7—9月发病最高。北方气温突降时可导致鲤疾病暴发，病程较急，严重时1～2周内死亡率可达90%以上；水温较低时病程相应延长，造成养殖鱼类持续性死亡，经济损失也较大。该病可通过病鱼、病菌污染饵料、用具及水源等途径传播，鸟类捕食病鱼也可造成疾病在不同养殖池间传播；一般认为水体气单胞菌数量多、水温变化、水质恶化、天气突变、鱼体免疫力低均是疾病暴发的重要诱因。

二、弧菌病

（一）病原

弧菌是引起海水养殖鱼类和少部分淡水鱼类的细菌性疾病的最重要的病原菌之一。由弧菌引起的疾病，流行面积广，发病率高，给养殖业造成了巨大危害。弧菌属细菌主要有鳗弧菌（*Vibrio anguillarum*）、溶藻弧菌（*V. alginolyticus*）、哈维弧菌（*V. harveyi*）、灿烂弧菌（*V. splendidus*）、副溶血弧菌（*V. parahemolyticus*）、创伤弧菌（*V. vulnificus*）、杀鲑弧菌（*V. salmonicida*）、海弧菌（*V. pelagius*）及拟态弧菌（*V. mimicus*）等10多种，某些种类也会导致人或其他动物发病。形态为直杆菌或弯杆菌，直径0.5～0.8 μm，革兰氏染色阴性，以一根或几根极生鞭毛运动，鞭毛由细胞壁外膜延伸的鞘所包被；兼性厌氧，化能异养，具有呼吸和发酵两种代谢类型；适宜生长的温度范围较大，所有的种均能在20 ℃生长，大多数的种能在30 ℃生长。在TCBS培养基上易生长，生长温度为10～35 ℃，最适温度为25 ℃左右，生长盐度（NaCl）为5‰～60‰，甚至达70‰，最适盐度为10‰左右，生长pH为6.0～9.0，最适pH为8.0。大多数的种发酵麦芽糖、D-甘露糖和海藻糖，对弧菌抑制剂0/129敏感；钠离子能刺激所有种的生长，并且是大多数种所必需的。发现于广泛盐度范围的水生生境，最常见于海洋、河口，以及海生动物体表与肠内容物中，有的种也发现于淡水。弧菌血清型复杂，如将鳗弧菌分为10个血清型，O1、O2、O3血清型是导致目前世界范围内野生及养殖鱼类弧菌病最主要的3个血清型，其中尤以O1、O2血清型最为普遍。

（二）流行情况

弧菌病是海水鱼最常发生的细菌性疾病，该病在全球范围内广泛发生，其暴发性流行不仅给海水养殖鱼类、贝类及甲壳类等经济动物的养殖业造成巨大经济损失，还可导致野生的海水鱼类、贝类及甲壳类大量死亡。弧菌属细菌中约有一半随着其环境条件或宿主体质和营养状况的变化而成为养殖鱼类等动物的病原菌。流行季节，各种鱼发病时间虽有差别，但水温15～25 ℃时的5月末至7月初和9—10月是发病高峰期。黄尾鰤（*Seriola lalandi*）的发病季节是5月末至7月上旬的初夏和9—10月的初秋，水温为19～24 ℃；真鲷的发病季节为6—9月25 ℃左右的高水温期和11月至翌年3月15 ℃左右的低水温期；鲑鳟类和大菱鲆在10～16 ℃水温时易发病；鲆科、鲽科和鳗科鱼类在15～16 ℃水温时易发病。

现在已报道有40多种鱼可被鳗弧菌感染，其中重要的养殖品种有鲑鱼、虹鳟（*Oncorhynchus mykiss*）、鳗鲡（*Anguilla japonica*）、香鱼（*Plecoglossus altivelis*）、鲈、鳕、大菱鲆、牙鲆、大黄鱼等。溶藻弧菌感染的宿主也十分广泛，早在1973年，Biake就证实该菌对人类有致病作用，是沿海地区食物中毒和腹泻的重要病原菌，同时，它还能引起许多海水养殖品种的疾病，鲈、真鲷、点带石斑鱼（*Epinephelus coioides*）、黑鲷（*Acanthopagrus schlegelii*）、大菱鲆、牙鲆等都可被感染。

（三）症状

鳗弧菌感染的不同鱼类的临床表现有差异，主要症状是以全身性出血为特征的败血症。早期体色发黑，平衡失调；随着病情的发展，鳍条充血发红，肛门红肿，有的病鱼体表出现出血性溃疡；病鱼肠道通常充血，肝脏肿大，呈土黄色或出现血斑。自然感染鳗弧菌的养殖牙鲆最明显的症状是鳍部严重出血及体表溃烂。感染鳗弧菌的大菱鲆，典型的病症包括全身性的出血性败血症，鳍基部出血，眼球突出，角膜浑浊，肝脏苍白，有时伴有腹水症状。

溶藻弧菌感染的大黄鱼发病初期体色变深，行动迟缓，经常浮出水面，体表病灶充血发炎，胸腹鳍基部出血，眼球突出，角膜浑浊，肛门红肿；随着疾病的发展，发病部位开始溃烂，形成不同程度的溃疡斑，严重的肌肉烂穿或吻部断裂，尾部烂掉。解剖发现内脏病变明显，腹部膨胀，有腹水，肝脏肿大，肾脏充血，有时肠内有黄绿色黏液。出现出血症状后，一般1～7天便死亡，常为急性死亡。受感染的青石斑鱼（*Epinephelus awoara*）、真鲷、平鲷（*Rhabdosargus sarba*）、黑鲷、红鳍笛鲷（*Lutjanus erythropterus*）、黄斑蓝子鱼（*Siganus oramin*）等也表现不同程度的症状并导致死亡，大多体色较黑，胸腹鳍充血，肌肉溃烂。

哈维弧菌易感染我国南方养殖的海水鱼，在患病的石斑鱼、大黄鱼、卵形鲳鲹（*Trachinotus ovatus*）和花鲈等体内常可分离到，又随着患病鱼的种类不同而有差别。比较共同的病症是体表皮肤溃疡。感染初期，体色多呈斑块状褪色；食欲不振，缓慢地浮游于水面，有时回旋状游泳。中度感染，鳍基部、躯干部等发红或出现斑点状出血。严重的患部组织浸润，呈出血性溃疡，肌肉烂穿；有的鳞片脱落，吻端、鳍膜、尾部烂掉，眼内出血，肝脏肿大，出现黄色浊斑，肾脏充血，有时肠壁充血，肛门红肿扩张，常有黄绿色黏液样物从肛门溢出（图2-38、图2-39、图2-40）

图2-38 感染哈维弧菌的石斑鱼体表发红、出血

图2-39 感染哈维弧菌的石斑鱼尾部及尾鳍溃烂

灿烂弧菌生物Ⅰ型感染大菱鲆主要的外观症状为腹部肿胀及嘴部出血，解剖发现病鱼腹腔内有微红的液体，肝脏苍白、有淤血斑。该

A. 鳍基部溃烂出血；B. 体表皮肤形成不同程度的溃疡斑。

图2-40 弧菌感染海水鱼的体表症状

菌还可以感染大西洋鲑（*Salmo salar*）、鳟和鲈，病鱼明显的特征是腹部、消化道肿胀及肠壁充血（图2-41）。

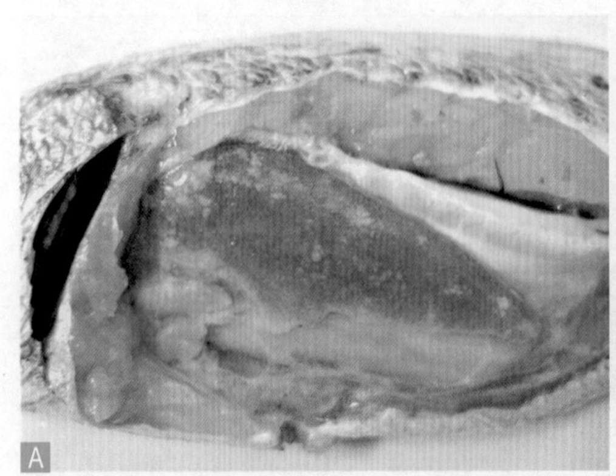

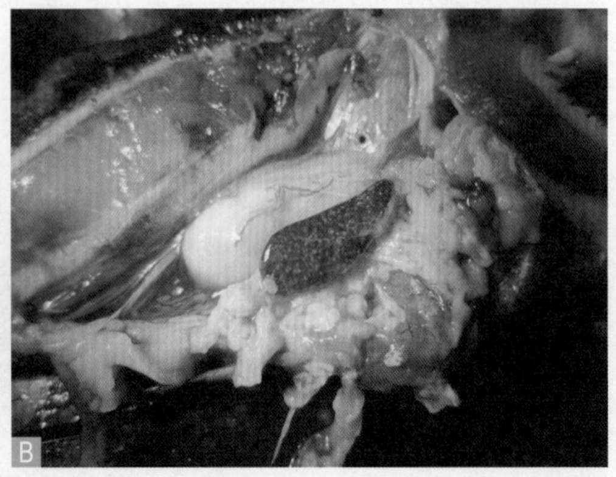

A. 鮸鱼内脏小白点；B. 珍珠龙胆石斑鱼内脏小白点。

图2-41　弧菌感染海水鱼的剖检病变

（四）诊断方法

从有关症状可进行初步诊断，确诊应从可疑病灶组织上进行细菌分离培养，用TCBS弧菌选择性培养基。目前已有血清学技术、单克隆抗体技术、荧光抗体技术、免疫酶技术、PCR技术及核酸杂交等技术用于弧菌病早期快速诊断和检测。已有鳗弧菌、溶藻弧菌、创伤弧菌、杀鲑弧菌的单克隆抗体等，可采用IFAT技术和ELISA免疫检测对这些弧菌引起的弧菌病进行早期快速诊断；分子生物学PCR技术在某些情况下也可应用于对弧菌病的检测。

（五）防控方法

（1）改善和优化养殖环境，放养经检疫的健康苗种，及时清理病死鱼。

（2）投喂优质配合饲料，不喂冰鲜鱼虾。

（3）消毒水体：发病期，每立方米水体泼洒二氯异氰脲酸钠1～1.5 g或强氯精（三氯异氰脲酸粉）0.3～0.6 g、10%聚维酮碘溶液1.5 mL，7～10天1次。或在网箱四角悬挂盛有强氯精等消毒剂的有孔矿泉水瓶。

（4）药饵：每千克鱼体重加入氟苯尼考10～20 mg，或甲砜霉素50 mg，或磺胺嘧啶100 mg，拌饲投喂，1天1次，连用3～5天。

（5）浸浴：每立方米水体用高锰酸钾15～25 g，每次浸泡10～15 min，隔天1次。

三、气单胞菌病

气单胞菌属于变形菌门γ单变形菌纲气单胞菌目气单胞菌科气单胞菌属。属于革兰氏阴性兼性厌氧短杆菌，具有呼吸和发酵两种代谢类型。目前共有27个种，根据有无运动力可分为两大类：一类是嗜冷性、非运动性气单胞菌，最适生长温度为22～25 ℃，如杀鲑气单胞菌（*Aeromonas salmonicida*）；另一大类是嗜温性、运动性气单胞菌，最适生长温度为28～37 ℃，如嗜水气单胞菌（*A. hydrophila*）、维氏气单胞菌（*A. veronii*）、豚鼠气单胞菌（*A. caviae*）和舒伯特气单胞菌（*A. schubertii*）等。研究发现，嗜水气单胞菌、维氏气单胞菌、豚鼠气单胞菌是致病性最强的3种气单胞菌，目前临床上分离到的气单胞菌中，这3种菌占85%以上，对鱼种造成了极其严重的危害。维氏气单胞菌包括2个生物型，即温和生物型和维罗纳生物型，前者的致病性和传染性较强，危害较大。由气单胞菌引发的鱼病主要有细菌性败血症、细菌性肠炎、竖鳞病、打印病等，危害几乎所有的淡水鱼种类，每年都给我国水产养殖业造成重大经济损失，严重威胁着行业的可持续发展。2009年后，一种以舒伯特气单胞菌为病原的内脏类结节病在鳢科鱼类中暴发，该病病程短，死亡率高，传播速度快，且主要症状与诺卡氏菌病相似，容易造成误诊，对养殖鳢科等鱼类危害极大。以下主要介绍由气单胞菌引起的细菌性败血症和类结节病。

（一）败血症

1. 病原

该病主要病原有嗜水气单胞菌、维氏气单胞菌、豚鼠气单胞菌。通常以个体形式存在，偶尔成对排列活动而形成短链，直径（0.3～1.0）μm×（1.0～3.5）μm，单极鞭毛，运动性强。能利用葡萄糖和其他糖类产酸，常产气。硝酸盐还原阳性，氧化酶阳性，触酶阳性。除极少数菌株外，对弧菌抑制剂2，4-二氨基-6，7-异丙基喋啶（0/129）有抗性。该类菌适宜pH为5.5～9.0，最适生长温度为22～28 ℃，大多数种在37 ℃生长良好。在普通营养琼脂培养基上生长良好，形成边缘整齐、表面湿润、隆起、光滑、半透明、灰白色至淡黄色的圆形菌落（图2-42）。大多数菌株有溶血性，在血琼脂平板上生长好并形成溶血环。运动性气单胞菌是淡水池塘及鱼类肠道中正常菌群，是典型的条件致病菌，也是人类潜在病原，可引起人败血症和肠道疾病。

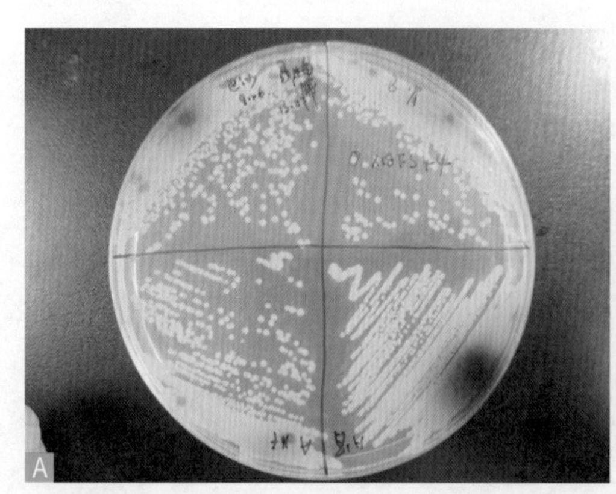

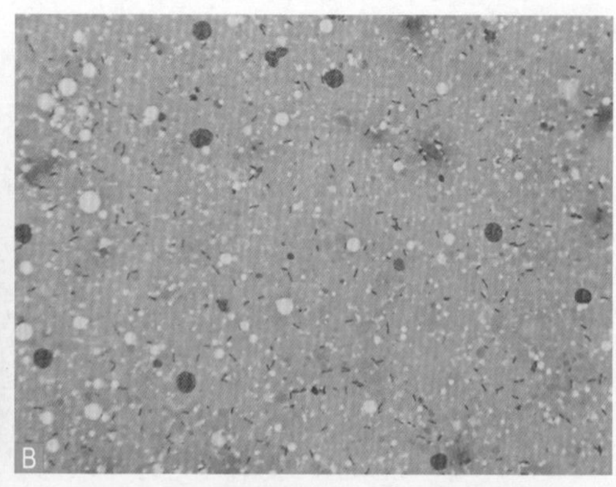

A. 嗜水气单胞菌菌落形态；B. 嗜水气单胞菌革兰氏染色阴性。

图2-42　嗜水气单胞菌的菌落形态和革兰氏染色

2. 流行情况

从1987年在上海、江苏、浙江等地流行起，至1991年已在上海、江苏、浙江、安徽、广东、广西、福建、江西、湖南、湖北、河南、河北、北京、天津、四川、陕西、山西、云南、内蒙古、山东、辽宁、吉林等20多个省、区、市广泛流行。危害鱼的种类：异育银鲫、白鲫、鲫、团头鲂、鲢、鲮、罗非鱼、金鱼、鳙、黄颡鱼、巴沙鱼、泥鳅等多种淡水鱼类。危害2月龄的鱼种至成鱼。水温9～36 ℃时均有流行，尤以水温持续在28 ℃以上及高温季节后水温仍保持在25 ℃以上时最为严重。该病是我国养鱼史上危害鱼的种类最多、危害鱼的年龄范围最大、流行地区最广、流行季节最长、危害养鱼水域类别最多、造成损失最大的一种急性传染病。

3. 症状

病鱼行为表现：疾病早期，摄食量急剧下降，行动迟缓，对外界刺激敏感性降低。病情严重时，厌食或不摄食，呼吸困难，静止不动或发生阵发性乱游、乱窜，有的在池边摩擦，最后衰竭而亡。体表症状：疾病早期，上下颌、口腔、鳃盖、眼睛、鳍基及鱼体两侧轻度充血，此时肠内尚有少量食物；病情严重时，鱼体表溃烂、严重充血，甚至出血，眼眶周围也充血，眼球突出，肛门红肿，腹部膨大，有的病鱼鳞片竖起，肌肉充血。解剖病变：鳃、肝脏、肾脏的颜色较淡，呈花斑状；肝脏、脾脏、肾脏肿大，脾呈紫黑色；胆囊大，肠系膜、腹膜及肠壁充血，或有出血斑；肠内没有食物，有很多黏液，有的肠腔内积水或有气，肠被胀得很粗，鳔壁充血，鳃丝末端腐烂；腹腔内积有淡黄色透明腹水或红色浑浊腹水（图2-43、图2-44、图2-45、图2-46、图2-47）。

A. 体表充血；B. 鳔壁充血出血；C. 肠壁、内脏出血。

图2-43　气单胞菌感染引起鱼类败血症

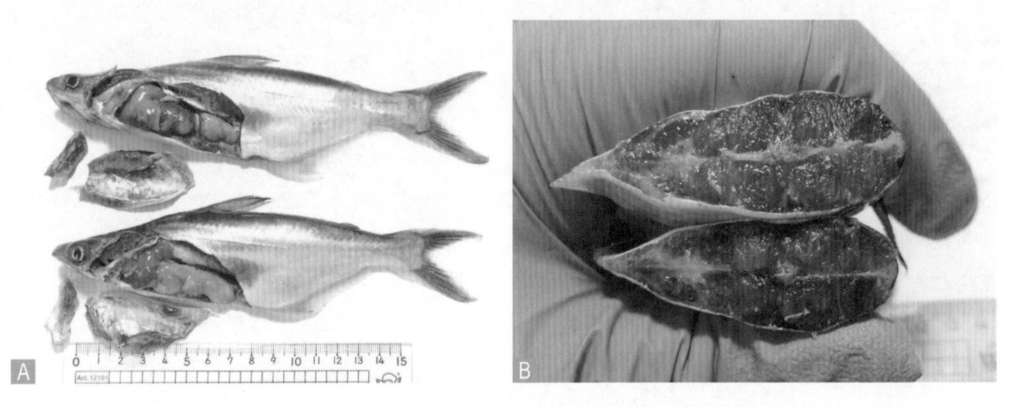

A. 巴沙鱼皮肤溃烂，内脏出血；B. 巴沙鱼肌肉出血。

图2-44　嗜水气单胞菌感染鱼类引起的临床症状

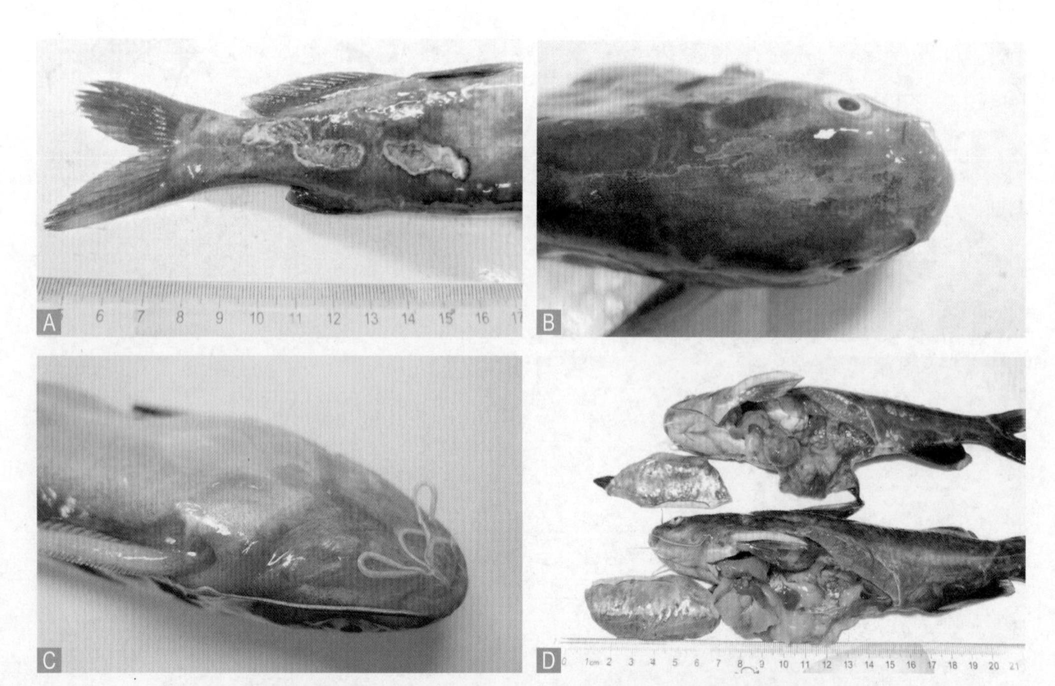

A. 体表溃烂；B. 头部病变；C. 下颚出血；D. 败血症病变。

图2-45　嗜水气单胞菌感染黄颡鱼引起的临床症状

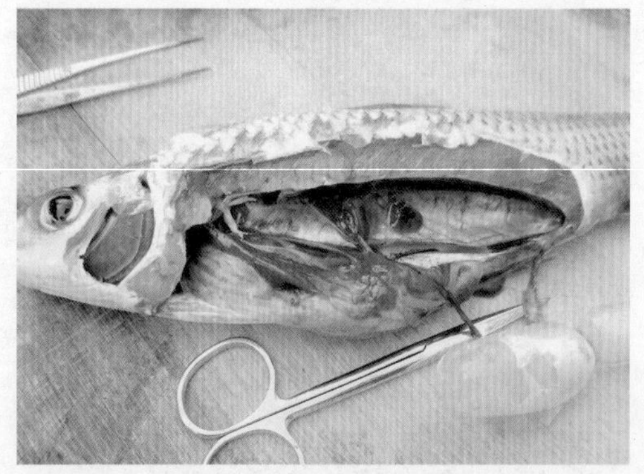

图2-46　维氏气单胞菌感染引起鲮败血症

图2-47　维氏气单胞菌感染引起台湾泥鳅体表出血

4. 诊断方法

（1）传统鉴定方法。使用选择性培养基筛选氨苄西林-糊精琼脂培养基，利用大多数气单胞菌耐氨苄西林和发酵糊精的特点，使气单胞菌在该培养基上呈黄色菌落，直径1～2 mm，确认率通常大于90%，无假阴性。或根据生理生化特征进行鉴定，不同种类的气单胞菌对底物的分解利用能力、代谢产物等各有差别。因此，可以根据一系列生化指标将不同种类的气单胞菌区分开来。

（2）分子生物学检测。对细菌基因组进行分子水平的分析，包括PCR技术、环介导等温扩增、基因测序和分子标记等方法。可根据生理生化特征对病原菌进行初步鉴定后，应用*16S rRNA*和*gyrB*、*rpoD*等基因序列共同分析，为气单胞菌的准确鉴定提供有效方法；或使用双重或多重PCR方法，同时使用两个或两个以上的基因进行PCR扩增，根据其扩增结果进行病原菌的鉴定；或使用分子标记技术进行鉴定，在气单胞菌基因分型上应用前景较好的有*16S rDNA*-限制性片段长度多态性分析、单链构象多态性分析、脉冲场凝胶电泳、多位点序列分型等；或使用环介导等温扩增技术。

（3）免疫学检测。以抗体与抗原反应为基础，常利用制备的抗体对嗜水气单胞菌进行检测。检测技术主要包括免疫标记技术与免疫印迹技术，在嗜水气单胞菌检测方面，最常用的为ELISA、IFAT、SPA协同凝集试验（SPA-COA）、免疫印迹技术与免疫组化（IHC）等。目前常用单克隆抗体-胶体金检测技术，根据抗原抗体特异性结合的原理，借助胶体金技术发生肉眼可见的显色反应，应用于某种特定病原菌的快速检测。

5. 防控方法

（1）药物治疗。疾病早期，病原菌尚未向全身播散，进行药物治疗可以得到满意的效果。①内服。每100 kg鱼每天用恩诺沙星20 g拌饵，分4次投喂，6天为1个疗程。或配制中药药饵：茵陈3 g，板蓝根2 g，鱼腥草2 g，穿心莲2 g，大黄2 g，煎汁后拌料1 kg，连用10天。②肌内注射。在换新水后每千克体重肌内注射新霉素10～20 mg，每日1次，连用2～3次。③浸泡。用二氧化氯2～4 mg/L浸泡鱼体40～60 min，1天1次，连续3天。

（2）环境消毒。注意保持池水清洁，不投喂腐烂变质的饲料。定期用二氧化氯进行水体消毒。发病时，用二氧化氯1 mg/L对蓄水池进行消毒处理，5天消毒1次。严格控制放养密度，体长15 cm左右的鱼放养密度一般为每平方米100尾左右。由于病原体对水体的污染和鱼的感染都比较严重，也可采取换水消毒和内服药物治疗相结合的方法。具体换水消毒方法：无论病情严重与否，均先用硫酸新霉素粉全池泼洒消毒，剂量为水深1 m的养殖池每亩用药25 mg，同时消毒蓄水池，然后排水、注水。24 h后全场所有水体消毒，3天后再消毒1次。

（3）增加鱼体抵抗力。选用优质饲料，另外在饲料中添加一些功能性添加剂，提高机体免疫力。定期添加抗菌药物、维生素A、维生素E等。对于出现早期病症的鱼，可在饲料中添加维生素A（100 g/t）、维生素E（150 g/t）、益肝素（200 g/t）和一些提高鱼体免疫力和有抑菌作用的中药（如地榆、乌梅、黄芪、白头翁等）。

（二）类结节病

1. 病原

引起鱼类类结节病的气单胞菌主要为舒伯特气单胞菌，该菌最早于1981年从美国得克萨斯州潜水受伤的病人前额脓肿中分离得到，1988年Hickman-Brenner等根据DNA杂交、表型和药物敏感性分析结果把1981—1986年临床分离到的8株细菌定为一个气单胞菌属的新种，命名为舒伯特气单胞菌。该菌呈短杆状，两端钝圆，直形或略弯，无芽孢。大小多在（0.3～0.8）μm×（1.2～2.2）μm，电镜下可见单极鞭毛，兼性厌氧，在BHI培养基上28 ℃培养后形成中央隆起、圆形、湿润、表面光滑、边缘整齐的灰白色菌落。

2. 流行情况

该病主要流行于春末、夏初和秋季，发病水温20～30 ℃，水温持续在28 ℃以上时或高温过后的降温初期易暴发。水体养殖密度高、有机质高、氨氮亚盐长期超标、虫害多、溶氧低，以及高温期有拉网或运输操作的池塘更容易发病，各龄鱼都可感染。

3. 症状

舒伯特气单胞菌感染鱼类会出现败血症症状或内脏类结节症状。败血症症状与细菌性败血症症状相似，主要表现为鱼体鳍条基部充血，腹腔积液，肠壁充血、发炎。内脏类结节症状主要表现为体表无明显特征或出现少量红点，肝脏、脾脏、肾脏等器官肿大，并在表面出现白色结节，为典型的肉芽肿病变，结节直径为0.5～2.2 mm（图2-48、图2-49、图2-50）。内脏类结节症状是舒伯特气单胞菌感染的鳢科鱼类的典型特征，我国近年来报道的鳢舒伯特气单胞菌病都主要表现为此症状，而且这种类结节症状非常容易在鳢科鱼类上复制，目前乌鳢、斑鳢、杂交鳢和罗非鱼暴发舒伯特气单胞菌病后均能在回归感染中复制出与自然发病相似的类结节症状。严重病例可观察到脾脏被膜凸凹不平，红髓与白髓界限不清，大量不同阶段的肉芽肿性结节形成，包括Ⅰ、Ⅱ、Ⅲ和Ⅳ期，几乎分布在整个脾脏中；白

图2-48　舒伯特气单胞菌感染导致乌鳢肾脏白点病变

髓区域明显减少，红髓区域增多，血窦扩张、淤血，脾脏血管可观察到大量血液淤积，其间有大量吞噬细胞和白细胞。

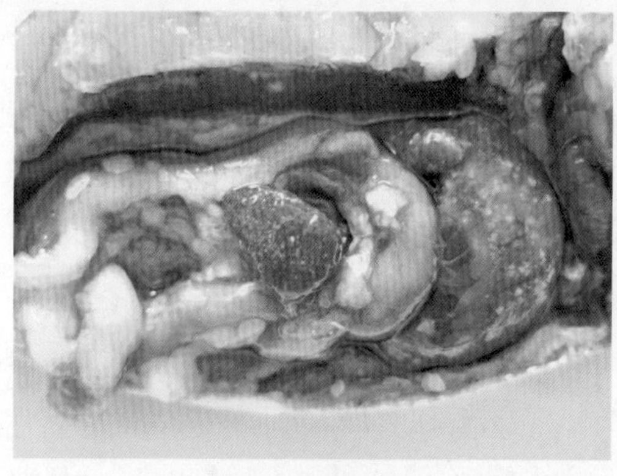

图2-49　舒伯特气单胞菌感染导致乌鳢脾脏白点病变

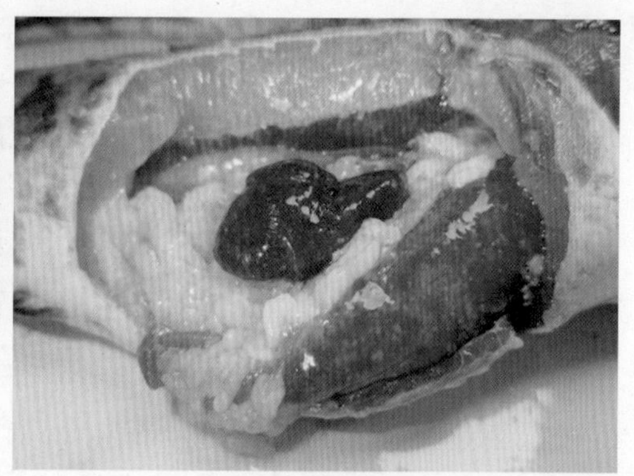

图2-50　舒伯特气单胞菌感染导致乌鳢肝脏白点病变

4. 诊断方法

结合流行病学、临床症状、病理变化和病原鉴定综合分析，得出结果。

（1）病鱼体表无症状或有少量点状出血点，肝脏、脾脏、肾脏等内脏肿大，全部或者部分出现白色点状结节，结节涂片后革兰氏染色可见大量紫红色短杆细菌。

（2）舒伯特气单胞菌病与诺卡氏菌病的症状区别为：舒伯特气单胞菌病病程短，发病时体表无明显变化，结节主要出现在肝脏、脾脏、肾脏三个器官，结节柔软、边界不清晰；诺卡氏菌病病程较长，一般体表皮肤和肌肉溃烂，结节可出现在鳃、肌肉、肝脏、脾脏、肾脏、肠等几乎所有的组织和器官，结节边界清晰，比正常组织硬。

（3）*16S rRNA*基因初步鉴定，结合*gyrB*、*rpoD*和*dnaJ*等基因序列进一步确定。

5. 防控方法

（1）养殖过程中应该以预防为主，放苗时控制养殖密度，养殖过程中适量投喂，定期更换新水，调节水质，防止水质恶化，定期施放有益菌制剂，保持水体及各理化因子的稳定。

（2）根据病原的药物敏感性选择药物，用药时应严格按照药物用量及用药程序进行，并配合保肝药和维生素等保健品，实现科学用药。

（3）鱼类内脏类结节病前期体表症状不明显，诊断十分困难。类结节病病原多样，在养殖生产过程中常常容易引起误诊，耽误治疗。鱼体一旦出现异常症状，病情已经扩散，即使采取治疗措施，花费往往很高而未必得到理想的效果。

四、链球菌病

（一）病原

主要为海豚链球菌（*Streptococcus iniae*）和无乳链球菌（*Streptococcus agalactiae*），属于芽孢杆菌纲（Bacilli）乳杆菌目（Lactobacillales）链球菌科（Streptococcaceae）链球菌属（*Streptococcus*）。菌细胞呈球形或卵圆形，直径0.5 ~ 2 μm；在液体培养基中以成对或链状排列，有时以链的轴延伸成两端尖形；无运动力，无芽孢，革兰氏染色阳性，一些种能形成荚膜。兼性厌氧，化能异养，生长需要营养丰富的培养基，溶血区呈绿色（α-溶血）或完全透明（β-溶血）；生长温度范围为25 ~ 45 ℃，最适温度为37 ℃，最适pH 7.4 ~ 7.6。普通培养基中生长不良，需加入血液、血清、葡萄糖等。在脑心浸液琼脂培养基上的菌落直径为1 mm，在血琼脂平板上形成直径0.1 ~ 1 mm、灰白、光滑、圆形突起小菌落，不同菌株在菌落周围出现不同溶血环（图2-51）。

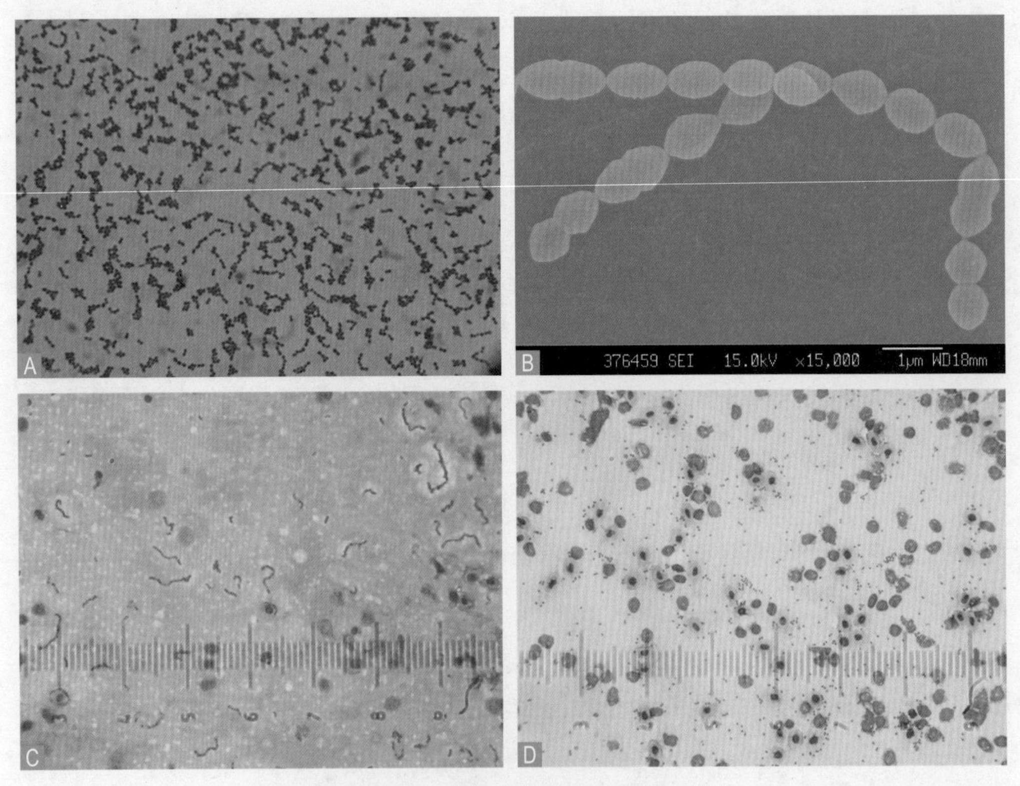

A. 革兰氏染色；B. 链球菌形态（扫描电镜）；
C. 珍珠龙胆石斑鱼脑吉姆萨染色；D. 卵形鲳鲹内脏吉姆萨染色。

图2-51　链球菌的形态特征

（二）流行情况

鱼类链球菌病具有发病率高、分布广、危害大等特点。目前已有美国、以色列、日本、巴西、科威特、泰国、越南、哥伦比亚、马来西亚、澳大利亚、中国等20多个国家报道了鱼类链球菌病的暴发与流行，地理位置主要分布在温带和热带等养殖区域，可感染罗非鱼、鰤、石斑鱼、石首鱼、虹鳟、香鱼、蓝子鱼、牙鲆、条纹鲈（*Morone saxatilis*）、金头鲷（*Sparus aurata*）、大菱鲆、银鲑及梭鱼等鱼类。链球菌病全年均可发生，但高发于夏、秋等高温季节，7—9月的高温期容易流行，水温降至20 ℃以下时则较少。链球菌有时与其他病原性细菌特别是鳗弧菌、爱德华氏菌形成混合感染，造成严重危害。链球菌通过水体、摄饵或接触等方式侵染鱼体，在高水温、高养殖密度、恶劣水质（如低溶氧、高氨氮和高亚硝酸盐浓度）、低换水率及大投饵量等情况下易暴发，幼鱼及成鱼等不同规格鱼类均可被感染并导致死亡，多见于鱼种及成鱼（100 g/尾以上）。链球菌急性感染可以引起鱼类短期内（3～7天）的暴发性死亡，死亡率高达60%以上；在经历过2009—2012年的大范围、急性暴发性流行死亡后，近年来该病多呈慢性发病，发病和死亡周期可达数周、数月，每天只有零星死亡发生。

（三）症状

病鱼摄食减少或不摄食，游泳异常、昏沉，常在塘边、水面无方向性地缓慢游动，离群漫游，有时旋转游动；体色发黑，体表黏液增多，有时身体弯曲，体表有出血、溃疡等症状或有脓血疥疮，吻端发红，眼巩膜浑浊（单侧或双侧）、眼球突出及出血等，鳃盖内侧发红、充血，鳍发红、充血或溃烂，肛门发红。肝脏、脾脏、肾脏等出血、肿大，胆囊和肾脏肿大，脾脏肿大或萎缩，部分病鱼肝脏失血，出现白片状花纹。肠道发红，有血色腹水。近年来也常见到病鱼无明显的外部病症。组织病理变化主要表现为：典型的脑膜炎，炎区小胶质细胞增生，脑血管内易形成微血栓；肝脏细胞空泡变性，肝周隙炎性细胞浸润、坏死；肾间质出血，肾小管上皮细胞坏死，管腔内蛋白渗出；心肌炎性水肿，心外膜增厚伴随炎症细胞浸润；脾脏败血性病变，呈多灶性坏死；鳃丝上皮细胞脱落、基部细胞增生，鳃静脉扩张、充血；肠道固有层炎症反应。无乳链球菌偶尔会与海豚链球菌混合感染罗非鱼，通过比较发现，罗非鱼混合感染的临床症状及病理损伤与单独感染无乳链球菌的症状类似。此外，存在无乳链球菌慢性感染罗非鱼的现象，目前仅发现于成鱼中，发病鱼体表症状不明显，也不会致死，可在靠近脊椎骨的肌肉中出现黄色或暗红色结节，呈现典型的肉芽肿病理学变化（图2-52、图2-53、图2-54、图2-55）。

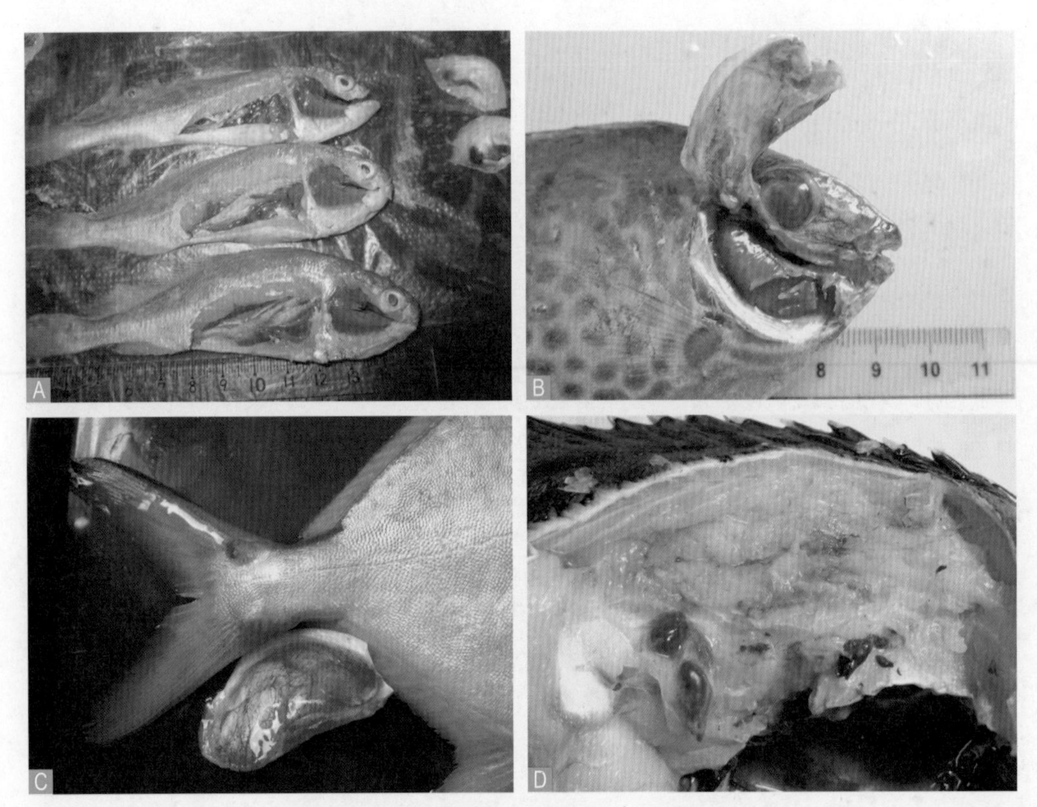

A. 大黄鱼红鳃；B. 点篮子鱼眼发红，鳃盖内侧充血；
C. 卵形鲳鲹鳃盖充血，尾柄脓包；D. 珍珠龙胆石斑鱼肌肉化脓性病灶。
图2-52　链球菌感染鱼类的临床解剖病变

（四）诊断方法

根据临床症状及流行情况进行初步判断，可对病灶组织进行涂片、染色、镜检，可见革兰氏阳性链状球菌。进一步诊断需从病灶组织分离细菌，进行微生物学、分子生物学及免疫学等检测。

（五）防控方法

（1）彻底清塘消毒，清除池底过多的淤泥，放养密度适宜，放养检疫合格的健康苗种，投喂优质配合饲料。

（2）发病期减少投喂量，开机充分供氧。高温季节，采取在鱼池建遮阳棚、夜间搅动水体等措施降低水温。

（3）饲料中添加维生素C等免疫增强剂，增强鱼类的非特异性免疫功能。

（4）消毒水体：二氯异氰脲酸钠，一次量为每立方米水体0.06 ~ 0.1 g（以有

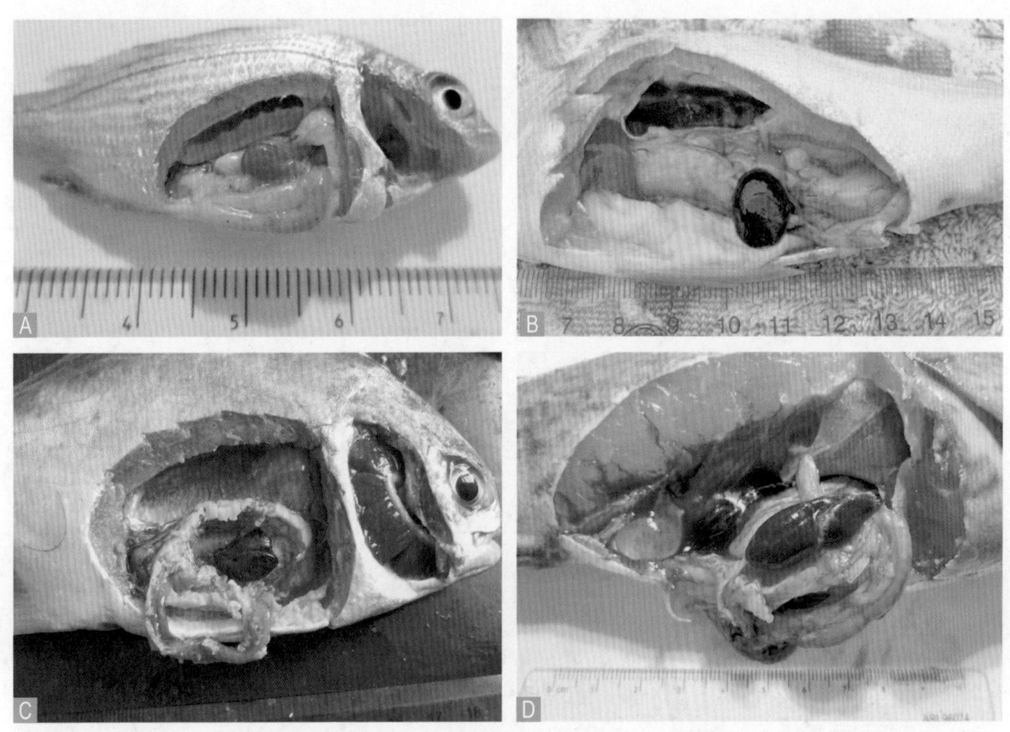

A. 鲷脾脏肿大；B. 花鲈脾脏肿大；C. 卵形鲳鲹内脏充血，脾脏肿大；D. 青石斑鱼脾脏肿大。

图2-53 链球菌感染鱼类的内脏病变

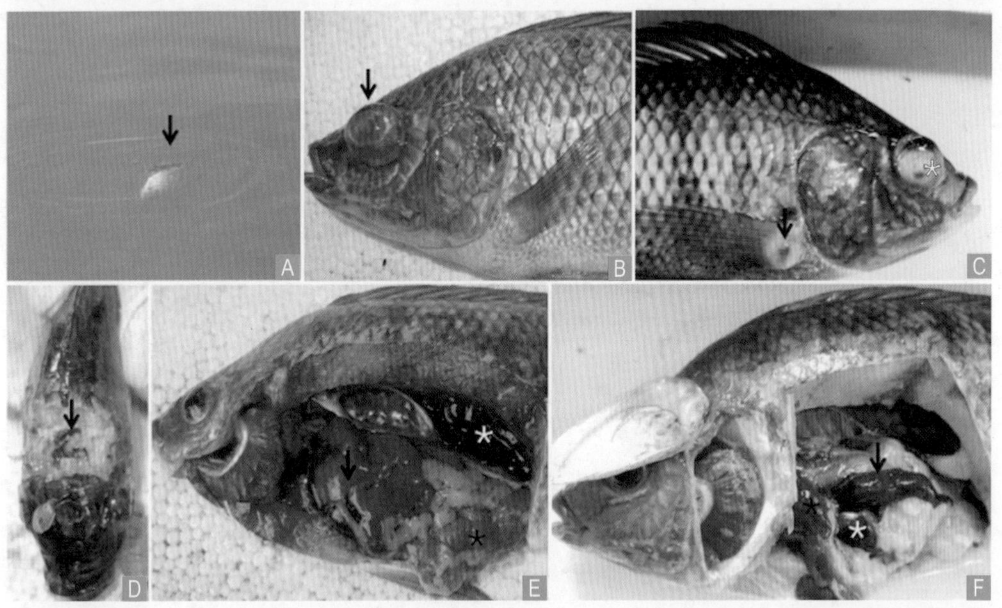

A. 不规则游动（箭头）；B. 眼球突出、充血（箭头）；C. 角膜白浊（白星号），鳍出血（箭头）；D. 脑膜出血（箭头）；E. 肝脏浅黄（箭头），肾脏肿大（白星号），肠道发炎（星号）；F. 肝脏充血、出血（星号），脾脏肿大（箭头），胆囊肿大（白星号）。

图2-54 无乳链球菌感染罗非鱼的临床症状和剖检病变

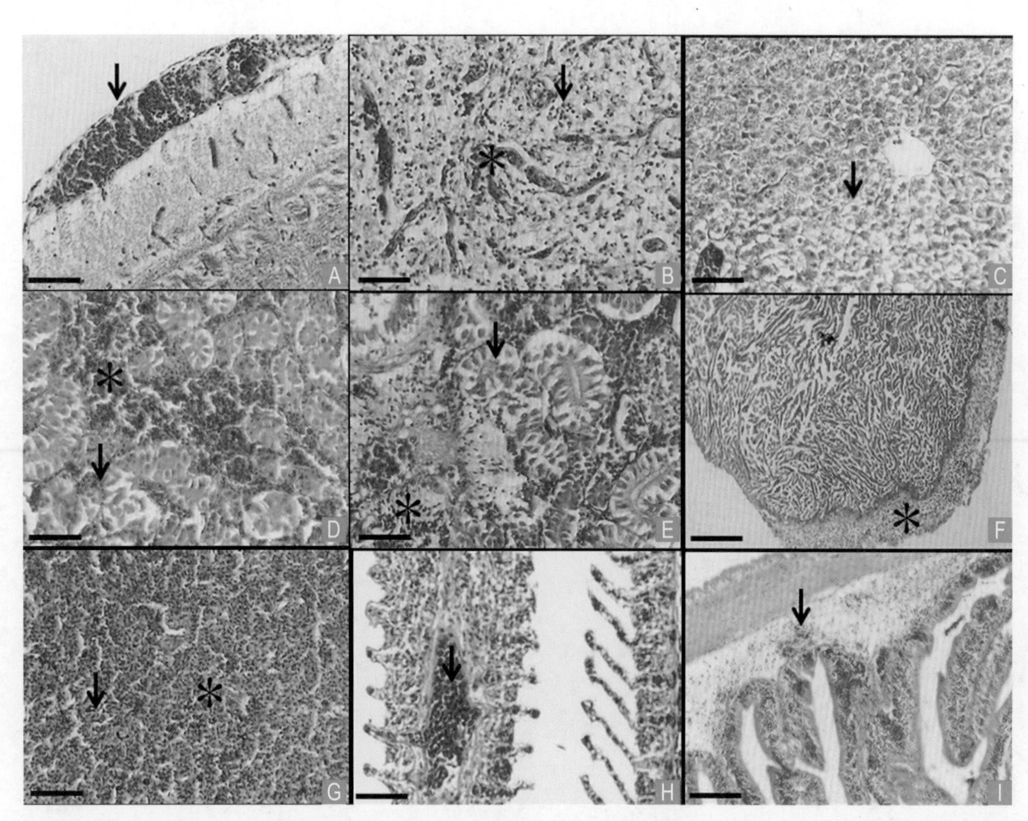

A. 脑膜增厚伴随炎症细胞浸润（箭头）；B. 脑小胶质细胞增生（箭头）和微血栓形成（星号）；C. 肝细胞空泡变性和坏死（箭头）；D. 肾间质出血（星号），肾小管降解（箭头）；E. 肾小管上皮细胞坏死，蛋白渗出（箭头），炎症细胞浸润（星号）；F. 心外膜增厚伴随炎症细胞浸润（星号）；G. 脾脏多灶性坏死（箭头和星号）；H. 鳃丝基部细胞增生，静脉扩张、充血（箭头）；I. 肠道固有层水肿、充血、炎症细胞浸润（箭头）。

标尺：A—H=50 μm；I=100 μm。

图2-55　无乳链球菌感染罗非鱼的组织病理学

效氯计）；或三氯异氰脲酸钠，一次量为每立方米水体0.09 ~ 0.135 g（以有效氯计）；或二氧化氯（8%），一次量为每立方米水体0.15 ~ 0.22 g。

（5）投喂药饵：拌饲投喂氟苯尼考，每千克鱼10 ~ 15 mg，1天1次，连用3 ~ 5天。或每天每千克鱼用四环素75 ~ 100 mg，制成药饵，连续投喂10 ~ 14天。

五、爱德华氏菌病

（一）病原

病原为肠杆菌科爱德华氏菌，包括：迟缓爱德华氏菌（*Edwardsiella tarda*）、杀鱼爱德华氏菌（*E. piscicida*）、鮰爱德华氏菌（*E. ictaluri*）和保科爱德华氏菌

（*E. hoshinae*）。杀鱼爱德华氏菌与迟缓爱德华氏菌有许多相同的表型特征，目前仍存在一些菌株被误归为迟缓爱德华氏菌的现象，可通过*gyrB*对爱德华氏菌进行菌株分类，将迟缓爱德华氏菌和杀鱼爱德华氏菌进行区分。革兰氏阴性菌，周毛性小杆菌，运动活泼，兼性厌氧，无荚膜，不形成芽孢，不抗酸。在琼脂平板发育较慢，25 ℃培养24 h，形成直径1 mm左右、圆形、灰白色、湿润、有光泽、隆起的半透明菌落。在15～42 ℃均能生长，最适温度30 ℃左右；pH 5.5～9及含盐0～40‰均可发育。氧化酶阴性，接触酶阳性，V-P和枸橼酸盐利用试验阴性，赖氨酸及鸟氨酸脱羧酶阳性，还原硝酸盐为亚硝酸盐，发酵麦芽糖和D-甘露糖。生物类型Ⅰ的迟缓爱德华氏菌不产H_2S，但可代谢蔗糖，在含乳糖的培养基如MacConkey培养基上可被容易地鉴定出来。其余迟缓爱德华氏菌产H_2S，当被培养在脱氧胆酸盐硫化氢乳糖琼脂（DHL）或沙门氏志贺氏琼脂（SS agar）上时可形成有黑色中心的特征菌落。爱德华氏菌存在致病株和非致病株，致病株胞外产物具有溶血性、细胞毒性和侵袭力，可通过组织印片观察到菌体（图2-56）。

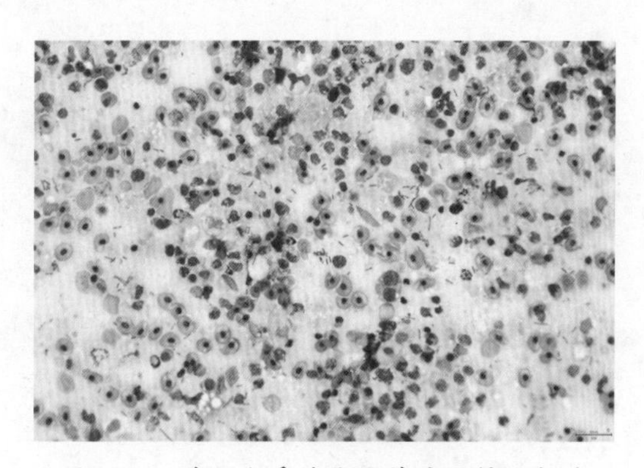

图2-56　黄颡鱼爱德华氏菌病的肾脏印片

（二）流行情况

爱德华氏菌病主要流行于夏、秋季节，全国各地都有发生。水温在20 ℃以上时，全年均可流行，对在广东养殖的斑点叉尾鮰（*Ictalurus punctaus*）、黄颡鱼、青蛙等而言7—9月高温期危害最重，对日本鳗鲡而言则在5月危害最大。日本养殖的牙鲆、真鲷、锄齿鲷和鰤等经常发生此病，尤其是牙鲆对迟缓爱德华氏菌具有较高的敏感性，极易被侵染并引起大量死亡。

（三）症状

爱德华氏菌可感染黄颡鱼、斑点叉尾鮰、鳗鲡、大口黑鲈、花鲈、罗非鱼、金鱼（*Carassius auratus*）、红鳍东方鲀（*Takifugu rubripes*）、虹鳟、鲻（*Mugil cephalus*）、鲷、牙鲆、鰤等多种鱼类和美国青蛙等，是能引起肾脏、肝脏脓肿的疾病，又称肝肾病。该病症状在临床上可分为两种类型：急性败血症型和慢性“一点红”型。急性败血症型发病急，死亡率高，多在水温迅速升高、水质恶化时发生。从开始出现症状到大量鱼发病死亡仅需3～5天。发病初期，鱼离群独游，反应迟钝，食欲减退或绝食。病鱼腹部膨大，鳍条基部、下颌、鳃盖、腹部充血、出血，肛门及生殖孔外突、充血出血，鳗鲡肝腹部常烂穿。斑点叉尾鮰及鲻患病时，皮下形成大肿块。剖解腹腔内含有大量含血的或清亮的液体，肝脏肿大，有出血点或出血斑，肾脏充血、肿大，脾脏肿大、呈紫黑色，可见大量白色结节。肠道扩张、充血、发炎，肠腔内充满液体和淡黄色水样液体。慢性“一点红”型病程可达一个月或更长。初期病鱼无明显临床表现，病鱼食欲减退，离群缓游，反应迟钝，甚至出现头朝上、尾朝下、悬垂于水中的特殊姿势，并伴有阵发性痉挛、旋转性侧游、打转等神经性症状。病鱼头项部充血、出血、发红，黄颡鱼头部因溃疡穿孔而形成“一点红”症状，斑点叉尾鮰头部因溃疡穿孔而形成“裂头症”症状（图2-57）。

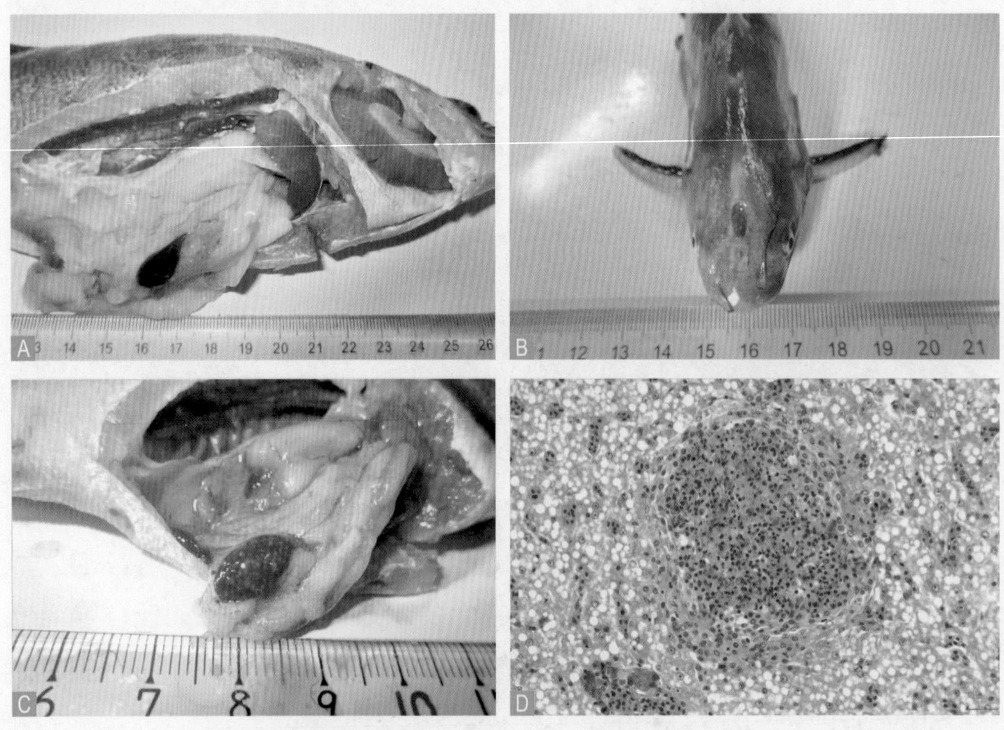

A. 花鲈杀鱼爱德华氏菌病的肾脏脓肿；B. 黄颡鱼爱德华氏菌病的头部“一点红”症状；
C. 大口黑鲈杀鱼爱德华氏菌病的脾脏肿大、有白色结节；D. 黄鳍鲷肝脏内的“肉芽肿”病变。

图2-57　爱德华氏菌感染鱼类的临床和组织病变特征

（四）诊断方法

可根据病鱼的各种症状作出初步诊断。确诊应从可疑病鱼的病灶组织分离病原菌进行培养和鉴定。迟缓爱德华氏菌与鮰爱德华氏菌没有血清学交叉反应，因此可以用血清学方法完成快速诊断。可以用福尔马林灭活全菌细胞（FKC）、细菌胞外产物（ECP）为抗原免疫家兔，获得特异性的抗血清；也可用抗迟缓爱德华氏菌单克隆抗体做玻片凝集试验，用IFAT和ELISA确诊。

（五）防控方法

（1）泼洒生石灰调节养殖水体pH，1次量为每立方米水体10 ~ 15 g，全池泼洒，1天1次，连用2 ~ 3天。

（2）消毒水体。用含氯石灰（漂白粉），或优碘氯，或30%三氯异氰脲酸钠，1次量为每立方米水体1 ~ 1.2 g（以有效氯计），或0.5 ~ 0.6 g，或0.4 g，全池泼洒，1天1次，连用3天。

（3）用10%氟苯尼考粉拌饲投喂，1次量为每千克饲料添加2 ~ 3 g，1天1次，连用3 ~ 5天。或四环素，1次量为每千克体重添加50 ~ 70 mg，1天1次，连用7 ~ 10天。

（4）鱼池及工具等进行消毒，鱼种下池前，每立方米水体加15 ~ 20 g高锰酸钾药浴15 ~ 30 min。

六、诺卡氏菌病

（一）病原

感染水产养殖鱼类的致病诺卡氏菌有星状诺卡氏菌（*Nocardia asteroides*）、杀鲑诺卡氏菌（*N. salmonicida*）、粗形诺卡氏菌（*N. crassostreae*）和鰤诺卡氏菌（*N. seriolae*）。属细菌界放线菌门放线菌纲放线菌目诺卡氏菌科诺卡氏菌属，革兰氏阳性，发育初期为没有横隔的菌丝体，以后逐渐变为长杆状、短杆状，以至球形，有时产生气生菌丝，直径0.3 ~ 0.8 μm，长3 ~ 6 μm，丝状体长8 ~ 46 μm，丝状体常成对、“Y”形或“V”形排列。该菌生长温度范围为12 ~ 40 ℃，最适温度为25 ~ 28 ℃，生长盐度范围为0 ~ 45‰，最适盐度为0 ~ 10‰，生长pH范围为5.8 ~ 8.5，最适pH范围为6.5 ~ 7.0。当鱼体质虚弱、免疫力低下时，可通过鱼消化道、鳃或创伤而感染。目前可培养诺卡氏菌的培养基有胰蛋白胨大豆琼脂培养基、血琼脂平板、营养琼脂培养基、脑心浸液琼脂培养基、改良罗氏培养基和小川氏培养基等，初代生长缓慢，在28 ℃时需5~14天。在改良罗氏培养基上可生长大量形态单一的菌落，菌落淡黄色沙粒状，边缘不整齐，表面凸起而形成皱褶，形成疣状、致密的硬菌落。该优势菌株在BHI培养基上也生长良好。诺卡氏菌在液体培养基中形成菌膜，浮于液面，液体澄清（图2-58）。

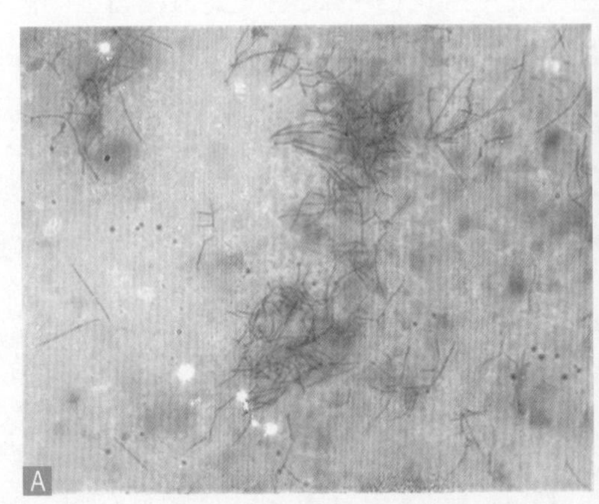

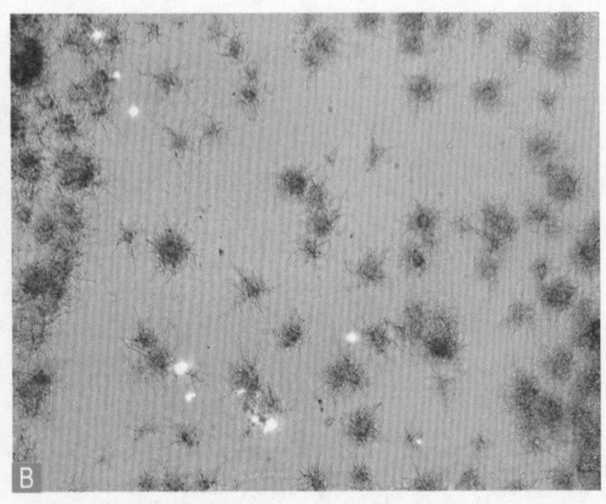

A. 诺卡氏菌丝吉姆萨染色；B. 诺卡氏菌在营养琼脂培养基上的菌落形态。

图2-58　诺卡氏菌丝和菌落形态

（二）流行情况

诺卡氏菌是一种机会致病菌，在海水中的含量并不高，2天内即死亡，在养殖场附近的海水中能生存1周左右，在富营养化的海水中可能生存更长时间，在淡水中的含量还未见报道。当养殖鱼类体质虚弱、免疫力低下时，可通过消化道、鳃或创伤而感染。近十年来，诺卡氏菌病对我国广东、福建等地的水产养殖业危害很大，先后在鰤、斜带髭鲷（*Hapalogenys nitens*）、卵形鲳鲹、花鲈、大黄鱼、乌鳢、大口黑鲈、石斑鱼、四指马鲅（*Eleutheronema tetradactylum*）、紫红笛鲷、红鳍笛鲷、六带鲹（*Caranx sexfasciatus*）、牙鲆、罗非鱼、杂交鳢等海水、淡水养殖鱼类中流行过该病，造成巨大的经济损失。该病流行季节较长，4—11月均有发生，发病高峰在6—10月，发病鱼常为一龄鱼或二龄鱼，水温在15~32 ℃时都可流行，以水温在25~28 ℃时发病最为严重。该病最危险的特点是潜伏期长，其病情发展缓慢，但发病率和死亡率都较高。自然发病率15%~30%，严重的可达到60%，而有的人工感染的死亡率高达90%~100%。广东4—11月水温在15~32 ℃时都可流行，发病高峰在6—10月，以水温在25~28 ℃时发病最为严重。

（三）症状

鱼类诺卡氏菌病主要症状为体表和内脏出现结节状肉芽肿。发病初期，病鱼反应迟钝，体色稍变黑，食欲减退，离群独游或静止在网箱底部，有时肛门红肿，体表无明显症状；发病中期，病鱼有体表损伤、溃烂和腹部膨胀等现象；发病后期，病鱼背部、腹部和尾部体表损伤并溃烂出血，躯干部皮下脂肪组织和肌肉发生脓肿，更严重的体表形成瘘管，外观上呈大小不一、形状不规则的结节。解剖可见心脏、脾脏、肾脏、肝脏等内脏出现大量直径1～5 mm的白色结节，有的病鱼鳃盖内缘或鳃丝基部上形成乳白色的大型结节，鳃明显褪色，腹腔内有纤维瘤，随后逐渐死亡（图2-59、图2-60）。

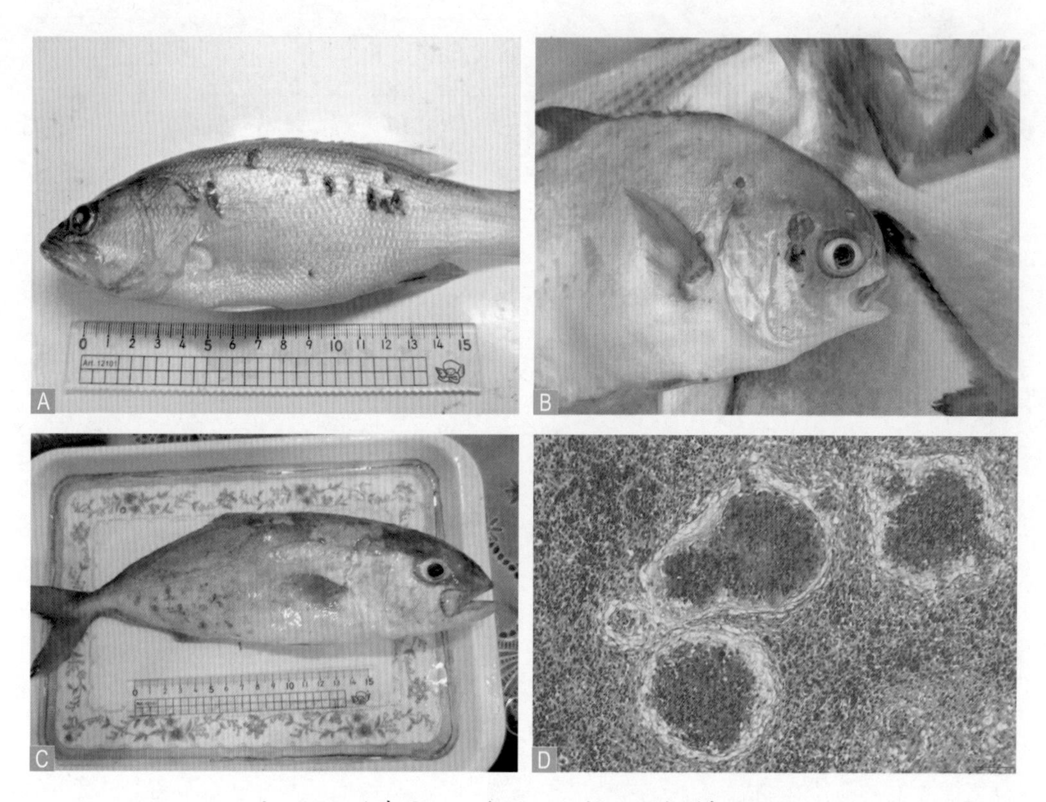

A. 大口黑鲈体表出血、溃烂；B. 卵形鲳鲹体表溃疡斑；
C. 鰤体表溃烂；D. 生鱼脾脏“肉芽肿”病变。
图2-59 诺卡氏菌感染鱼类的临床症状和组织病变

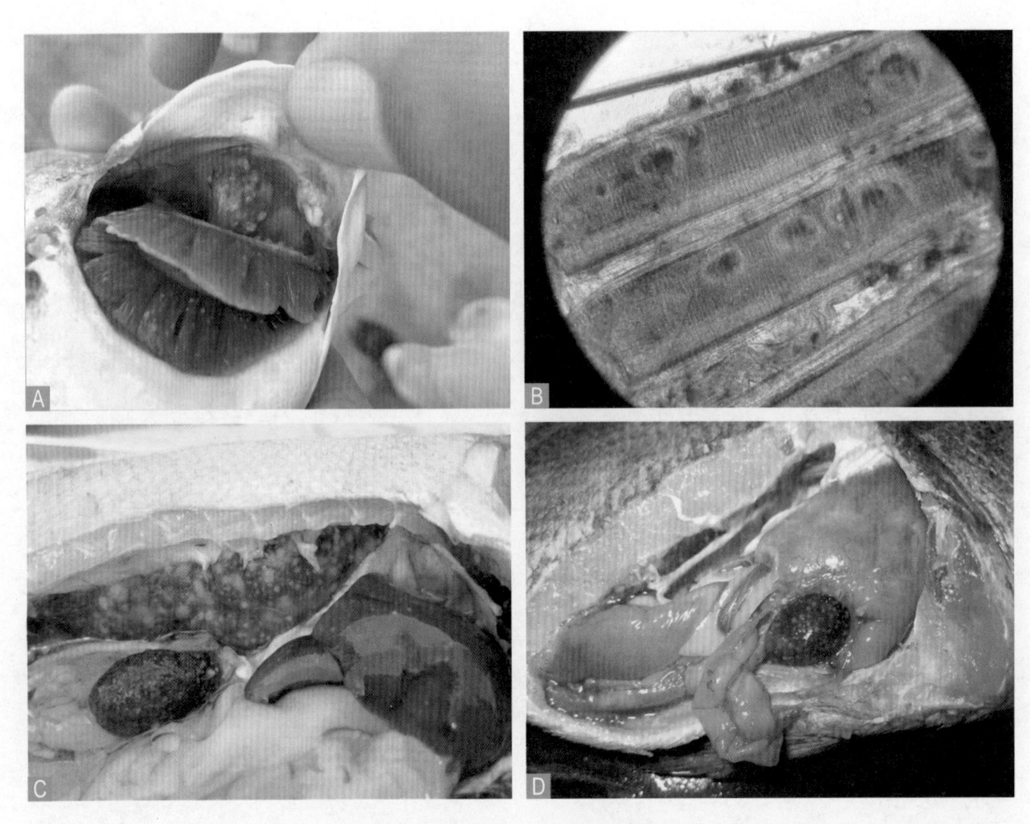

A. 卵形鲳鲹鳃丝基部溃疡；B. 卵形鲳鲹鳃丝上结节；
C. 花鲈内脏结节；D. 斜带髭鲷内脏白点。
图2-60　诺卡氏菌感染鱼类的鳃及内脏病变

（四）诊断方法

由于诺卡氏菌种类较多，部分种间的生化特性差异不大，在诺卡氏菌的分类上尚缺乏统一的标准，采用测定细菌的各项生理生化特性来进行细菌的鉴定往往难以确定，同时，诺卡氏菌生长缓慢，受感染的鱼在发病初期通常未出现外部症状或症状不明显，故给该病的早期检测、诊断及治疗带来了极大困难。在病情严重时，感染诺卡氏菌的鱼类外部和解剖症状都较明显，而且诺卡氏菌可用选择性培养基分离培养，根据临床症状、组织病理及病原菌形态等特征，从病鱼结节处取少许脓汁制成涂片，进行革兰氏染色，镜检发现有阳性的分枝丝状菌，基本可以确诊。可用16S—23S转录间隔区序列PCR法作为卵形鲳鲹及鰤诺卡氏菌病的诊断工具。为了达到快速检测鱼类诺卡氏菌病的目的，还可用环介导等温扩增技术和实时荧光定量PCR等方法检测鰤诺卡氏菌病。

（五）防控方法

（1）投饲勿过量，避免养殖水体富营养化和残饲堆积。

（2）消毒水体：每立方米水体用三氯异氰脲酸0.09～0.135 g（以有效氯计）全池泼洒，隔天1次，连用2次。

（3）投放药饵：每千克鱼体重拌饲投喂氟苯尼考100 mg，1天1次，连用5天［注：氟苯尼考有粉剂（含氟苯尼考10.0%）、溶液剂（含氟苯尼考2.0%）和预混剂（含氟苯尼考2.0%、5.0%、10.0%）等剂型，氟苯尼考休药期14天］。

七、美人鱼发光杆菌病

（一）病原

该病主要病原为美人鱼发光杆菌（*Photobacterium damselae*），以前称为美人鱼弧菌，分为美人鱼亚种（*P. damselae* subsp. *damselae*）（即原来的美人鱼弧菌）和杀鱼亚种（*P. damselae* subsp. *piscicida*）［即以前报道的杀鱼巴斯德氏菌（*Pasteurella piscicida*）］两个亚种，为革兰氏阴性菌，细胞内寄生，菌体大小随培养条件不同而有明显的多样性，呈球形、椭圆形、卵圆形或杆状，常单个存在，偶尔成对或短链状排列（图2-61）。菌体大小为0.5 μm × 1.5 μm，1～2根鞭毛侧极生，运动，为α溶血，对0/129不敏感，不形成芽孢。在无盐胨水，以及1%、6%、8%、10%的NaCl胨水中均不生长。在普通琼脂培养基上发育不好，在SS琼脂培养基和BTB琼脂培养基上不生长。在营养琼脂培养基上菌落为圆形，表面光滑湿润，边缘光滑，菌落直径1～2 mm。在脑心浸液琼脂培养基或血液琼脂培养基上（含食盐1.5%～2.0%）发

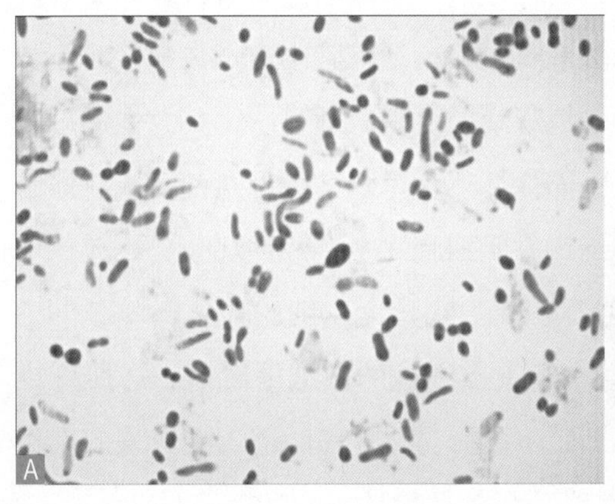

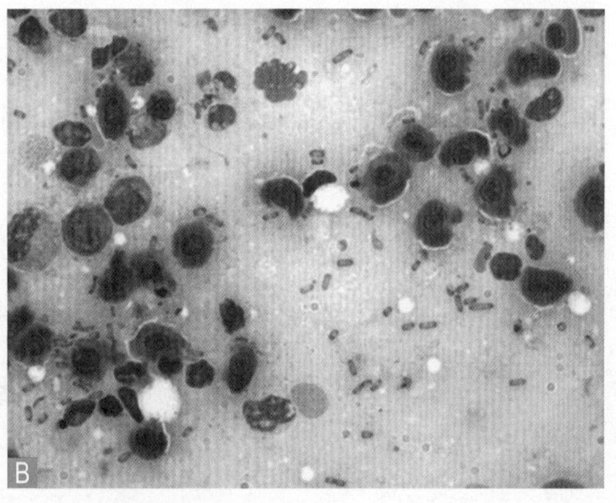

A. 革兰氏染色阴性；B. 吉姆萨染色。

图2-61　美人鱼发光杆菌形态特征

育良好，生成的菌落正圆形、无色、半透明、露滴状，有显著的黏稠性。为兼性厌氧菌，有机化能营养菌，具有呼吸和发酵两种代谢类型，发育的温度范围为17～32 ℃，最适温度为20～30 ℃。发育的pH范围为6.8～8.8，最适pH范围为7.5～8.0。发育的盐度范围为5‰～30‰，最适盐度为20‰～30‰。刚从病鱼上分离出来的菌有致病性，但重复地继代培养后，致病性迅速下降以至消失。该菌在富营养化的水体或底泥中能长期存活。

（二）流行情况

主要危害鲕、黑鲷、真鲷、鮸（*Miichthys miiuy*）、卵形鲳鲹、大黄鱼、白花鱼（*Parapocryptes serperaster*）、花鲈、黄金鲷、牙鲆等，各年龄段的鱼均可被感染发病，但以幼鱼最为严重，有的死亡率可达90%。春末到夏季是主要流行季节，雨后海水盐度下降时多发，发病最适水温是20～25 ℃，一般在温度25 ℃以上时很少发病，温度20 ℃以下不发病。秋季，即使水温适宜也很少出现此病。

（三）症状

病鱼通常外观症状不明显，反应迟钝，体色发黑，食欲减退，离群独游或静止于网箱或池塘底部，继而不摄食，不久即死亡。部分病鱼体表、鳍基、尾柄等处有不同程度的充血，严重的全身肌肉充血。解剖病鱼，可见肾脏、脾脏、肝脏、心脏、鳔和肠系膜等组织和器官上有许多小白点，白点多数为直径1 mm左右，有的很微小，有的直径大至数毫米，形状不规则，多数近于球形。白点是由美人鱼发光杆菌的菌落外包一层纤维组织形成的。在完全封闭的白点中，细菌都已死亡；在尚未包围完全的白点中则为活菌。病鱼内脏中的白点类似于结节，所以在日本的鲕养殖中也叫作类结节病。病鱼血液中有许多细菌，血液中菌落数量多时，在微血管内可形成栓塞；肾脏中白点数量很多时，肾脏呈贫血状态；脾脏中白点数量多时，脾脏肿胀而带暗红色。用光学显微镜和透射电镜观察的组织病理显示，其急性病理症状主要表现为鳃、肝脏和肾脏发生变性及凝固性坏死，肾管微绒毛紊乱，线粒体的嵴脱落，脾脏淋巴细胞增生，核染色质边集，心肌细胞发生多灶性坏死，线粒体增生，肠道的病变较轻微。慢性病理症状主要表现为鳃丝上皮细胞坏死，脾脏淋巴细胞线粒体、高尔基体和内质网溶解，肾小管上皮细胞的微绒毛脱落，心肌纤维“Z”带排列紊乱，线粒体变性，肝脏、肾脏、脾脏、心脏和肠道出现典型的肉芽肿病变，且脾脏、肾脏和心脏的病变是所有器官中最严重的（图2-62）。

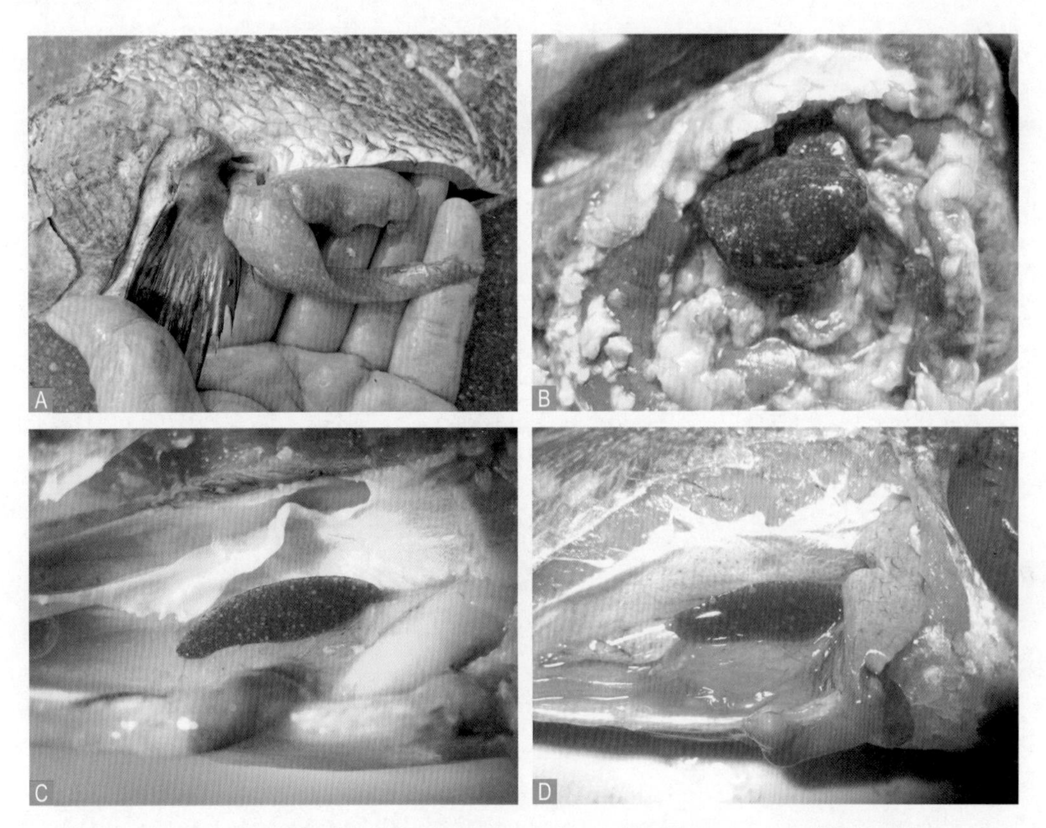

A. 鮸肝脏白点； B. 卵形鲳鲹脾脏白点； C. 黄颡鱼脾脏白点； D. 军曹鱼脾脏白点。

图2-62　感染美人鱼发光杆菌的鱼体内脏病变

（四）诊断方法

（1）从肾脏、脾脏等内脏组织中观察到小白点，结合镜检可初步诊断。注意与诺卡氏菌病和鱼醉菌病的区别，主要从病原菌形态特征区别；从症状上区别，美人鱼发光杆菌病在肌肉中没有病原菌寄生，因此没有白点；在肝脏、肾脏等的寄生，也不会出现肥大或肿胀；制备病灶处压印片，如发现有大量杆菌可做进一步诊断。

（2）实验室检测。荧光抗体法可做出早期诊断；PCR方法［随机扩增多态性DNA（RAPD）］已被用来检测美人鱼发光杆菌特异性基因片段并克隆，可对美人鱼发光杆菌病进行早期快速诊断。

（五）防控方法

（1）避免养殖水体富营养化，勿投喂冰鲜鱼虾。

（2）药饵：每千克鱼体重用磺胺嘧啶粉100 mg（首次用量加倍），或每千克鱼体重用甲砜霉素50 mg，拌饲投喂，1天1次，连用5～7天。

（3）浸浴：过塘时每立方米水体用高锰酸钾15 ~ 20 g浸浴10 ~ 30 min。

（4）消毒水体：全池泼洒二氧化氯或8%溴氯海因，1次量达到每立方米水体二氧化氯0.1 ~ 0.3 g或8%溴氯海因0.2 ~ 0.3 g，7 ~ 10天1次。

八、柱状黄杆菌病

（一）病原

柱状黄杆菌（*Flavobacterium columnare*）以前称为柱状屈桡杆菌（*Flexibacter calumnsris*），属于黄杆菌目黄杆菌科黄杆菌属，是柱形病（烂鳃病）的病原体，是革兰氏阴性、能滑动的需氧杆菌，多呈细长杆状，长4 ~ 10 μm，宽0.3 ~ 0.5 μm，长时间培养可见球状体。生长温度范围5 ~ 35 ℃，少数菌株在37 ℃也能生长，最适温度20 ~ 25 ℃。生长pH范围6.8 ~ 8.3，最适pH 7.6。生长盐度0 ~ 5‰，在含1%以上NaCl的培养基中不生长。氧化酶、细胞色素酶、接触酶均为阳性，产H_2S，还原硝酸盐，液化明胶。在Shieh琼脂培养基上生长良好，培养24 h后，柱状黄杆菌菌落呈黄色或淡黄色，表面粗糙，中间卷曲，大小不一，显色较深，边缘向四周扩散成颜色较浅的假根须状。在Shieh肉汤培养基上培养24 h后镜检，可见菌体呈细长、弯曲或直杆状，有的菌体弯曲成半圆形、“U”形、“V”形、“S”形和不规则形等形态，菌体长短很不一致，多见菌体团聚形成“乱发状”。因柱状黄杆菌具有团聚性和滑动能力，在滴上适量生理盐水的载玻片上稀释细菌时，细菌常常聚集成一团，而且多数细菌的一端常常固着在载玻片上，而另一端则在生理盐水中缓慢滑动（图2-63）。

（二）流行情况

柱状黄杆菌广泛分布于全球淡水水域中，可感染多种淡水鱼类及鱼卵，是我国常见的鱼类病原菌，严重危害草鱼、青鱼、鳜、鲤、鲫、团头鲂（*Megalobrama amblycephala*）、大口黑鲈、巴沙鱼（*Pangasius bocourti*）、鳗鲡、银鲈、鲑、鳟、淡水白鲳（*Colossoma brachypomum*）、罗非鱼等淡水鱼，具有较高的死亡率，在广东主要流行于5—10月，给渔业生产带来巨大经济损失。海水鱼类及观赏鱼类也可被感染而发病。海水养殖鱼类侵染柱状黄杆菌多见于冬季和早春，水温12 ~ 15 ℃时可出现发病高峰，感染的鱼类主要是一至二龄的真鲷、黑鲷、黄鳍鲷、花鲈、尖吻鲈等。柱状黄杆菌的致病性与环境因素、菌株自身毒力及鱼体感染寄生虫或体表受损伤等密切相关。某些应激条件，如水体温度变化大、水体溶氧量低、氨氮和亚硝

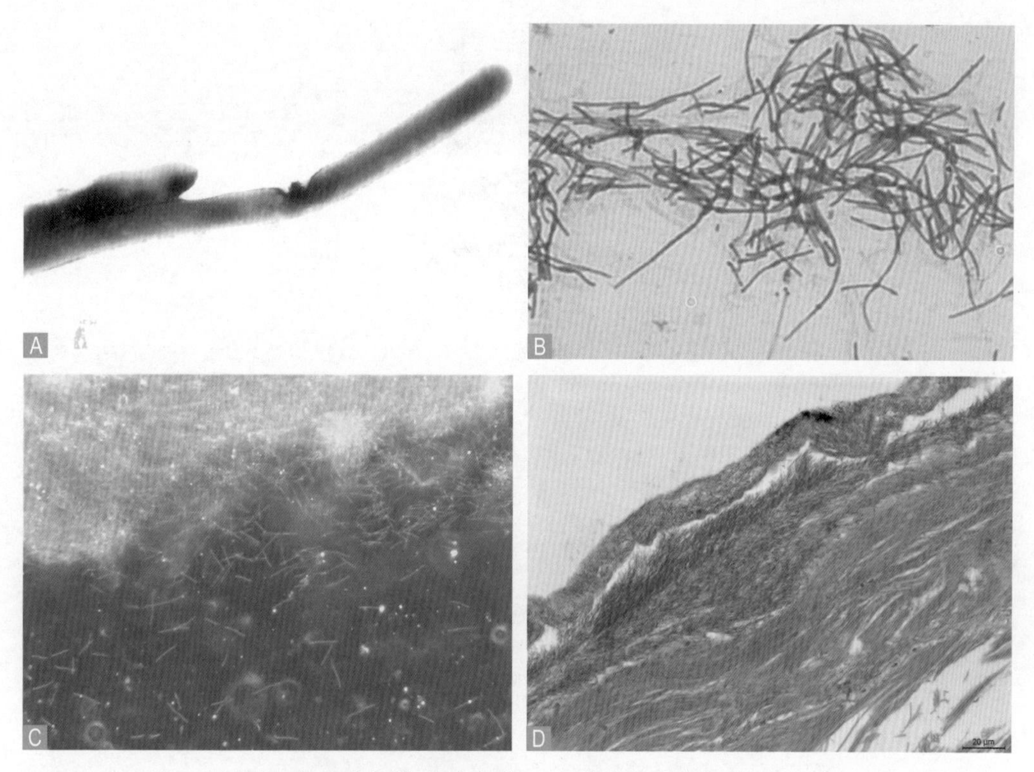

A. 柱状黄杆菌电镜负染；B. 革兰氏染色阴性；
C. 巴沙鱼苗烂尾上的柱状黄杆菌菌体；D. Shieh琼脂培养基上的菌落形态。
图2-63　柱状黄杆菌形态特征

酸盐含量高及继发感染等，常常成为柱状黄杆菌感染的重要诱因。

（三）症状

柱状黄杆菌感染会导致鱼类出现烂鳃、体表溃疡、鳍条腐烂、出血等症状，称为柱形病。幼鱼中，柱形病传播迅速，主要损害鳃部。成鱼呈现急性、亚急性甚至慢性感染，病鱼的鳃呈黄色，并逐步彻底坏死。慢性感染中，症状始于病鱼体表颜色的变化，即在部分区域体色变浅，四周环绕成微红色一圈，背部皮肤出现局部褪色灶，始见于背鳍，而后鳍条开始腐烂，并慢慢向四周扩展，有的病鱼皮肤上的褪色灶逐渐扩大至浅灰色溃烂，呈马鞍状，故该病又名“马鞍病”。侵染过程还可进一步扩散至颅部和尾部，还可至更深的皮肤层，使肌肉组织暴露，导致深处溃疡，病灶周围通常分泌有黄白色的黏液（图2-64）。

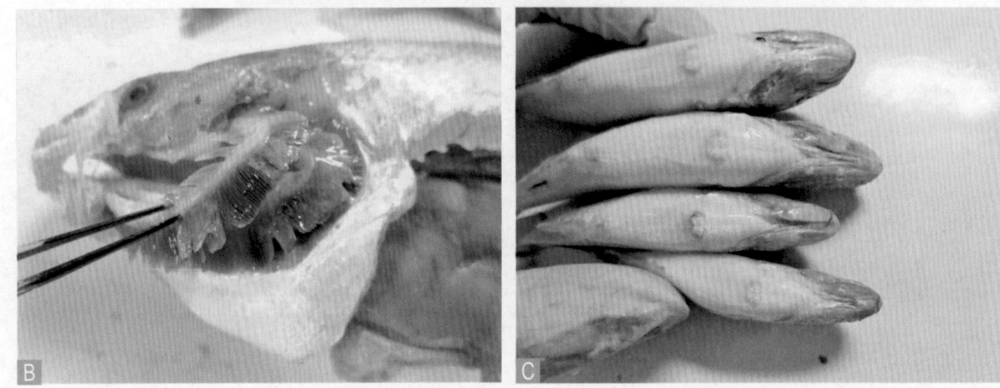

A. 巴沙鱼鱼苗尾鳍破损；B. 大口黑鲈烂鳃；C. 大口黑鲈烂嘴。

图2-64　感染柱状黄杆菌的鱼体病变

（四）诊断方法

（1）根据外观症状可初步诊断。从病灶部位取样，在显微镜下观察，如发现大量可弯曲的长杆状细菌，在噬纤维菌琼脂上，25 ℃培养2～3天，可见扁平、边缘不规则、淡黄色的菌落形成，基本可诊断。确诊应做进一步的细菌分离、培养。

（2）分子生物学方法可用来检测鉴定该病原菌，主要包括ELISA和免疫荧光试验、LAMP技术、RT-PCR、长度多态片段PCR。

（3）柱状黄杆菌选择性培养基（周伟东，专利号CN104651266B）。

（五）防控方法

（1）彻底清塘消毒，改善水环境状况，降低养殖密度。

（2）10%聚维酮碘溶液，1次量为每立方米水体0.5～1.0 mL，疾病流行季节全池泼洒，15天1次。或8%溴氯海因，1次量为每立方米水体0.2～0.3 g，疾病流行季节全池泼洒，15天1次。或5%戊二醛溶液，1次量为每立方米水体0.8 mL，将溶液稀释300～500倍后，全池泼洒，2～3天1次，连用2～3次。

（3）五倍子，1次量为每立方米水体4 g，将五倍子磨碎后用开水浸泡，疾病流行季节全池泼洒，15天1次。

（4）大黄，1次量为每立方米水体2.5～3.7 g，先将大黄用20倍质量的0.3%氮水浸泡提效后，再连水带渣使用，疾病流行季节全池泼洒，15天1次。

（5）干乌桕叶，1次量为每立方米水体3.7 g，先将乌桕叶用20倍质量的2%石灰水浸泡过夜，再煮沸10 min，再连水带渣使用，疾病流行季节全池泼洒，15天1次。

（6）盐酸土霉素，1次量为每千克鱼体重30～50 mg，拌饲投喂，1天1次，连用3～5天。

第三节　鱼类寄生虫性疾病

一、寄生虫性病原概述

（一）寄生的概念

生存于自然界的有机体，对环境条件的需求取决于有机体的不同种类、不同生活方式和不同发育阶段。有机体种类繁多，它们的生活方式极为复杂。有的营自由生活；有的必须与特定的生物营共生生活；有的在某一部分或全部生活过程中，必须生活于另一生物之体表或体内，夺取该生物之营养而生存，或以该生物之体液及组织为食物来维持其本身的生存并对该生物发生危害作用，此种生活方式称为寄生生活，或谓之寄生。凡营寄生生活的生物都称为寄生物，动物性寄生物依生物进化的程度而言，皆属于低等动物，故一般称为寄生虫。寄主不但是寄生虫食物的来源，同时又成为寄生虫暂时的或永久的栖息场所。

（二）寄生生活的起源

寄生生活的形成是同寄主与寄生虫在其种族进化过程中长期互相影响分不开的。共生是两种生物长期或暂时结合在一起生活，双方都从这种共同生活中获得利益（互利共生）或其中一方从这样的共生生活中获得利益（片利共生）的生活方式。但是，营共生生活的双方在其进化过程中，相互间的那种互不侵犯的关系可能发生变化，其中的一方开始损害另一方，此时共生就转变为寄生。寄生虫的祖先可能是营自由生活的，在进化过程中由于偶然的机会，它们在另一种生物的体表或体内生活，并且逐渐适应了那种新的环境，从那里取得它们生活所需的各种条件，开始损害另一种生物而营寄生生活。由这种方式形成的寄生生活，大体上都是通过偶然性的无数次重复，即通过兼性寄生而逐渐演化为真正的寄生。自由生活方式是动物界生活的特征，但是由于不同程度的演变，在动物界的各门中，不少动物由于适应环境的结果，不断以寄生姿态出现，因此寄生现象散见于各门，其中以原生动物门、扁形动物门、线形动物门及节肢动物门为多数。寄生虫的祖先在其长期适应新的生活环境的过程中，在形态结构上和生理特性上大都发生了变化。一部分在寄生生活环境中不需要的器官逐渐退化，乃至消失，如感觉器官和运动器官多半退化与消失；而另一部分保持其种族生存和寄生生活得以继续所需的器官，如生殖器官和附着器官，则相应地发达起来。这些由于客观环境改变而形成的新的特性，被固定下来，而且遗传给了后代。

（三）寄生方式和寄主种类

按寄生虫寄生的性质，寄生方式分为：①兼性寄生，亦称假寄生，营兼性寄生的寄生虫在通常条件下过着自由生活，只有在特殊条件下（遇有机会）才能转变为寄生生活；②真性寄生，亦称真寄生，寄生虫部分或全部生活过程从寄主取得营养，或以寄主为自己的生活环境。真性寄生从时间的因素来看，又可分为暂时性寄生和经常性寄生。暂时性寄生亦称一时性寄生，寄生虫寄生于寄主的时间甚短，仅在获取食物时才寄生。经常性寄生方式又可分为阶段寄生和终身寄生。阶段寄生指寄生虫仅在发育的一定阶段营寄生生活，它们的全部生活过程由营自由生活和寄生生活的不同阶段组成。终身寄生为寄生虫的一生全部在寄主体内度过，它们没有自由生活的阶段，所以一旦离开寄主，就不能生存。

按寄生虫寄生的部位，寄生方式分为：①体外寄生，寄生虫暂时地或永久地寄生于寄主的体表；②体内寄生，寄生虫寄生于寄主的脏器、组织和腔道中，如真鲷格留虫寄生在真鲷腹腔内；③超寄生，在寄生虫中还有一种特异的现象——寄生虫本身又成为其他寄生虫的寄主。

寄主可分为：①终末寄主，寄生虫的成虫时期或有性生殖时期所寄生的寄主称为终末寄主或终寄主；②中间寄主，指寄生虫的幼虫期或无性生殖时期所寄生的寄主，若幼虫期或无性生殖时期需要两个寄主，首先寄生的寄主称为第一中间寄主，其次寄生的寄主称为第二中间寄主；③保虫寄主，寄生虫寄生于某种动物体的同一发育阶段，有的可寄生于其他动物体内，这类其他动物常成为某种动物体感染寄生虫的间接来源，故可称为保虫寄主或储存寄主。

（四）寄生虫的感染方式

①经口感染，具有感染性的虫卵、幼虫或孢囊随污染的食物等经口吞入所造成的感染称为经口感染。如艾美虫、毛细线虫均借此方式侵入鱼体。②经皮感染，感染阶段的寄生虫通过寄主的皮肤或黏膜（在鱼类还有鳍和鳃）进入体内所造成的感染称为经皮感染。它分为两类：主动经皮感染，感染性幼虫主动地由皮肤或黏膜侵入寄主体内；被动经皮感染，感染阶段的寄生虫并非主动地侵入寄主体内，而是通过其他媒介物之助，经皮肤将其送入体内。

（五）寄生虫、寄主和外界环境三者间的相互关系

寄生虫、寄主和外界环境三者间的相互关系十分密切。寄生虫和寄主相互间的影响，是人们经常可以见到的，它们相互间的作用往往取决于寄生虫的种类、发育阶段、寄生的数量和部位，同时也取决于寄主有机体的状况；而寄主的外界环境条件，也直接或间接地影响着寄主、寄生虫及它们间的相互关系。

寄生虫对寄主的作用：寄生虫对寄主的影响有时很显著，可引起生长缓慢、不育、抵抗力降低，甚至造成寄主大量死亡；有时则不显著。寄生虫对寄主的作用，可归纳为机械性刺激和损伤、夺取营养、压迫和阻塞、毒素作用及其他疾病的媒介。

寄主对寄生虫的影响：寄主机体对寄生虫的影响问题，比较广泛而复杂，目前关于这方面的研究还不多，其影响程度如何尚难以估计，主要包括组织反应、体液反应、寄主年龄对寄生虫的影响、寄主食性对寄生虫的影响及寄主的健康状况对寄生虫的影响等。

寄生虫之间的相互作用：在同一寄主体内，可以同时寄生许多同种或不同种的寄生虫，处在同一环境中，它们彼此间不可能不发生直接影响，它们之间的关系表现有对抗性和协助性两种。因此，通常在有钩介幼虫寄生时，单殖幼虫和甲壳类就很少再有寄生，反之亦然。而寄生在鲤鳃上的伸展指环虫和坏鳃指环虫则具有协助性。这些也都影响着寄生虫的区系。

外界环境对寄生虫的影响：寄生虫以寄主为自己的生活环境和食物来源，而寄主又有自己的生活环境，这样对寄生虫来说，它具有第一生活环境（寄主有机体）

及第二生活环境（寄主本身所处的环境）。因此，外界环境的各种因子，无不直接或通过寄主间接地作用于寄生虫，从而影响寄主的疾病发生及其发病程度。水生动物生活的环境因子的作用主要有以下几个方面：水化学因子的影响、季节变化的影响、人为因子的影响、密度因子的影响及散布因子的影响等。

除了上面提到的一些因素对水生动物寄生虫区系及水生动物疾病的发生与否、发病的程度等有决定性的意义外，还有地理因素、气候条件等都或多或少地起着作用。所有这些条件都是外界环境的一个因素、一个方面，它们都是彼此联系、互相制约、综合地起着影响。总而言之，水生动物寄生虫和寄主是一个复杂的综合体，它们和周围环境又是一个更复杂的综合体，我们不可能离开寄主来研究寄生虫，也不能离开周围环境来讨论寄生虫。

二、淀粉卵涡鞭虫病

（一）病原

主要有两种：一种是眼点淀粉卵涡鞭虫（*Amyloodinium ocellatum*），也称淀粉卵甲藻，分布于海水中，在分类上属于肉足鞭毛门鞭毛亚门植鞭纲腰鞭目胚沟科淀粉卵涡鞭虫属；另一种是嗜酸性卵甲藻（*Oodinium acidophilum*），又叫嗜酸性卵涡鞭虫，分布于淡水中，在分类上属于胚沟科卵涡鞭虫属。两种病原体镜检形态相似，大小相近，其寄生期的虫体是营养体，初期为梨形，后期近球形，大小为20 ~ 150 μm，在虫体一端会形成假根状突起的附着器，用以附着到鱼体上（图2-65）。

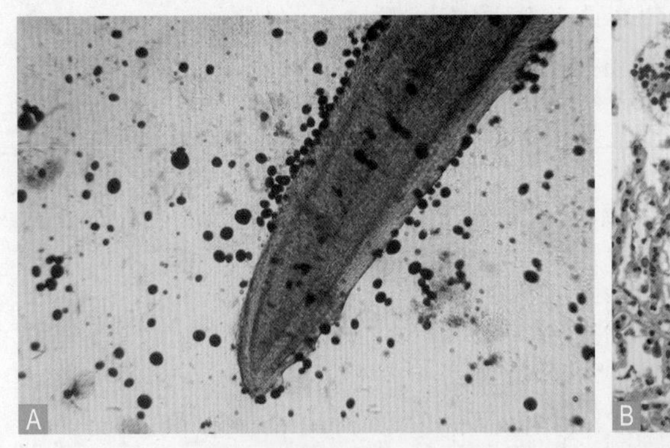

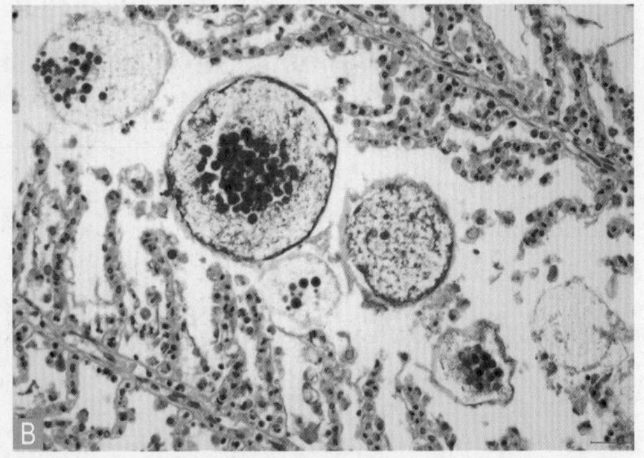

A. 珍珠龙胆石斑鱼鳃寄生的淀粉卵涡鞭虫；B. 东星斑鳃寄生的淀粉卵涡鞭虫。

图2-65　病原体镜检形态

（二）流行情况

我国华南地区眼点淀粉卵涡鞭虫病主要流行于7—10月，主要危害海水池塘和咸水池塘或室内养殖的卵形鲳鲹、多种石斑鱼、大黄鱼、黄鳍鲷、金钱鱼和美国红鱼等多种海水养殖鱼类，对宿主无专一性，机质丰富、水肥的池塘发病率较高，常与刺激隐核虫病同时暴发。嗜酸性卵甲藻病全年都有发生，尤以春秋两季为主要发病季节，危害草鱼、青鱼、鲢、鳙、鲤等淡水养殖鱼类，其中草鱼最为敏感。下塘15天左右的鱼苗和刚转入培育冬片的鱼种最易患病；水温在22～32 ℃、池水pH范围为5～6.5的微酸性、水质清瘦、放养密度大、缺乏饲料、鱼体瘦弱时，易被感染患病。

（三）症状

主要寄生在鱼类鳃部，其次是皮肤和鳍条，大量寄生时肉眼可见小白点，少量寄生时对着阳光可见一层白粉状附着物，镜检观察可见虫体寄生于组织表面，假根状突起插入宿主的上皮细胞，造成组织损伤，部分病鱼会继发细菌或真菌感染。一般病鱼在水面上游水，鳃盖开闭频率加快，摄食减少，口常不能闭，或向池壁等固体物上摩擦身体（图2-66）。

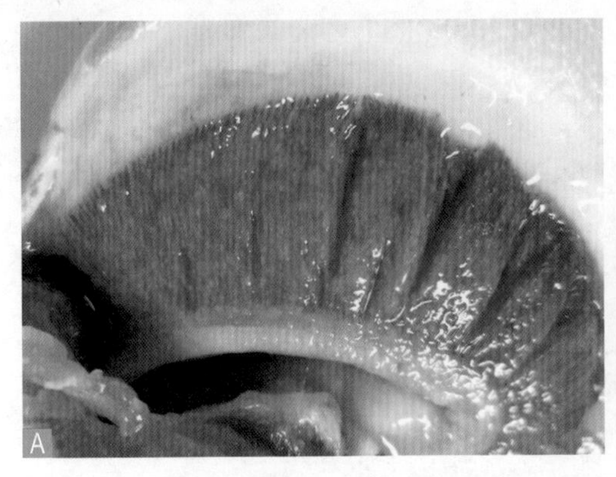

A. 卵形鲳鲹感染眼点淀粉卵涡鞭虫；B. 笋壳鱼感染嗜酸性卵甲藻。

图2-66　感染淀粉卵涡鞭虫病的鱼体

（四）诊断方法

肉眼见鳃上或体表有小白点可初步诊断，它与寄生刺激隐核虫主要有以下几点差别。

（1）刺激隐核虫寄生在上皮组织内，而淀粉卵涡鞭虫多游离在鳃丝以外，利用似树根一样的假根抓在体表或黏液中，这是二者最大的不同。

（2）淀粉卵涡鞭虫要比刺激隐核虫小很多。淀粉卵涡鞭虫营寄生生活的营养体直径为20 ~ 150 μm，而刺激隐核虫直径为400 ~ 500 μm。

（3）淀粉卵涡鞭虫表面光滑，鞭毛也脱掉了，在显微镜下观察呈不动状态。刺激隐核虫周生纤毛，在显微镜下仔细观察可见虫体做旋转运动。

（4）显微镜下淀粉卵涡鞭虫颜色深。刺激隐核虫虫体颜色浅，观察其运动时能看见4个卵圆形团块状大核。

（5）淀粉卵涡鞭虫病在水温超过30 ℃的夏季可发生，而刺激隐核虫病在高温期很少发生，在春夏或夏秋之交的变温期则多发。

（五）防控方法

1. 眼点淀粉卵涡鞭虫病防控方法

（1）放苗时先用淡水浸泡苗种，再入池养殖。

（2）发现病鱼要及时隔离治疗，濒死的鱼和死鱼要立即捞出，防止病原传播。

（3）淡水浸洗病鱼2 ~ 3 min，营养体能够脱落。搬鱼过塘是目前较为有效的处理眼点淀粉卵涡鞭虫病的方法，同时通过增氧解毒、改善水体环境、肥水、提高水体碱度等也可有效控制死亡量，但无法彻底杀灭眼点淀粉卵涡鞭虫。

（4）硫酸铜全池泼洒，可有效杀灭眼点淀粉卵涡鞭虫，为确保安全剂量，采用从低剂量往高剂量增加硫酸铜用量的方案进行处理。

2. 嗜酸性卵甲藻病防控方法

（1）平时注意调水、增氧、解毒，可预防该病的发生。提前用生石灰调水和肥料肥水，保持pH在8以上是预防该病较有效的方法。

（2）发病后及时撒生石灰，使池水的pH为8左右，同时用中药五倍子治疗，效果更好，即可治愈此病。

（3）此病切忌用硫酸铜进行治疗，否则会造成病鱼大批死亡。

三、锥体虫病

（一）病原

锥体虫，属于肉足鞭毛门动鞭毛纲动基体目椎体科锥体虫属（*Trypanosoma*）。椎体虫身体狭长，两端较尖，常弯曲而呈“S”形、波浪形或环形，最大达130 μm。传播媒介为吸食鱼血的蛭类，它们可能通过水蛭寄生在鱼的体表和鳃瓣上吸血而传染，当水蛭吸有锥体虫寄生的鱼的血时，锥体虫就随血液进入水蛭肠内，在水蛭肠内生长、繁殖、发育，并在水蛭吸取另一鱼体的血液时，虫体通过水蛭口管进入鱼体内。在我国的鱼类中发现的种类至少有：黄颡鱼锥体虫（*Trypanosoma pseudobagri*）、青鱼锥体虫（*T. mylopharyngodoni*）、鲩锥体虫（*T. ctenopharyngodoni*）、鲢锥体虫（*T. hypophthalmichthysi*）、鳙锥体虫（*T. aristichthysi*）、鮰锥体虫（*T. liocassis*）、泥鳅锥体虫（*T. misgurni*）、鳠锥体虫（*T. hemibagri*）和石斑鱼锥体虫（*T. epinepheli*）等（图2-67、图2-68）。

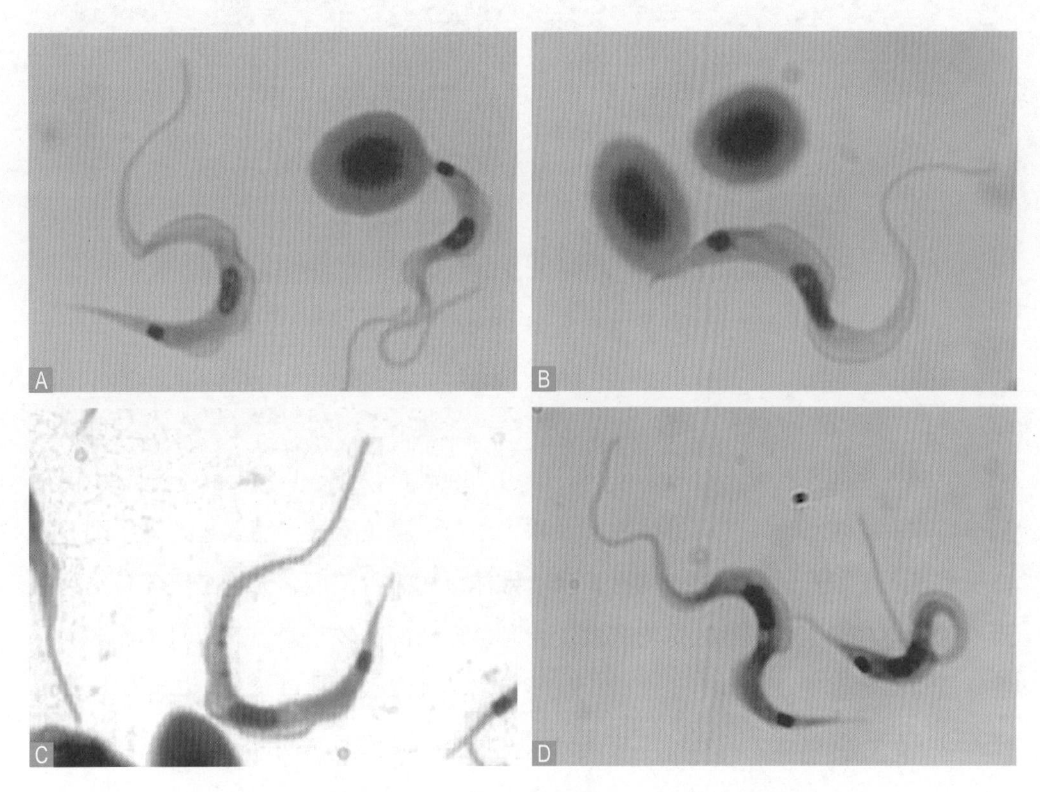

A、B. "S"形虫体；C. "C"形虫体；D. "Y"形虫体。

图2-67　光镜下老虎斑血液里的锥体虫

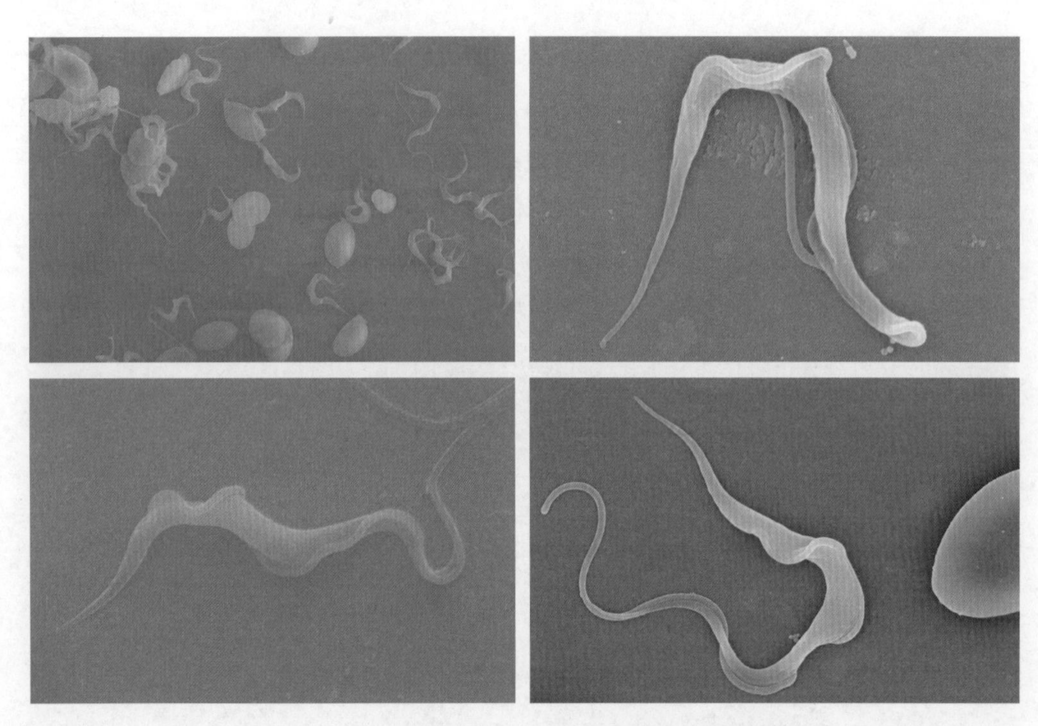

图2-68　扫描电镜下老虎斑血液里的锥体虫结构特征

（二）流行情况

全国各地都有发生，流行于6—8月，由水蛭进行传播，目前感染率和感染强度都不高。我国淡水鱼发现有锥体虫30余种，草鱼、青鱼、鲢、鳙、鲤、鲫、鳊和大口黑鲈等主要饲养鱼类血液中均有发现。锥体虫病流行甚广，无论是饲养鱼类还是野生鱼类均有寄生，一年四季均有发现，尤以夏秋两季较普遍。病鱼身体瘦弱，严重感染时有贫血现象，但不会引起大批死亡。多种海水鱼也可感染，近年来在老虎斑（*Epinephelus fuscoguttatus*）等品种上也出现感染，造成大量死亡。

（三）症状

锥体虫寄生在鱼类血液中，以渗透方式获取营养。轻度感染时，病鱼精神委顿，食欲降低，体质衰弱，游动缓慢，浮于水面，呼吸困难如缺氧表现。随着病情的发展，病鱼上浮数量增多，食欲消退，停边不动如昏睡状，体质消瘦，对外界的刺激无反应，人为惊吓也不潜入水下。重度感染时，表现出严重贫血，鳃苍白，脾脏发黑、肿大，可引起大量死亡（图2-69）。

（四）诊断方法

用吸管由鳃动脉或心脏吸一小滴血，置于载玻片上，加适量的生理盐水，盖上盖玻片，在显微镜下观察，可见锥体虫在血细胞间活泼而不大移动位置地跳动。或将涂片进行吉姆萨染色，观察血液中是否有大量的锥体虫来确诊。

A. 老虎斑消瘦；B. 老虎斑脾脏肿大，鳃缺血；
C. 水蛭叮咬老虎斑；D. 老虎斑血液涂片、瑞氏染色。
图2-69　老虎斑感染锥体虫

（五）预防方法

（1）对新引进的鱼种进行检疫，尤其是血液抽检。

（2）做好清塘、水体消毒等工作，保证养殖水体有独立的水源供给，保持良好的水质和卫生条件，使用生石灰等彻底清塘消毒，消灭水蛭，避免其携带锥体虫幼虫而感染养殖鱼类。

（六）治疗方法

尚无有效治疗方法。2014年，汪开毓等通过大量药物试验发现三氮脒对我国南方的鲇锥体虫病有良好的治疗作用，但实用病例较少且在使用剂量、药饵制作和投喂技术等许多问题上还不清楚，无法大量推广使用。

四、球孢子虫病

（一）病原

我国养殖石斑鱼多达10属50余种，寄生于石斑鱼的球孢子虫（图2-70）主要有三种，即寄生于清水石斑鱼的阿拉伯格留虫（*Glugea arabica*）、寄生于网纹石斑鱼腹腔的匹里虫待定种（*Pleistophora* sp.）、寄生于赤点石斑鱼腹腔的石斑鱼格留虫（*G. epinephelusis*），它们均属于黏体门黏孢子纲球虫亚纲微孢子虫目，球孢子虫病为近年来发生与流行的一种新病。

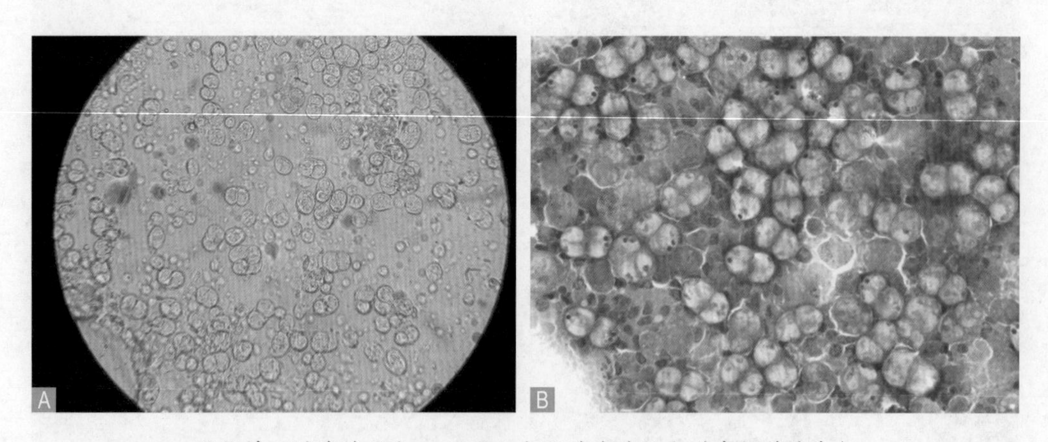

A. 显微镜下的球孢子虫；B. 石斑鱼肠道球孢子虫（吉姆萨染色）。

图2-70　球孢子虫

（二）流行情况

危害除东星斑（*Plectropomus leopardus*）外所有石斑鱼品种的种苗，流行于当年10月至翌年5月，幼鱼寄生和体内寄生危害较大，严重的可引起死亡，死亡率达30%～70%。一开始，肠道球孢子虫病流行于网箱养殖中，2016年开始流行于池塘养成阶段，在深圳地区流水养殖车间的水泥池中也发现了肠道球孢子虫病。

（三）症状

病鱼一般体表完好，不消瘦，解剖病鱼肠道发白，肿胀，肠壁变薄，肠壁解剖后会流出泥浆或豆腐渣状的液体，肠道寄生球孢子虫后会腐烂，继发细菌感染，细菌进入内脏或其他器官后被包裹，形成白色结节（非球孢子虫或黏孢子虫感染导致的结节）。

（四）诊断方法

（1）镜检更易观察，镜下典型症状为两端花生壳状或类似哑铃状，成熟阶段肠道球孢子虫染色后可见4个极囊。如同肠道球孢子虫病一样，肠道微孢子虫病经常被误诊为肠炎。球孢子虫病与微孢子虫病的初步诊断，可以看鱼的后肾，球孢子虫病后肾基本上都有肿大，而且对种苗来说，球孢子虫病肠道病变更明显，还有少量腹水，少量病鱼肝脏上有白色结节（图2-71）。

（2）成熟期的孢子，镜检肠道内容物很容易辨认，一个孢子有两个明显的圆形包囊，低倍镜下就很清楚，但有些病鱼球孢子虫处于发育阶段，两个连在一起的包囊就不是很明显，这个时候要分辨清楚肠上皮细胞和孢子前体，如果不确定，最好用胆汁来镜检。

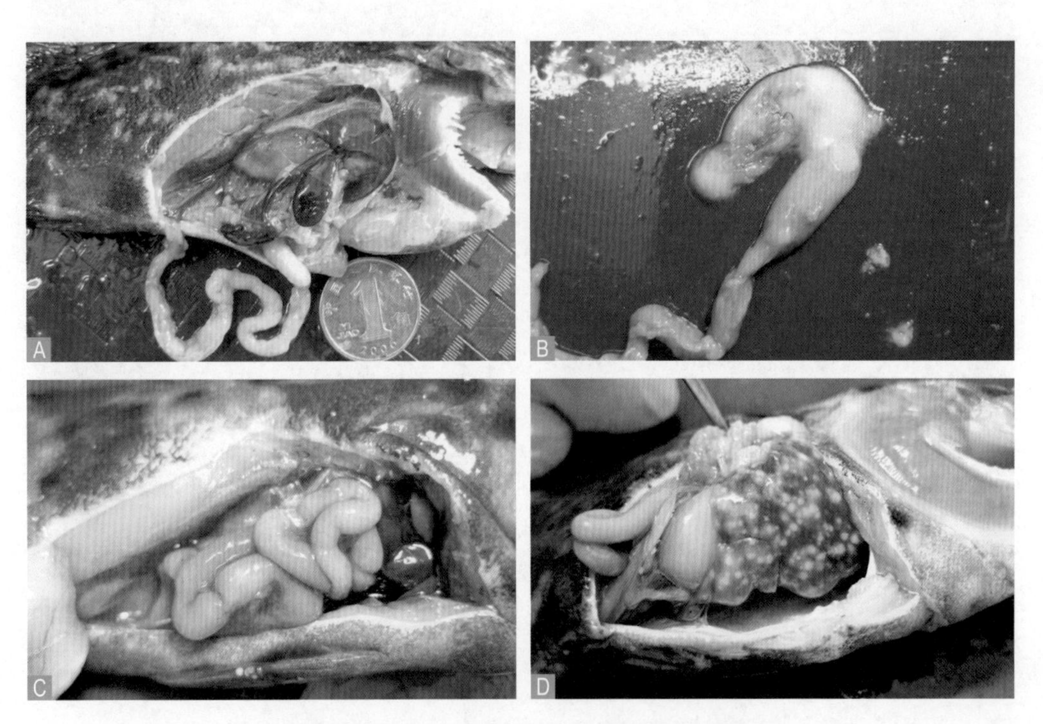

A. 肠道水肿；B. 剪开肠壁后流出豆腐渣状的液体；
C. 肠道肿胀发白；D. 弧菌继发感染后形成白色结节。

图2-71　球孢子虫感染鱼的解剖病变

（3）确诊方法。通过解剖鱼体观察外观症状，以及流行病学做出初步诊断，然后再镜检肠道组织观察到球孢子虫确诊。若肠道内组织脱落严重，可取病鱼的胆囊，胆囊内没有肠上皮脱落的组织，可以看到球孢子虫。成熟阶段的肠道球孢子虫染色后可见4个极囊，而发育阶段的肠道球孢子虫难以观察，肠道球孢子虫裂殖体和肠上皮细胞的大小相近，不易诊断，在没有经验的情况下使用显微镜观察可能会误认为是脱落的肠上皮细胞，需把显微镜下部的光线稍微调折射一些，若可见包囊内有许多小点，才可辨别出是球孢子虫的早期发育阶段（图2-72）。

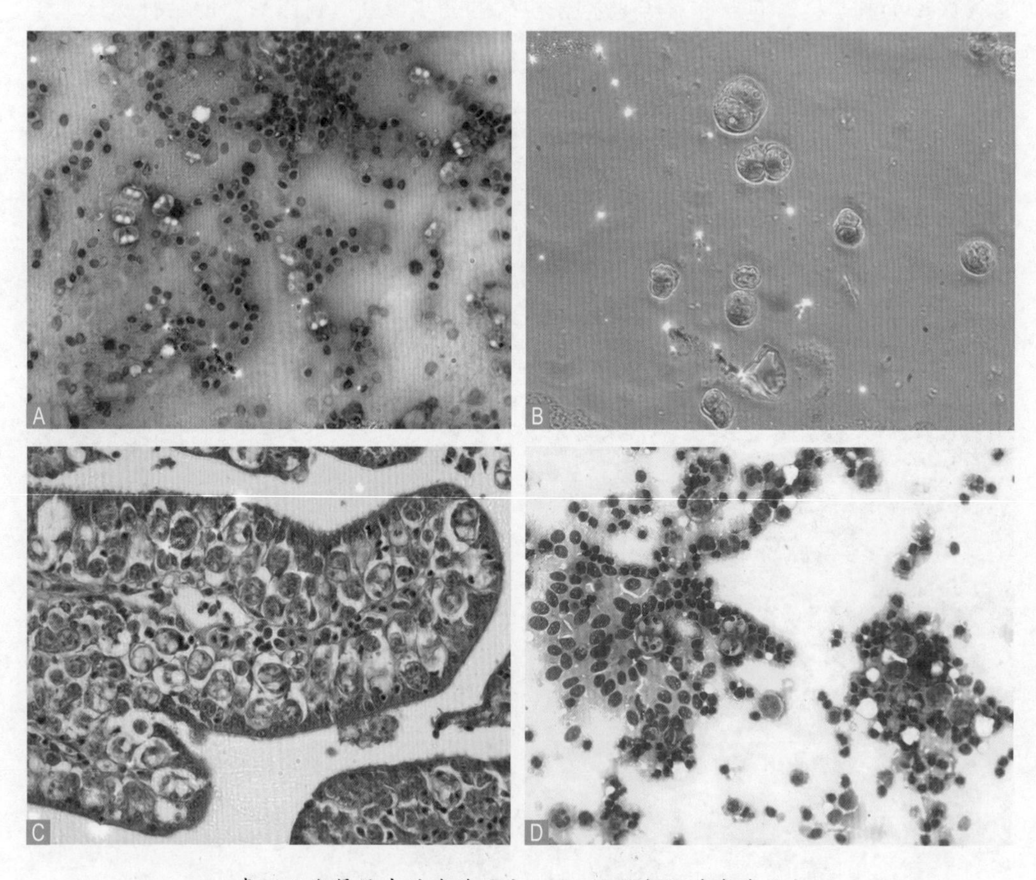

A. 青石斑鱼肾腔中的球孢子虫；B. 石斑鱼肠道球孢子虫；
C. 肠上皮细胞上的球孢子虫；D. 肠道球孢子虫早期发育阶段。
图2-72　球孢子虫感染鱼组织的病变

（五）防控方法

尚无有效的治疗方法。每年8月底开始，当年的石斑鱼苗就要定期投喂抗孢子虫药物来预防，发病后很难处理。

（1）放养经检疫的苗种，发现病鱼应销毁或实施隔离养殖。

（2）彻底清池消毒，不投喂鲜活小杂鱼、虾，应投喂配合饲料。

（3）用浓度为1 ~ 1.2 mg/L的90%晶体敌百虫全池泼洒，然后投喂盐酸氯苯胍药饵，第一天，每千克鱼体重用药80 ~ 100 mg，第二天以后，每天每千克鱼体重用药30 ~ 50 mg，连续投喂7天，休药期7天。

五、尾孢子虫病

（一）病原

尾孢子虫，属于黏孢子虫纲双壳目碘泡虫科。其生活史要经过水中寡毛类中间寄主，释放大量放射孢子感染鱼体组织，在鱼体内分裂生殖，发育为成熟孢子并形成白色包囊。尾孢子虫体形似蝌蚪状，壳面观橄榄形，梨形极囊2个，极丝4 ~ 5圈缠绕，两壳片向后延伸成针状尾部（图2-73）。

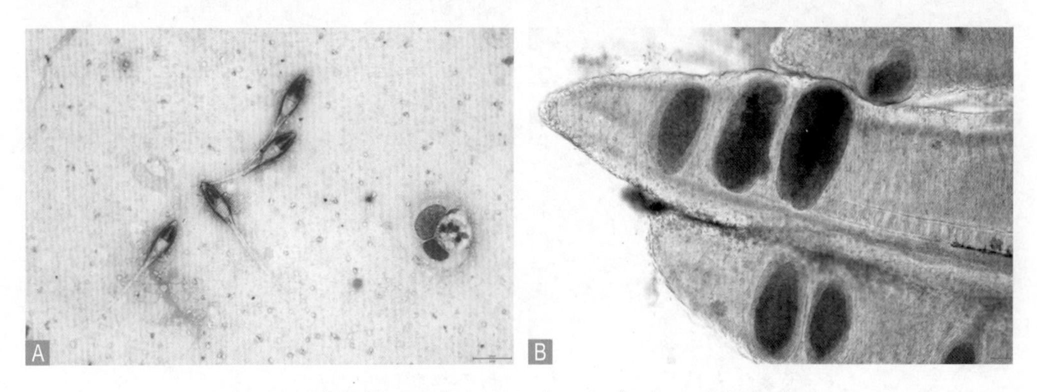

图2–73　笋壳鱼鳃丝寄生的尾孢子虫（A）及其包囊（B）

（二）流行情况

主要危害鳜、乌鳢、笋壳鱼等的鱼种及成鱼，每年年末至翌年5月多见，发病率较高；尾孢子虫包囊主要寄生在鳃丝，感染数量较多时造成鱼鳃部增生、发炎、糜烂，导致鱼呼吸受阻而慢性缺氧死亡。

（三）症状与诊断方法

笋壳鱼鳃丝寄生尾孢子虫的发病初期很少死鱼，没有明显的外观变化，稍严重的鳃丝发白，仔细观察可见鳃丝有发白和红点现象，但很少有肉眼可见的包囊，镜检也不容易发现；在感染比较严重时，才会出现鳃丝肿大、发白，有肉眼可见的尾孢子虫包囊，烂鳃，并开始出现较大量的死鱼，解剖可见肝脏颜色暗淡，有败血症现象（图2-74）。根据症状及流行病学可进行初步诊断，镜检鳃部包囊，并剪开包囊进行显微镜观察即可确诊。

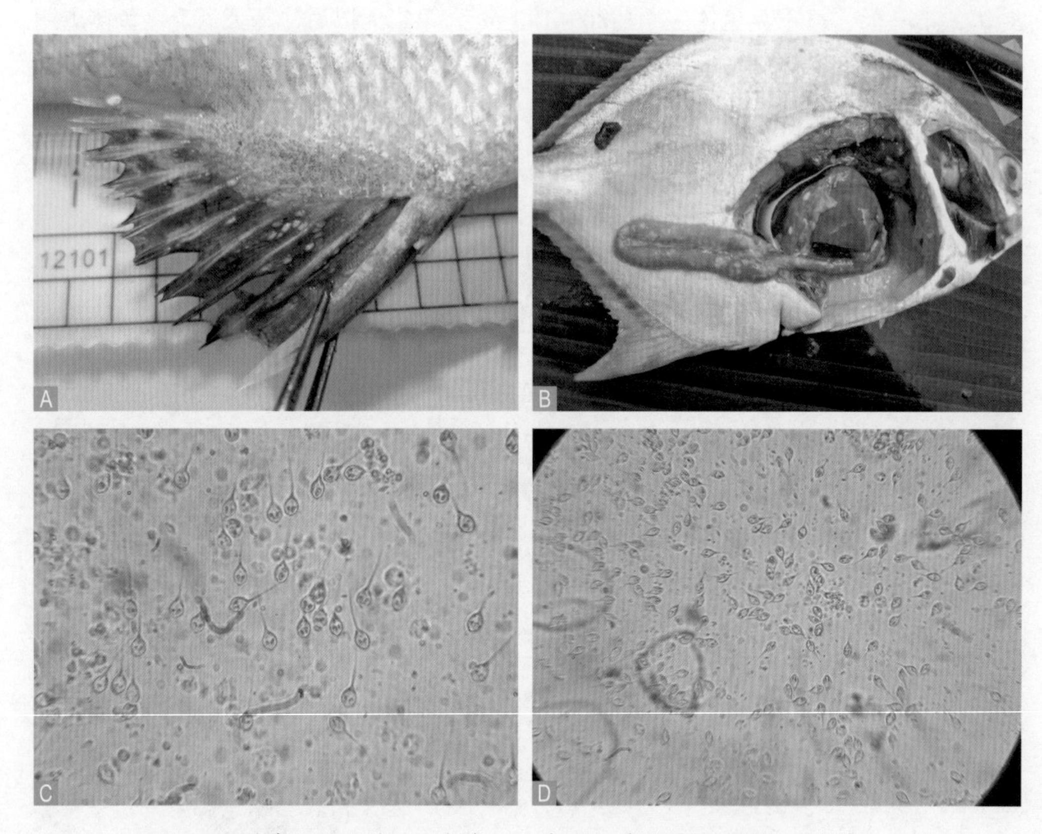

A. 黑鲷鳍条上的尾孢子虫包囊；B. 卵形鲳鲹肠道的尾孢子虫包囊；
C. 黑鲷体表的尾孢子虫；D. 卵形鲳鲹肠道中的尾孢子虫。

图2-74　尾孢子虫感染鱼体所致病变

（四）预防方法

由于尾孢子虫包囊和成熟孢子自身都有较强的耐药性，目前普通的药物几乎无法穿破包囊和几丁质壳片而杀死虫体，故以预防为主要措施。

（1）购买苗种前要送样到专业的鱼病服务站点，仔细检查是否携带病原，发现病鱼应销毁或实施隔离养殖。

（2）放鱼苗前仔细清塘，清塘是目前预防尾孢子虫病的最有效手段。清塘用生石灰化水泼洒，用量为每亩150 kg，杀灭池塘底泥中的中间寄主，切断传染途径。

（3）不投喂鲜活小杂鱼、虾，投喂配合饲料。

（4）养殖期间，每月定期泼洒敌百虫，杀灭水中虫体。

（5）定期投喂低聚糖、黄芪多糖等免疫增强剂，提高鱼体的免疫力。

（五）治疗方法

（1）对于被尾孢子虫感染的病鱼，最好是采取保守方式治疗，及时捞出，同时泼洒有机磷杀虫剂，切断传播途径。

（2）百部贯众散拌料投喂，1天1次，连用5～7天。

（3）按照每千克饲料25 g的剂量，将5%地克珠利预混剂（水产用）与饲料混合投喂，1天2次，连用5～7天。

（4）注意事项：①鳜对敌百虫敏感，治疗此病时不可全池泼洒；②乌鳢对硫酸亚铁敏感，在治疗时，不可在外泼药物中过量添加；③对于被尾孢子虫感染的鱼体，目前没有特效药物驱杀，尤其是寄生在鳃组织上的虫囊，不要盲目使用硫酸铜等药物，这不仅没有疗效，反而会造成鱼鳃损伤或者中毒，加剧死亡。

六、海水微孢子虫病

（一）病原

微孢子虫（microsporidium）属于微孢子门微孢子纲微孢子目，新的分类系统划归于真菌界，不再属于原生动物。虫体孢子梨形、椭圆形、茄形或卵形，长度为2～10 μm。比较常见的种类有匹里虫（*Pleistophora* spp.）、格留虫（*Glugea* spp.）和小孢子虫（*Nosema* spp.）等。近年新发现的石斑鱼肠孢子虫体长为1～1.5 μm，寄生于肠上皮细胞的细胞核内，并不形成肉眼可见的白色包囊（图2-75）。

（二）流行情况

微孢子虫病没有明显的季节性，全年都有。被感染的鱼类有几十种，我国沿海养殖的真鲷、花鲈等均有发现，也曾出现过死亡的病例；对天然海域的鱼类危害较大，如寄生于大眼鲷（*Priacanthus tayenus*）的匹里虫，其包囊充满整个腹腔，内脏组织受到挤压而严重萎缩，严重的丧失繁殖能力，当感染率超过50%时，成为大眼鲷种群资源下降的主要原因；近几年石斑鱼肠道寄生的微孢子虫造成苗种大量死亡，死亡率最高可达100%，对华南地区养殖的石斑鱼造成很大的危害。

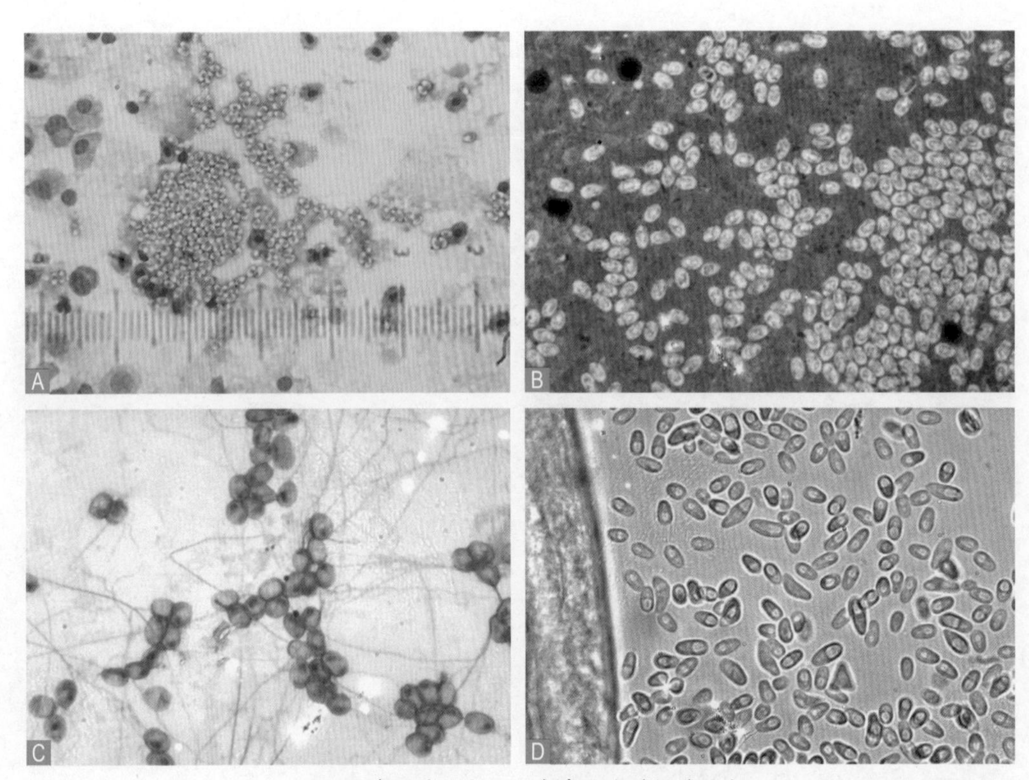

A. 海鲈脑中微孢子虫；B. 老虎斑肠道微孢子虫；
C. 青石斑鱼寄生的匹里虫；D. 真鲷内脏中的格留虫。

图2-75　微孢子虫形态特征

（三）症状与诊断方法

体外寄生种类，在体表或鳃表形成许多斑点状白色包囊；肌肉寄生种类，鱼体瘦弱，外观体表出现凹凸不平；腹腔寄生种类，腹腔内有许多大小不一的包囊，腹部膨大，腹壁肌肉变薄；而石斑鱼肠孢子虫，并不形成肉眼可见的白色包囊，主要寄生于肠上皮细胞的细胞核内，导致肠道水肿，主要症状为厌食、肠壁变薄、鱼体极度消瘦、排白便等（图2-76、图2-77）。

通过从外观症状观察或解剖可疑患病鱼可见包囊做出初步诊断，取病灶处显微镜观察确诊。

（四）预防方法

（1）放养的苗种需经检疫，发现病鱼应销毁或实施隔离养殖，防止传染。

（2）放苗前彻底清塘消毒，清除塘底过多的淤泥。

（3）不投喂鲜活小杂鱼、虾，投喂配合饲料。

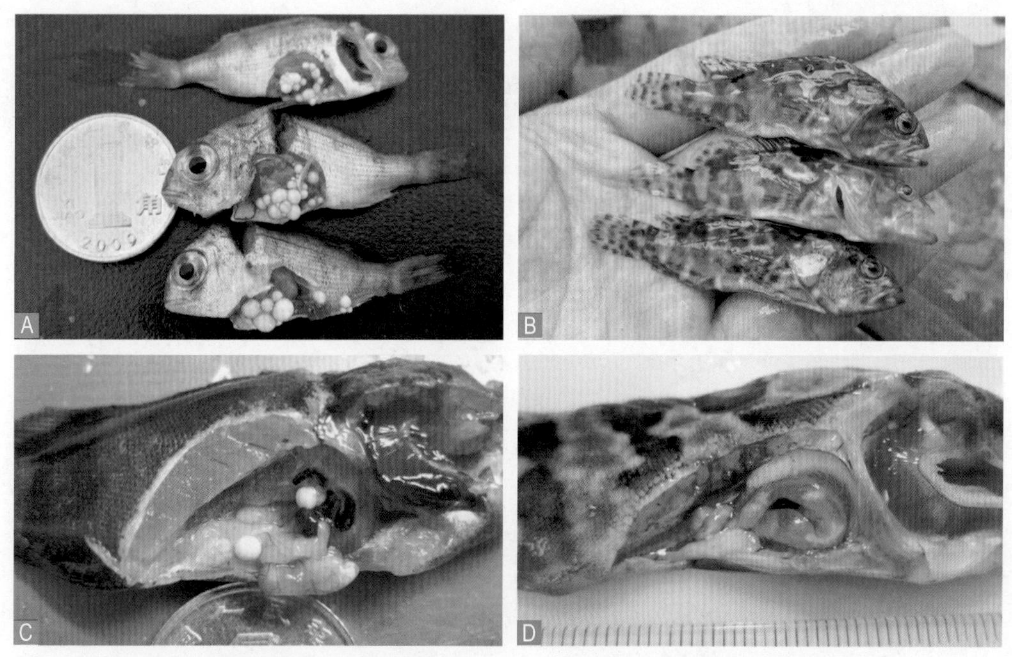

A. 真鲷内脏寄生的格留虫包囊；B. 肠孢子虫导致珍珠龙胆石斑鱼苗瘦身；
C. 珍珠龙胆石斑鱼微孢子虫包囊；D. 珍珠龙胆石斑鱼苗肠道水肿。

图2-76　微孢子虫感染海水鱼所致临床病变（一）

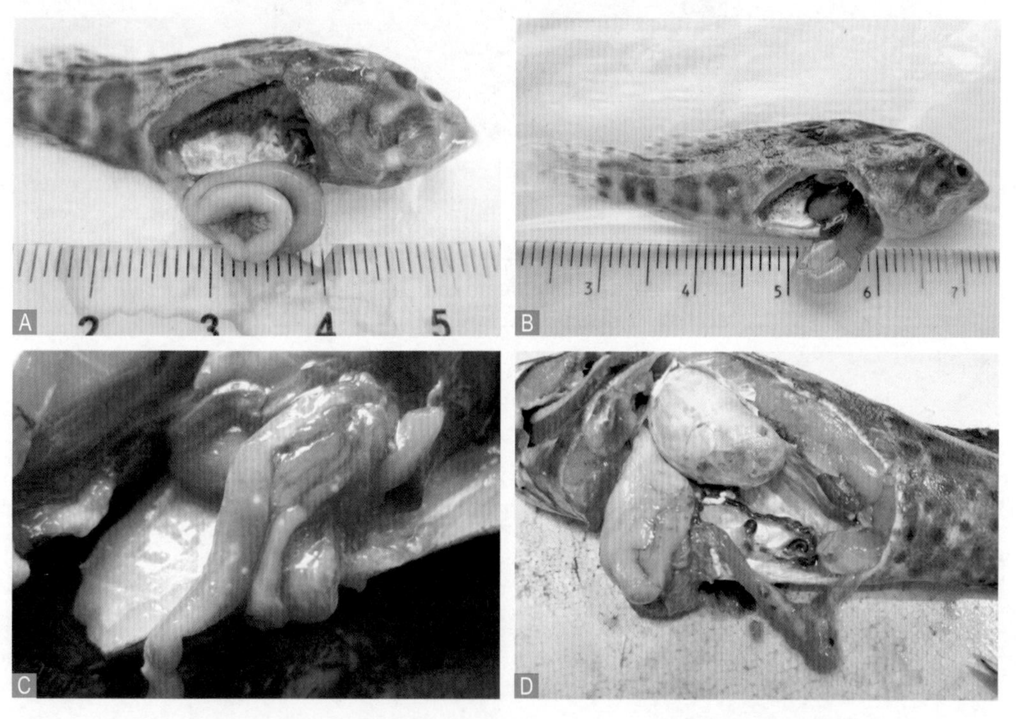

A. 石斑鱼肠孢子虫导致肠道水肿；B. 石斑鱼肠孢子虫导致肠壁变薄；
C. 老虎斑肠道内壁微孢子虫包囊；D. 青石斑鱼肠系膜上匹里虫黑色包囊。

图2-77　微孢子虫感染海水鱼所致临床病变（二）

（五）治疗方法

（1）外用：每立方米水体用90%晶体敌百虫，每次100～500 g，浸泡5～10 min。

（2）内服：每千克鱼体重添加5%地克珠利预混剂（水产用）2～2.5 mg，拌饲投喂，1天1次，连用5～7天。

七、肤孢虫病

（一）病原

肤孢虫（*Dermocrystidium*），属于原生动物门囊孢子虫亚门星孢子纲单孢子亚纲孔盖孢子目。孢子呈圆球形，直径4～14 μm；构造比较简单，外包一层透明的膜，细胞质里有一个圆形、大的折光体，在折光体和细胞膜之间有一个圆形细胞核，无极囊和极丝，成熟的包囊内有很多孢子。鲈肤孢虫的包囊呈香肠形，广东肤孢虫的包囊呈带形（图2-78）。

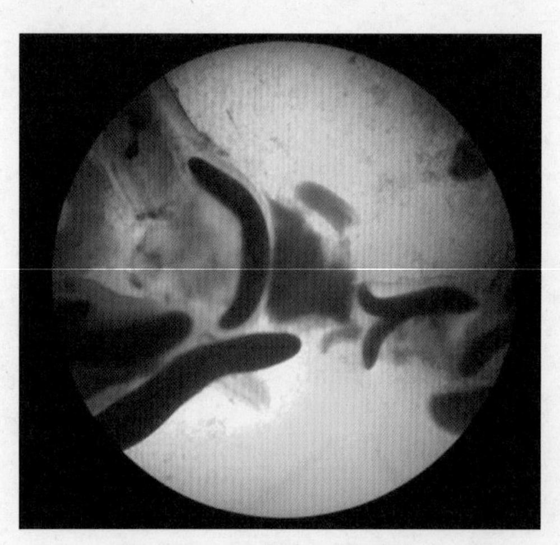

图2-78　低倍镜下的肤孢虫

（二）流行情况

鲈肤孢虫主要寄生于鲈、青鱼、鲢、鳙等的鳃上，广东肤孢虫寄生于斑鳢、鳜的鳃上。鱼种、成鱼都有发生，大量寄生时会造成死亡，目前发病率较低。

（三）症状与诊断方法

鳜肤孢虫寄生在鱼的体表（包括躯干、鳍、头）和鳃上，严重感染时可引起鱼体发黑、消瘦、皮肤发炎、死亡。鳜被肤孢虫寄生后体表有很多白色包囊附着，解剖鳃部同样附着很多白色包囊；镜检鳃丝可观察到条形包囊及孢子。通过鱼体外观症状做出初步诊断，显微镜观察包囊及孢子确诊（图2-79）。

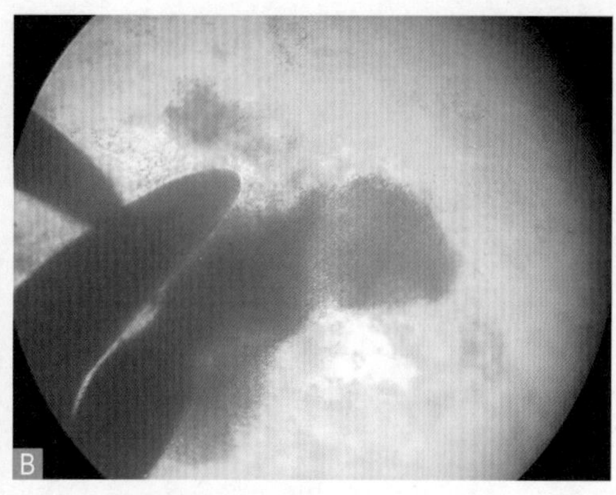

A. 鳜体表及鳃丝寄生大量肤孢虫；B. 镜检可见包囊及孢子。

图2-79　肤孢虫感染鱼体（张存宁）

（四）预防方法

由于发病较少，肤孢虫的生活史尚不清楚，尚未找到有效的预防方法。

（五）治疗方法

尚无有效的治疗方法。

八、斜管虫病

（一）病原

斜管虫（*Chilodonella cyprini*）属于纤毛门动基片纲下口亚纲管口目斜管虫科斜管虫属。虫体有背腹之分，背部稍隆起，腹面平坦，前部较薄，后部较厚；腹面观一般呈卵形，将死的个体呈圆形；活体大小为（0.042～0.058）mm ×（0.026～0.044）mm。大核位于虫体后部，椭圆形，大小约为虫长的1/3；小核1个，球形，在大核后侧。伸缩泡2个，大小相等，一个在体前部偏右，另一个在体后部偏左。腹面观左边较直，右边稍弯，左面有9条纤毛线，右面有7条，每条纤毛线上长着一列纤毛，腹面中部裸露；身体的腹面前中部有一胞口，胞口由16～20根刺杆作圆形围绕成喇叭状或漏斗状的口管，并与身体纵轴向左成30° 倾斜角，故名斜管虫（图2-80）。

斜管虫既可以无性繁殖，也可以进行有性繁殖，繁殖速度极快。另外，斜管虫离开鱼体后在水中自由状态下可存活1～2天，并可直接转移到其他鱼体或水体中，在遇到不良环境时会产生包囊，换水后又复苏。当鱼被斜管虫大量寄生时，鱼的鳃和皮肤遭受破坏，并刺激皮肤和鳃大量分泌黏液，使鱼呼吸困难。

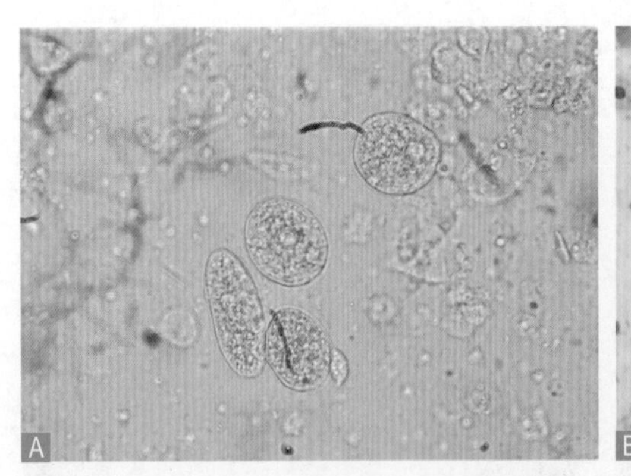
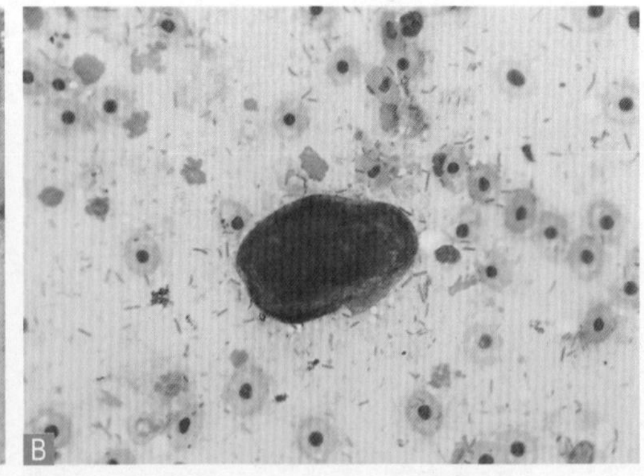

图2-80 斜管虫涂片（A）和吉姆萨染色（B）

（二）流行情况

斜管虫主要危害各种淡水鱼类，如鲫、鲤、草鱼、鳙、鲇、黄颡鱼、鳜等。广东每年3—5月和11—12月是此病的流行季节，夏秋两季比较少见。最适繁殖温度为12 ~ 18 ℃，主要危害鱼苗、鱼种，为淡水养殖鱼类苗种培育阶段常见鱼病。

（三）症状与诊断方法

斜管虫主要侵袭鱼的鳃和皮肤，以鳃和皮肤上的黏液作营养。斜管虫少量寄生时对鱼类危害不大，大量寄生时刺激鱼体体表和鳃分泌大量黏液，体表形成苍白色或淡蓝色的一层黏液层，鳃组织被严重破坏，病鱼呼吸困难，鱼体表现瘦弱发黑，游动迟钝，可引起鱼种、鱼苗大量死亡。产卵池中的亲鱼也会因寄生大量斜管虫而影响生殖功能，甚至死亡。

通过肉眼观察鱼体症状做出初步诊断，病鱼食欲减退，消瘦发黑，侧卧岸边或漂浮在水面，不久即死亡。镜检鱼鳃、体表，可见大量斜管虫病原体，即可确诊（图2-81）。

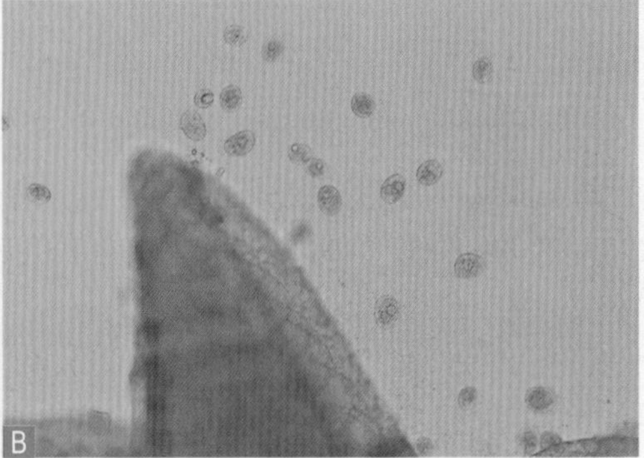

A. 感染斜管虫的大口黑鲈鳃受损；B. 显微镜观察鳃上的斜管虫。

图2-81 斜管虫感染鱼体

（四）预防方法

（1）彻底清塘消毒，消灭池塘中的病原体。

（2）对于需拉网的苗种，应尽量降低拉网频率，减少擦伤。

（3）适时适量地添加一些鲜活饵料、水产多维、多糖和脂类，增强鱼体自身抵抗力，泼洒微生态制剂、底质改良剂，以调节和改善水质、底质。

（五）治疗方法

（1）浸浴：鱼苗可用8～10 mg/L硫酸铜、硫酸亚铁（5：2）合剂浸浴，每次10～30 min；或用2%食盐溶液浸浴，每次5～15 min。

（2）全池泼洒：水深1 m的养殖池，每亩用25～30 kg苦楝树枝叶煮水全池泼洒，每15天1次；或按每立方米水体用0.7 g硫酸铜、硫酸亚铁合剂（5：2），用水稀释硫酸铜、硫酸亚铁合剂后全池泼洒。

九、车轮虫病

（一）病原

目前车轮虫被广泛地认定为一个科，即车轮虫科（Trichodinidae），依据齿体形态和口围区绕度，该科已发现10属共260多种车轮虫，在我国仅发现5属近80种车轮虫。

（1）两分虫属，本属仅含1种，即简单两分虫，发现于波罗的海的黑虎鱼和青岛越冬的海水鲈和真鲷的鳃丝上。

（2）偏车轮虫属，本属仅含1种，即强壮偏车轮虫，目前仅见于南非的淡水鱼的皮肤及鳍上，偶见于鳃丝上。

（3）拟车轮虫属，本属已描述的种类有10种，主要寄生于淡水鱼类的鳃表或寄生于其膀胱和输尿管中，目前在欧亚大陆、美洲、非洲等地均有报道。其中在我国仅发现4种：球核拟车轮虫、斜拟车轮虫、柯氏拟车轮虫、无棘拟车轮虫。

（4）纤车轮虫属，本属仅报道2种，仅见于毛里求斯和我国台湾的陆生玛瑙螺的外套腔内。

（5）半车轮虫属，本属仅报道2种，见于捷克、斯洛伐克和波兰的陆生蛞蝓的生殖系统内。

（6）车轮虫属，本属为车轮虫科中最大的一个属，迄今已报道的种类超过200种，发现于除南极以外的各大陆中。在我国已发现近70种。

（7）小车轮虫属，本属已发现10种以上的有效种，都为鱼类鳃表的真性寄生虫，没有特殊的地理分布。在我国发现4种：眉溪小车轮虫、流行小车轮虫、劳牧小车轮虫、卡普小车轮虫。

（8）高纤虫属，本属仅报道2种，均发现于南非陆生腹足类的生殖系统。

（9）三分虫属，本属约发现15种，主要为淡水鱼鳃表的寄生虫。目前国内报道2种，即鳞三分虫和大型三分虫。

（10）旋带虫属，本属目前仅发现2种，均报道自美国淡水鱼类的膀胱和输尿管中。

车轮虫大小为40～100 μm，体呈碟形或钟形。背面凸出，中间具开口，形成胞咽，有两排平行、呈螺旋状的长纤毛；腹面内凹，形成附着器，由3层呈同心圆排列的环状物构成。内环呈齿状，称齿状环或冠状环，齿状环的数目、大小及形状因车轮虫的种类而不同，可作为分类的依据；第二层为带状环，与齿状环重叠，向外呈放射状的线排列；外环边缘由柔软的薄膜构成，上有许多纤毛，可摆动运动，运动时环状物转动如车轮，故称为车轮虫。车轮虫，属于纤毛门寡膜纤毛纲缘毛目车轮虫科，其中能引起车轮虫病的病原有10多种，主要有显著车轮虫（*Trichodina nobillis*）、东方车轮虫（*T. orientalis*）、杜氏车轮虫（*T. domerguei*）、卵形车轮虫（*T. ovaliformis*）、微小车轮虫（*T. minuta*）、球形车轮虫（*T. bulbosa*）等。广泛寄生于各种鱼类的体表和鳃。虫体侧面观如毡帽状，反面观圆碟形，运动时如车轮转动样。隆起的一面为口面，凹入的一面为反口面，反口面最显著的构造是齿轮状的齿环，反口面的边缘有一圈较长的纤毛（图2-82）。

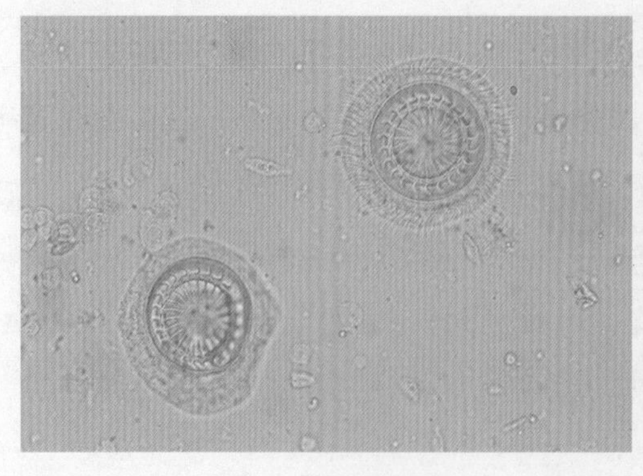
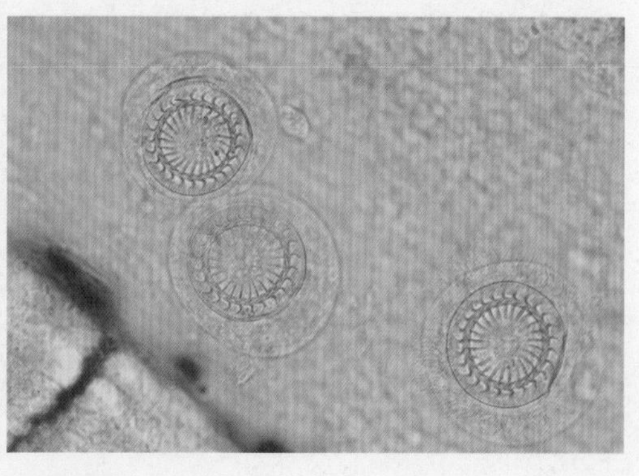

图2-82　大口黑鲈鳃上的车轮虫（水浸片）

（二）流行情况

车轮虫广泛寄生于海水、淡水养殖的鲷科、鮨科、鲻科、鲀科、鲹科和鲆类、鲽类等多种鱼类的鳃、皮肤和鳍条上，还可寄生于贝类、甲壳类、两栖类和无脊椎动物，是培苗期令人头痛的一种鱼病。四季可见，广东以初夏到秋末为流行期，适宜水温为20 ~ 28 ℃。在池塘面积小、水浅、有机质丰富及放养密度高的环境中更易暴发，可引起苗种培育阶段稚鱼和体长15 cm以下鱼种大量死亡。

（三）症状与诊断方法

少量车轮虫寄生时无明显症状，大量寄生时（尤其是在苗种阶段）体色暗淡，鱼体失去光泽，离群独游，摄食量下降甚至停止进食。肉眼观察体表或鳃部黏液增多，上皮组织受损，呼吸困难，鱼苗可出现“白头白嘴”或成群围绕池边狂游不止，即“跑马”等症状，常引起鱼苗、鱼种的大批死亡。从鳃或体表取少许黏液，制成水浸片，在低倍镜下观察到较多虫体时，方可确诊；虫体数量较少时，尚不能认为是车轮虫病（图2-83）。

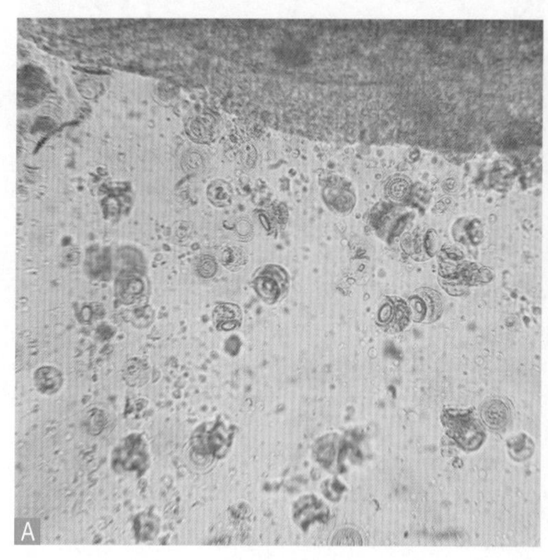

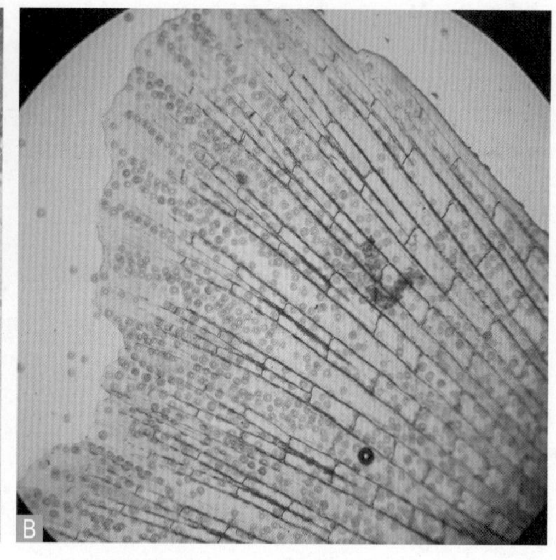

A. 卵形鲳鲹鳃上的虫体；B. 寄生在大口黑鲈苗尾鳍上的虫体。

图2–83　显微镜观察鱼体上感染的车轮虫（水浸片）

（四）预防方法

（1）放苗前彻底清塘消毒，清除塘底过多的淤泥。

（2）加强池塘水质、底质管理，保持良好环境，增强鱼体抵抗力。

（3）水深1 m的养殖池，每亩用伊维菌素60 ~ 90 mL，每20天预防1次。

（五）治疗方法

（1）每立方米水体用硫酸铜0.5 g、硫酸亚铁0.2 g，配制成合剂后全池泼洒1次（水肥池塘要注意适时增氧）；或每立方米水体用苦楝叶40～50 mg，水煎取汁，全池泼洒。

（2）驱虫散（青蒿末），每千克鱼体重用0.2 g，或每千克饲料用4 g，拌料投喂，1天1次，连用5～7天。

（3）苦参碱溶液，每立方米水体配上0.4 g苦参碱，全池泼洒1～2次。

十、多子小瓜虫病

（一）病原

多子小瓜虫（*Ichthyophthirius multifiliis*），属于动基片纲膜口亚纲膜口目凹口科小瓜虫属。生活于淡水中，生活史分为包囊期、幼虫期及成虫期。成虫卵圆形或球形，周身被有等长而分布均匀的纤毛，体内有一马蹄形或香肠形的大核；幼虫呈卵形或椭圆形，全身被有等长纤毛，在后端有一根长而粗的为尾毛，大核椭圆形。幼虫钻入体表上皮细胞层中或鳃间组织，刺激周围的上皮细胞，导致上皮细胞增生，形成小囊泡，在其中发育成为成虫，然后离开宿主，形成包囊（图2-84）。

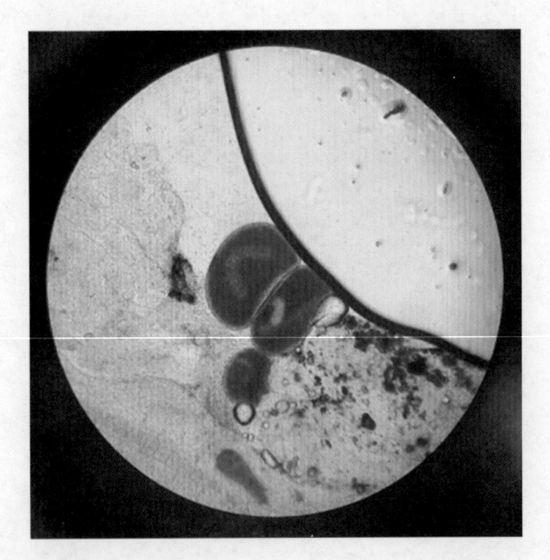

图2-84　显微镜下的多子小瓜虫，马蹄形核

（二）流行情况

多子小瓜虫从鱼苗到成鱼均能寄生，流行于初冬、春末，适合水温为15～25 ℃，但近几年在广东发现水温超过30 ℃仍然暴发多子小瓜虫病，可能是虫体逐渐适应环境，抗高温能力增强，发病水温变广。养殖面积小、密度大的池塘更容易发生，对各种养殖淡水鱼类危害较大，对黄颡鱼、淡水白鲳等危害尤其严重。

（三）症状与诊断方法

虫体大量寄生时，淡水养殖鱼类体表、鳍条或鳃部布满无数小白点，所以也称为白点病。当病情严重时，病鱼体表分泌大量黏液，表皮糜烂、脱落，甚至蛀鳍、瞎眼；病鱼体色发黑，消瘦，游动异常。

通过病鱼体表出现小白点和流行情况可初步诊断，取鳃丝或从鳃上、体表刮取黏液在显微镜下观察，看到大量多子小瓜虫时可以确诊；或取病鱼鳃丝及体表病灶处组织在显微镜下观察，看到多子小瓜虫也可确诊（图2-85）。

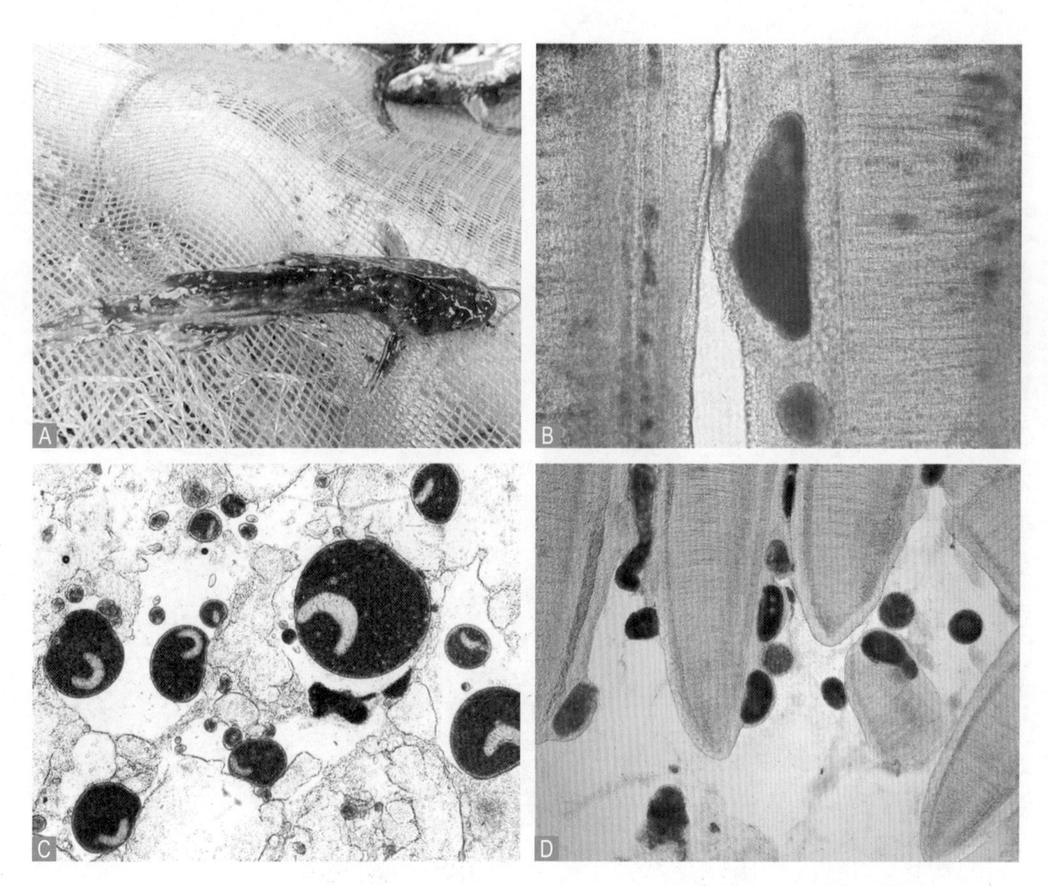

A. 病鱼体表白点；B. 乌鳢鳃丝上的多子小瓜虫；
C. 锦鲤鳃丝上的多子小瓜虫；D. 宝石鲈鳃丝上的多子小瓜虫。
图2-85　多子小瓜虫感染鱼体部分和虫体形态

（四）预防方法

（1）放苗前彻底清塘消毒，清除塘底过多的淤泥。

（2）鱼种放养前进行抽样检查，如发现有多子小瓜虫寄生，根据鱼体质情况进行药浴后再放苗。

（3）加强池塘水质、底质管理，保持良好环境，特别是保持养殖水体的肥度，可以预防多子小瓜虫病发生。

（4）对于发病率较高的养殖种类，低温期延长投喂时间，增强体质，提高鱼类免疫力，有助于预防多子小瓜虫病的发生。

（五）治疗方法

根据水温适当调整配合饲料的投喂量，对缓解、控制病情有一定作用。

十一、刺激隐核虫病

（一）病原

刺激隐核虫（*Cryptocaryon irritans*），又名海水小瓜虫，属于纤毛门寡膜纤毛纲膜口亚纲膜口目凹口科隐核虫属。虫体呈乳黄色，球形、卵形或梨形，前端稍尖，成熟的个体直径达0.4～0.5 mm。生活史可分四个阶段：滋养体期、包囊前体期、包囊期和幼虫期（图2-86）。滋养体期寄生在海水养殖鱼体上，虫体呈卵圆形，成熟后或受外因刺激下，从鱼体体表脱落入水，发育形成包囊；包囊前体期，纤毛退化，包囊虫体开始无性分裂，产生大量纤毛幼虫，当水温达到18～25 ℃时，幼虫进入水中；幼虫期，幼虫感染寄主，开始营寄生生活（图2-86、图2-87）。

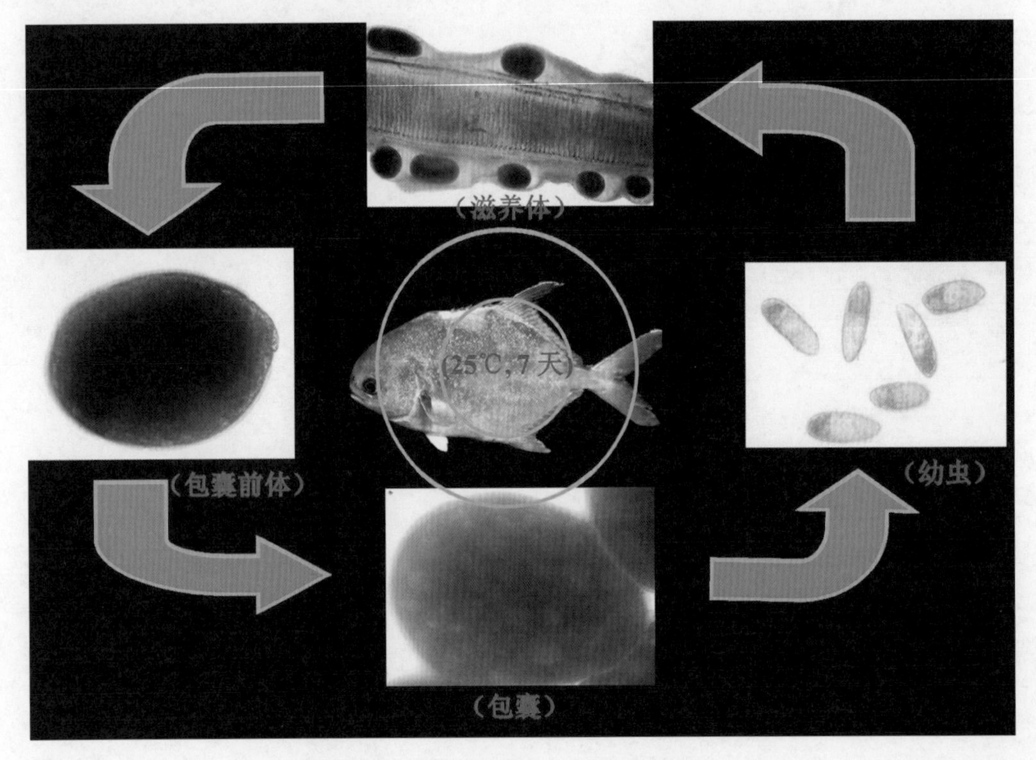

图2-86　刺激隐核虫的生活史（李安兴）

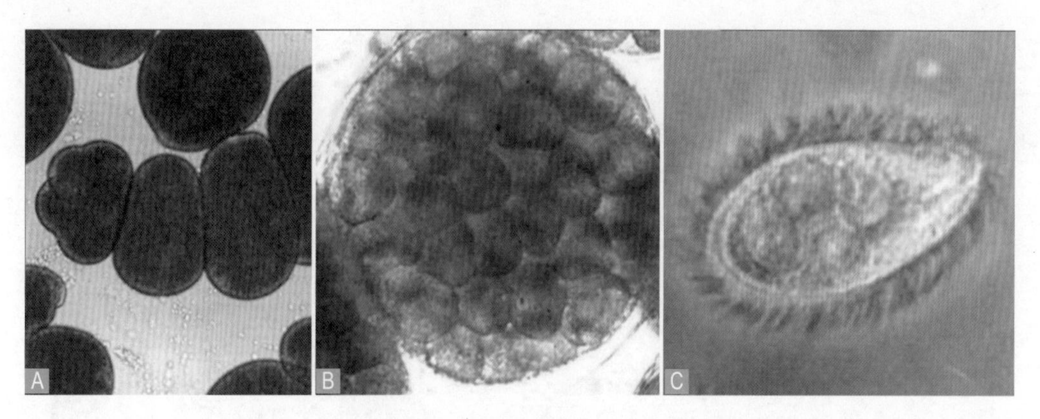

A. 滋养体；B. 包囊；C. 幼虫。
图2-87 刺激隐核虫的不同发育阶段的形态（但学明）

（二）流行情况

刺激隐核虫流行地区广，可寄生于多种海水养殖鱼类，无宿主专一性，在牙鲆、斜带石斑鱼、大黄鱼、黑鲷、红鳍东方鲀、暗纹东方鲀（*Takifugu obscurus*）上均有侵袭发病。目前在华南地区海水和咸淡水中的发病温度有所不同，咸淡水中发病温度为低温期，而海水中发病温度为高温期，水温在25～32 ℃时最为流行。广东进入5月开始流行，直到12月水温下降后少见。常规情况下，每年暴发季节在中秋前后，尤其是高密度养殖和水质不良的河口池塘和海区网箱，每年均有大批死亡的病例（图2-88）。

（三）症状与诊断方法

各种海水硬骨鱼类体表和鳃上形成许多小白点，严重时皮肤有点状充血，鳃和体表黏液分泌增加，形成白色浑浊状薄膜。病鱼食欲不振，瘦弱，游泳无力，呼吸困难。

根据体表和鳃部感染的小白点特征，以及流行情况做出初步诊断，从病鱼体表和鳃丝上刮取黏液镜检，观察发现缓慢旋转运动的全身具纤毛、体色不透明的圆形或卵圆形虫体可确诊（图2-89）。

（四）预防方法

（1）池塘养殖，应彻底清池消毒，养殖季节加强氧化剂改良底质，对刺激隐核虫幼体发育有一定的抑制作用。

（2）养殖期间适当添加投喂多维素、多糖、多苷等平衡营养需求，增强鱼体体质，使养殖鱼类增强对刺激隐核虫感染侵袭的抵抗力。

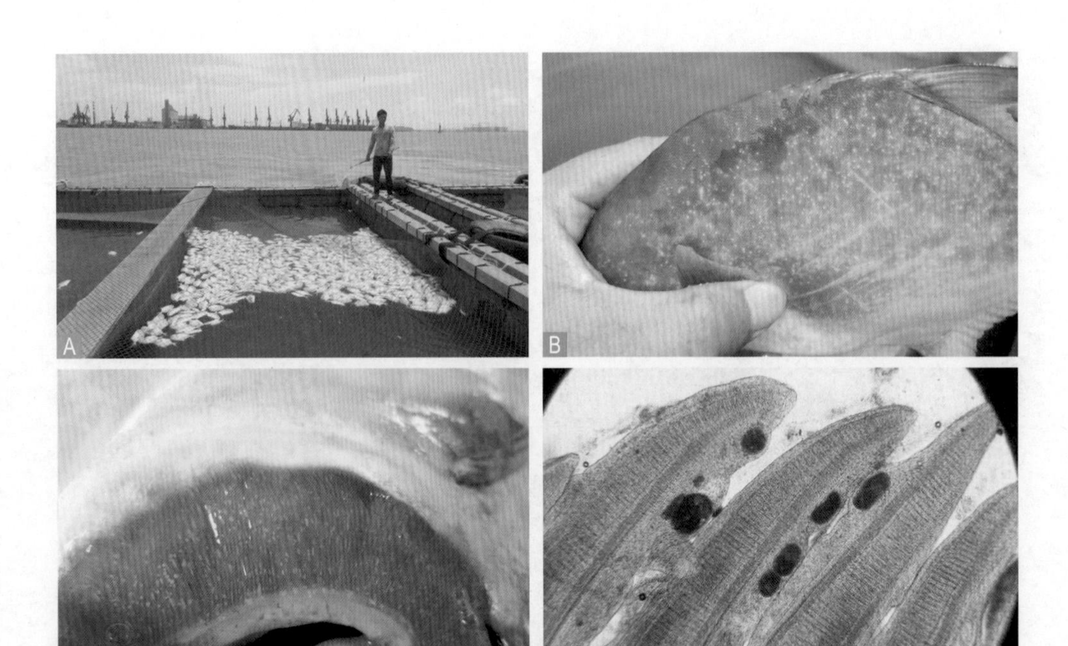

A. 卵形鲳鲹大批死亡；B. 卵形鲳鲹体表上的大量滋养体；
C. 鳃上大量滋养体；D. 显微镜下鳃丝上的滋养体。

图2-88 卵形鲳鲹感染刺激隐核虫

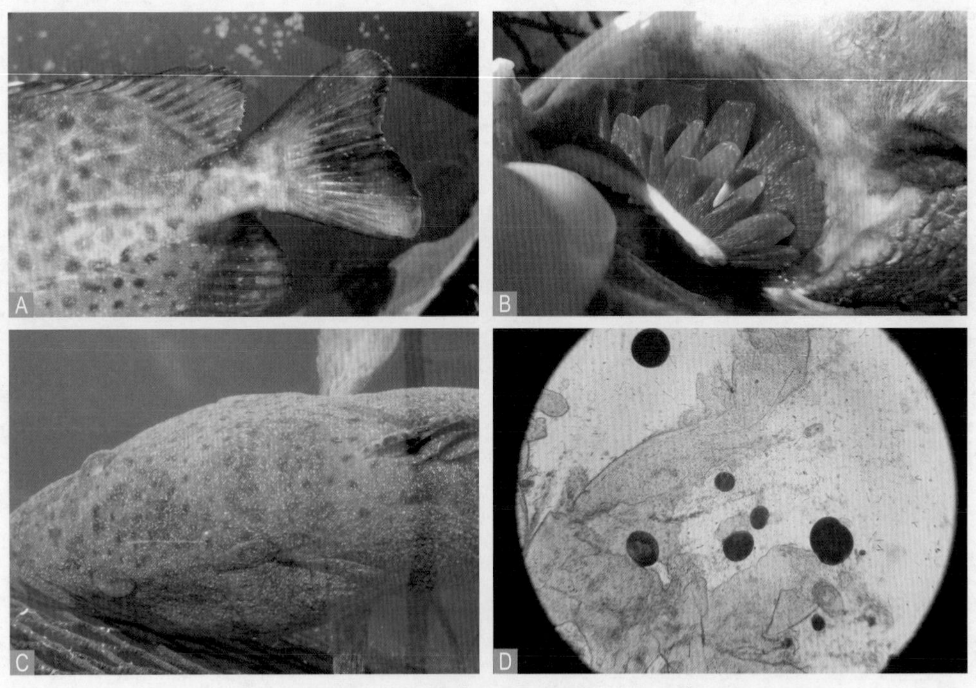

A. 点篮子鱼体表的滋养体；B. 鲵鳃上的滋养体；
C. 青石斑鱼体表的滋养体；D. 青石斑鱼体表黏液中的刺激隐核虫。

图2-89 刺激隐核虫感染海水鱼

（3）投喂优质配合饲料，不喂冰鲜鱼，及时清理海区与网箱中的病鱼、死鱼。

（4）采用适宜的放养密度和养殖容量，海区网箱应布局合理，使潮水交换通畅。

（五）治疗方法

（1）池塘养殖最安全有效的做法就是倒换池塘，网箱养殖发病时，有条件的可把网箱拖离到外港区水流交换大的地方。

（2）内服药：每千克鱼体重0.3～0.4 g青蒿末拌饲投喂，1天1次，连用5～7天。

（3）每立方米水体使用硫酸铜0.3～0.5 mg，每次浸浴病鱼15～20 min，1天1次，连用2～3天。

（4）槟榔、苦参和苦楝叶，每立方米水体各用0.2 g煎汁，汁液稀释后每次浸浴病鱼2 h，1天1次，连用2天。

（5）淡水浸浴，每次浸浴病鱼3～5 min，根据鱼体耐受程度灵活掌握。

（6）挂袋，流行季节后半夜在网箱四角悬挂开孔瓶装醋酸铜，杀灭幼虫。

十二、瓣体虫病

（一）病原

瓣体虫属（*Petalosoma*）是动基片纲下口亚纲管口目斜管科的一属。石斑瓣体虫（*P. epinephelis*）是代表种。虫体侧面观，背部隆起，腹面平坦；腹面观，虫体为椭圆形，幼小个体则近于圆形（图2-90）。

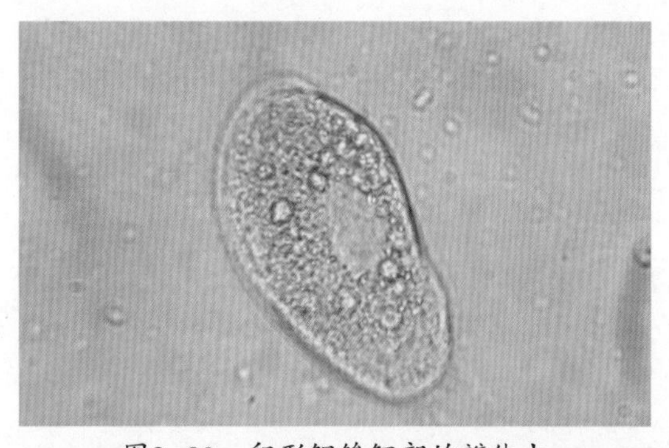

图2-90　卵形鲳鲹鳃部的瓣体虫

（二）流行情况

瓣体虫病的流行季节是夏季和初秋的高温期，分布于福建、浙江和华南沿海，主要危害石斑鱼和鲷科等海水养殖鱼类。在高密度养殖的池塘和网箱更常见，日死亡率可达10%以上，鱼苗、鱼种感染率和死亡率均较高。

（三）症状与诊断方法

主要寄生在海水养殖鱼类的体表、鳍条、鳃丝上，使鱼体黏液分泌增多，体表形成不规则的白斑，严重的白斑扩大而连成片状。患病鱼离群缓慢游动，体色变浅，鳍条挂脏，鳃盖打开，摄食量大减，造成死亡。病死的鱼胸鳍倒转，伸向前方，几乎贴近于鳃盖下缘。

通过体表白斑症状及流行情况初步诊断，取白斑在显微镜下观察，看到瓣体虫虫体即可确诊（图2-91）。

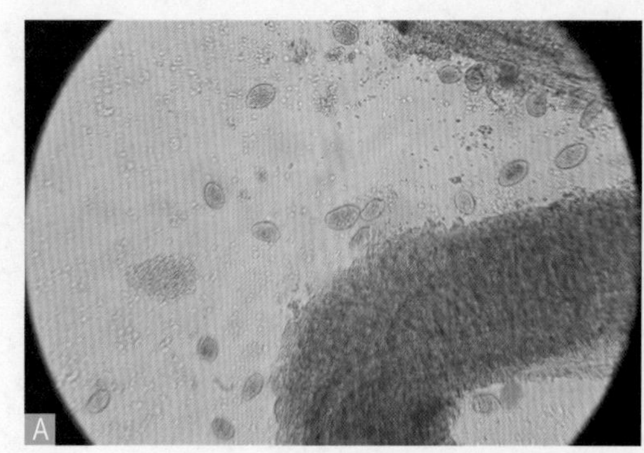

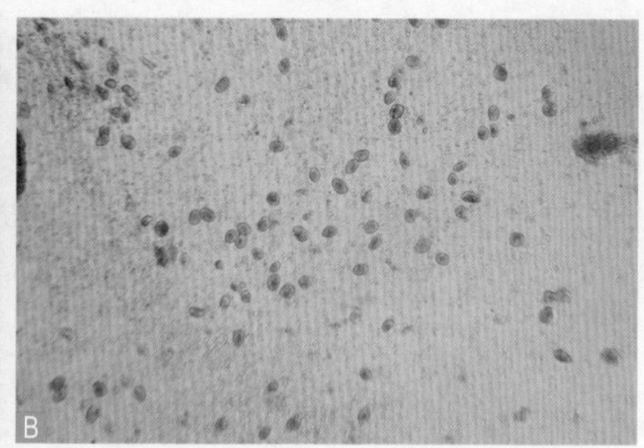

图2-91　卵形鲳鲹鳃部的瓣体虫（A）、青石斑鱼鳃部的瓣体虫（B）

（四）预防方法

（1）彻底清塘消毒，每立方米水体用200 g生石灰，带水清塘。

（2）加强池塘水质、底质管理，保持良好环境，增强鱼体抵抗力。

（五）治疗方法

尚无有效的治疗方法，池塘发病后多增氧，选择刺激性小的、适宜浓度的表面活性剂浸泡病鱼、清洗鳃部过多的黏液，注意避免因药物引起强烈应激而加重患病鱼死亡。

（1）每立方米水体使用2 mg硫酸铜，根据病鱼体质情况，浸浴1～2 h，1天1次，连用2天。

（2）发病后根据鱼的体质情况全池泼洒：水深1 m的养殖池，每亩用25～30 kg苦楝树枝叶煮水全池泼洒，每15天1次；或按每立方米水体用0.7 g硫酸铜、硫酸亚铁合剂（5∶2），用水稀释硫酸铜、硫酸亚铁合剂后全池泼洒。

十三、固着类纤毛虫病

（一）病原

固着类纤毛虫是缘毛目固着亚目的一类纤毛虫，属原生动物门纤毛纲，是一种营固着生活的纤毛虫。主要有杯体虫（*Apiosoma* spp.）、聚缩虫（*Zoothamnium* spp.）、钟形虫（*Vorticella* spp.）、累枝虫（*Epistylis* spp.）、单缩虫（*Carchesium* spp.）等（图2-92）。虫体为梨形或吊钟状，前端有盘状口围盘，边缘有纤毛，虫体内有1个大核和1个小核。

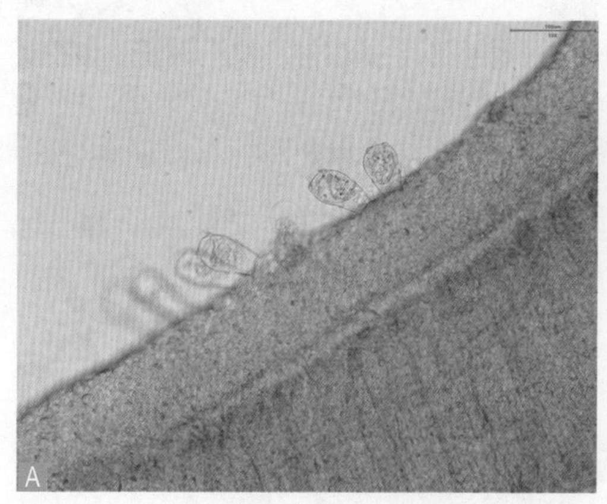

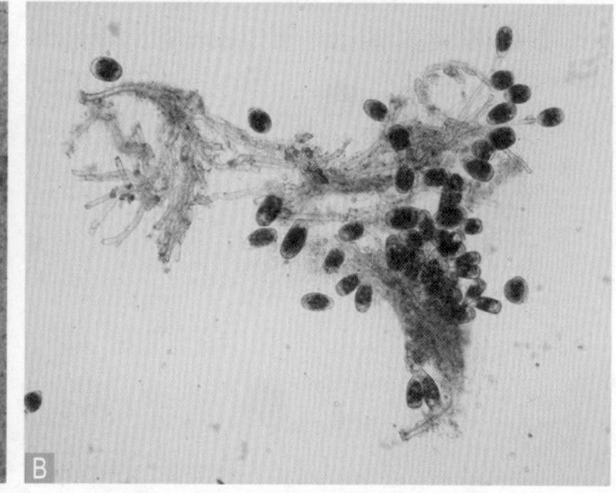

图2-92　鱼类鳃部的杯体虫（A）、花鳗鲡口腔中的累枝虫（B）

（二）流行情况

固着类纤毛虫生长无季节性和地区性，流行高峰期为每年的5—10月，流行水温一般在22～28 ℃。危害海水、淡水中养殖的各种虾、蟹的卵、幼体、成体，以及鱼苗、鱼种等。少量固着时一般危害不大，当水中有机质含量多，换水量少时，虫体大量繁殖，充满鳃、口腔及体表各处，影响鱼的行动、摄食甚至呼吸，如不及时杀灭，会造成缺氧或诱发细菌感染，从而造成大量死亡。

（三）症状与诊断方法

固着类纤毛虫寄生于鱼体的鳃部、口腔、体表和鳍条上，大量寄生时黏液分泌增多，影响鱼类呼吸，对鱼口腔造成损伤，鱼体表附着许多绒毛状物，严重的体表红斑溃疡，导致鱼不食，消瘦，最终死亡。

根据发病症状及流行情况初步诊断，取鳃丝、体表黏液或鳍条在显微镜下观察，看到大量梨形或吊钟状纤毛虫体可确诊。注意有些鱼感染强度不大时对鱼没有明显危害；有些患有其他疾病的鱼因为体质弱，常常有纤毛虫大量寄生，也不能轻易诊断是固着类纤毛虫病（图2-93）。

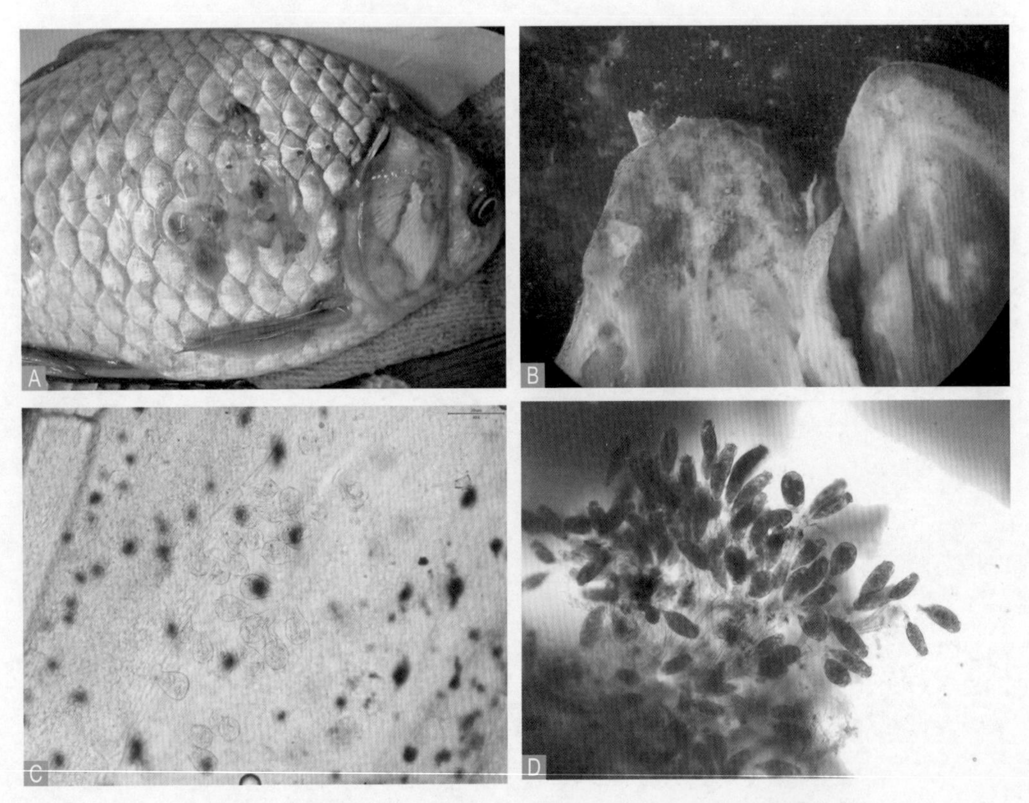

A. 鲫体表寄生累枝虫后形成溃疡；B. 花鳗鲡口腔寄生累枝虫后受损伤；
C. 鱼鳍条上的杯体虫；D. 鲫体表的累枝虫。

图2-93　鱼体感染固着类纤毛虫

（四）预防方法

（1）放苗前彻底清塘消毒，清除塘底过多的淤泥，老塘底部淤泥过多容易发病。

（2）合理混养或控制养殖密度，密度越大，发病率越高，感染强度越大。

（3）养殖季节加强池塘水质、底质管理，根据投喂情况和水质情况，不定期进行调水、改底，氧化过多的有机质。

（五）治疗方法

发病后在水温25 ℃的情况下用1.0 mg/L的硫酸铜和硫酸亚铁合剂（5：2）全池泼洒，之后根据镜检的具体杀灭情况，选择隔天再次重复用药，或再用5 mg/L的五倍子加水煮沸，并把五倍子捣烂后带渣全池泼洒。硫酸铜对鱼的毒性较大，水温超过25 ℃或水质清瘦的情况下适当减量用药。

十四、指环虫病

（一）病原

指环虫隶属于扁形动物门吸虫纲单殖亚纲指环虫目指环虫科，其中指环虫属（*Dactylogyrus*）种类较多，对鱼类危害较大。本属为扁形动物门最大的一个属，全世界已报道970余种，我国记载有369种。指环虫广泛寄生于海水、淡水养殖鱼类的鳃上，其寄主种类有28科194属之多，其中约95%的种类寄生于鲤科鱼类，对宿主有明显的选择特异性。其平均寿命约1个月，生活史为受精卵→孵化→幼虫→寄生→成体→受精卵，主要以虫卵、幼虫感染传播，水温25 ℃时，7～9天即可完成一个世代的发育。雌雄同体，虫体扁平，有4个眼点、2对头器，虫体后端有一圆盘状固着器，边缘有7对小钩，中央有1对锚状大钩，大小为（0.192～0.529）mm ×（0.072～0.136）mm（图2-94），以固着器、小钩、大钩插入并钩住鳃丝，吸取营养，破坏鳃组织，引起细菌感染甚至死亡等严重后果。我国常见的对鱼类致病的种类有：寄生于草鱼的页形指环虫（*D. lamellatus*），寄生于鳙的鳙指环虫（*D. aristichthys*）、小鞘指环虫（*D. vaginatus*），寄生于鲤、鲫、金鱼的坏鳃指环虫（*D. vastator*）、茹茎指环虫（*D. gotou*）和鲈指环虫（*D. kikuchii*），等等。

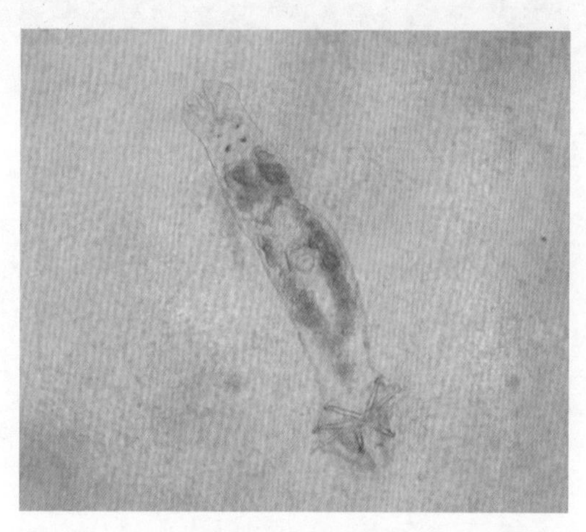

图2-94 花鲈鳃丝上感染的指环虫，虫体头部有4个眼点，虫体后端有圆盘状固着器

（二）流行情况

流行于春末至秋季，适宜温度为20～25 ℃。主要危害鲤科鱼类，如鲢、鳙、草鱼、鲫、鲤、团头鲂、青鱼和金鱼等，还有鳗、鲇、鲈等多种淡水鱼的鱼苗、鱼种，严重时可引起病鱼大批死亡，鱼越小受害越严重，全长12～14 mm的小鱼有20～40个虫体寄生时，全部死亡只需7～11天。

（三）症状与诊断方法

指环虫大量寄生时，可造成鱼鳃组织严重受损，鳃丝肿胀、贫血、出血、呈花鳃，鳃上分泌大量黏液。病鱼极度不安，上下蹿动，狂游，用吻部拱土，后期游动缓慢，上浮水面，呼吸困难而死。鱼苗或小鱼种患病严重时，由于鳃丝肿胀，可引起鳃盖张开，还常伴有鱼体消瘦、体表无光泽、严重贫血等现象。

根据发病症状及流行情况初步诊断，取鳃丝置于显微镜低倍镜下观察，发现有大量指环虫寄生即可确诊（图2-95）。

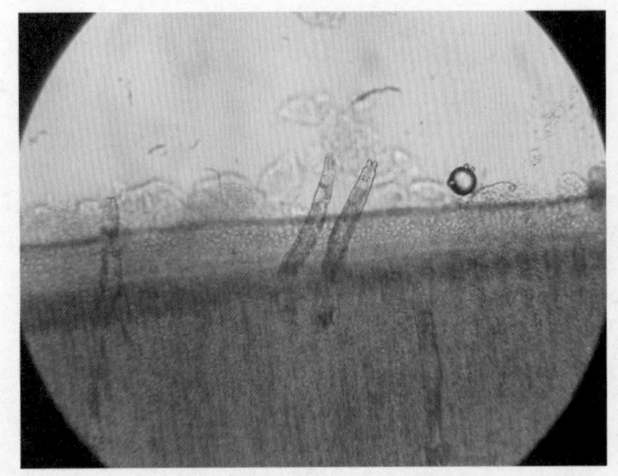
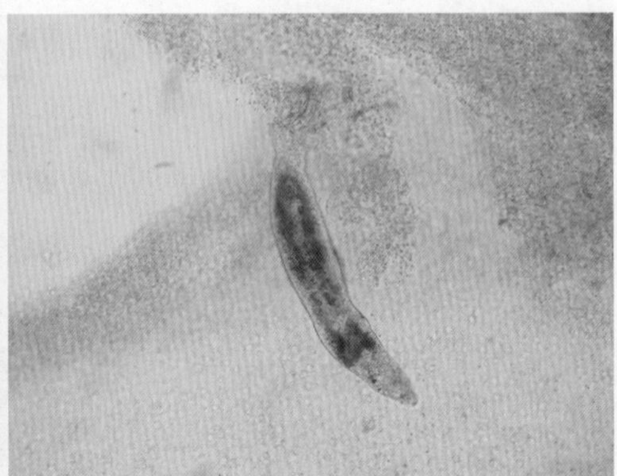

图2-95　海鲈鳃上感染指环虫

（四）预防方法

（1）放苗前彻底清塘消毒，清除塘底过多的淤泥。

（2）加强池塘水质、底质管理，保持良好环境，增强鱼体抵抗力。

（五）治疗方法

（1）90%晶体敌百虫，1次量为每立方米水体0.2～0.3 g，全池泼洒；或2.5%敌百虫粉剂，1次量为每立方米水体1～2 g，全池泼洒。

（2）10%甲苯达唑溶液，1次量为每立方米水体0.1～0.15 g（青鱼、草鱼、鳜等），加2 000倍水稀释均匀后，全池泼洒，病情严重的第二天再用1次。

（3）放苗或过塘时用浓度为20 mL/L的高锰酸钾溶液浸洗鱼苗，每次15～30 min。

需要注意的是，有些养殖鱼类如淡水白鲳等对敌百虫敏感，有些鱼类如斑点叉尾鮰等对甲苯达唑敏感，容易引起药物中毒，应避免使用。

十五、三代虫病

（一）病原

三代虫属于扁形动物门（Platyhelminthes）吸虫纲（Trematoda）单殖亚纲（Monogenea）三代虫目（Gyrodactylidae）三代虫科（Gyrodactylidae）。主

要寄生于鱼类、两栖类、头足类和甲壳类，已报告有10多个属。其中三代虫属（*Gyrodactylus*）种类较多，全世界已经报道的有400余种，数量仅次于指环虫属，我国至今已发现40多种。鱼类三代虫主要寄生于鱼类的鳃和皮肤。能导致淡水鱼类发病的三代虫主要有鲢三代虫、秀丽三代虫、中型三代虫、细锚三代虫和古雪夫三代虫。鲢三代虫寄生于鲢和鳙的皮肤、鳍、鳃及口腔。成虫体长300 ~ 500 μm，宽70 ~ 140 μm，身上的8对边缘小钩排列成伞状。食道很短，肠支伸至体后的45处。睾丸位于体后部中间。交配囊卵圆形。卵巢单个，呈新月形，在睾丸之后。鲩三代虫寄生于鲩的皮肤和鳃。虫体较大，可达（330 ~ 570）μm ×（90 ~ 150）μm。三代虫的外形和运动状态与指环虫相似，主要区别是三代虫头部无眼点，虫体中央有椭圆形的子代胚胎，且子代胚胎中又孕育着第三代胚胎，故称三代虫（图2-96）。

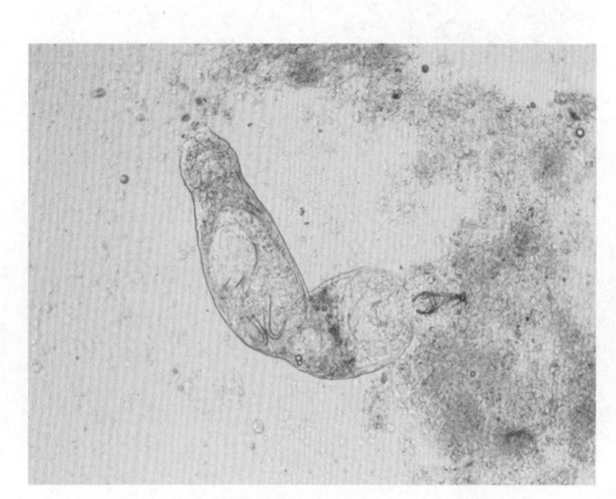

图2−96 乌鳢体表感染三代虫

（二）流行情况

虫体种类多，流行于变温明显的春初和夏初、中秋至初冬，水温20 ℃左右时是发病高峰期。主要危害稚鱼、幼鱼。除广泛寄生于淡水鱼类外，广东咸淡水池塘养殖和越冬池塘饲养的苗种鱼最易被感染。

（三）症状与诊断方法

主要寄生在鱼体的鳃、皮肤及鳍条上，有时在口腔、鼻孔中也有发现。疾病早期没有明显症状，严重感染时，鳃组织及皮肤严重受损，有出血点，病鱼急躁不安，鳃及皮肤上有大量黏液，食欲减退，鱼体瘦弱，游动缓慢，最后因呼吸困难而死。

通过发病症状及流行情况初步诊断，取鳃丝或刮取体表黏液在显微镜低倍镜下观察，发现虫体即可确诊（图2-97）。

（四）预防方法

（1）放苗前彻底清塘消毒，清除塘底过多的淤泥。

（2）加强池塘水质、底质管理，保持良好环境，增强鱼体抵抗力。

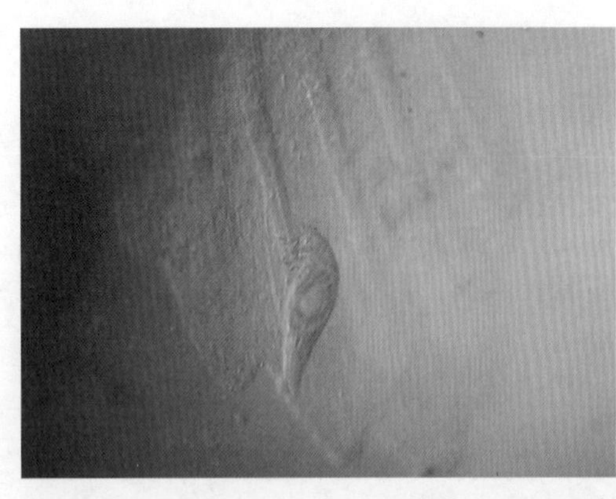
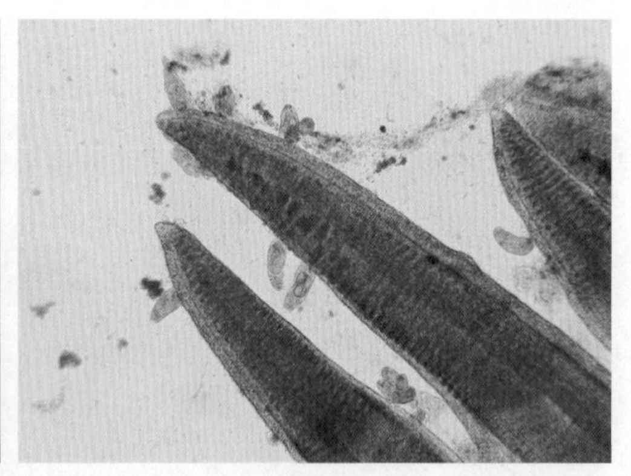

图2-97 斜带髭鲷感染三代虫

（五）治疗方法

（1）90%晶体敌百虫，1次量为每立方米水体0.2～0.3 g，全池泼洒；或2.5%敌百虫粉剂，1次量为每立方米水体1～2 g，全池泼洒。

（2）10%甲苯达唑溶液，1次量为每立方米水体0.1～0.15 g（青鱼、草鱼、鳜等），加2 000倍水稀释均匀后，全池泼洒，病情严重的第二天再用1次。

十六、片盘虫病

（一）病原

片盘虫属于指环虫目鳞盘虫科。虫体后固着器前部具有背部鳞盘和腹部鳞盘各1个，由片状几丁质做同心圆排列而成。具有3对头器、2对眼点、2对锚钩，在身体中部有一个较大的精巢（图2-98）。本属大致有40种的记录，我国有3种的报告，即日本片盘虫（*Lamellodiscus japonicus*）、真鲷片盘虫（*L. pagrosomi*）、倪氏片盘虫（*L. neidashui*）。

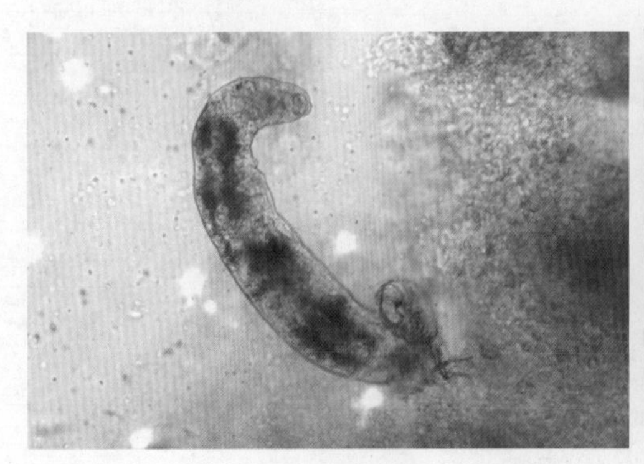
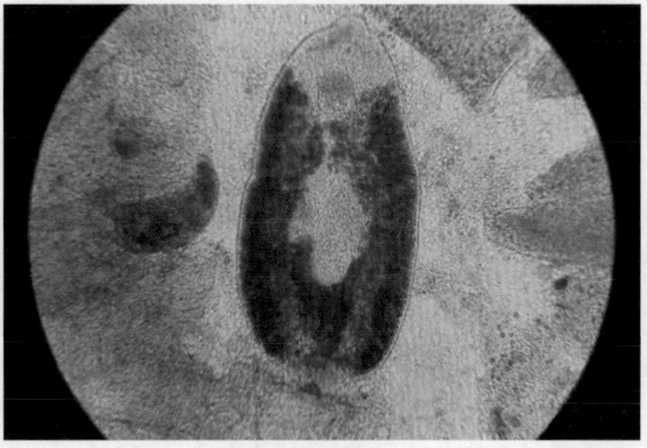

图2-98 片盘虫形态

（二）流行情况

寄生于石斑鱼、真鲷、鮸、黑鲷和黄鳍鲷（*Acanthopagrus latus*）等海水养殖鱼类，主要危害高密度、小水体养殖的15 cm以下的幼鱼，在广东、山东和福建沿海常见。

（三）症状与诊断方法

寄生在鱼的鳃片上，由于它的刺激和几丁质固着器损伤鳃丝，鳃大量分泌黏液。当寄生数量多时，病鱼体色变黑，瘦弱，呼吸困难，严重时患病鱼可致死。

根据发病症状及流行情况作初步诊断，取患病鱼鳃丝或刮取少许黏液，制成水浸片，置于显微镜低倍镜下观察，看到后固着器中央背腹各有一个呈同心圆排列的鳞盘，即可确诊（图2-99）。

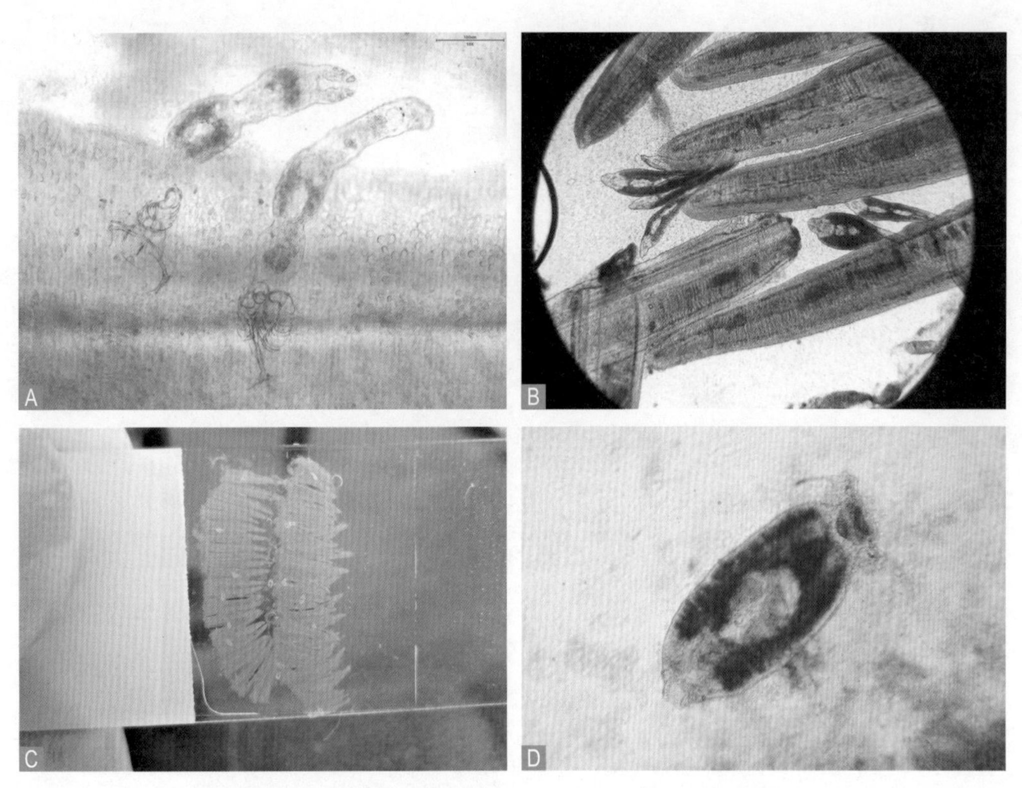

A. 黄鳍鲷鳃部的片盘虫；B. 尖吻鲈鳃部的片盘虫；
C. 鮸鳃部的片盘虫水浸片；D. 显微镜观察鮸片盘虫。
图2−99　鱼类感染片盘虫

（四）预防方法

（1）放苗前彻底清塘消毒，清除塘底过多的淤泥。

（2）采用合适的放养密度，不宜过大。

（3）定期改底，清除池底淤泥 。

（五）治疗方法

（1）淡水浸浴10 ~ 15 min。

（2）0.3 mg/L的90%晶体敌百虫全池泼洒，休药期7天。

十七、拟合片虫病

（一）病原

拟合片虫属（*Pseudorhabdosynochus*）是扁形动物门单殖吸虫纲单殖亚纲指环虫目鳞盘虫科的一属。虫体具有2对眼点、发达的咽，后吸器具14个边缘小钩、2对中央大钩、3根联结片，鳞盘由许多几丁质小颗粒组成，排成同心圆，具有典型的鼠状交接器（图2-100）。寄生于海水鱼类，本属在我国已报告4种：石斑拟合片虫（*P. epinepheli*）、南头拟合片虫（*P. lantauensis*）、坛状拟合片虫（*P. vagampullum*）、杯阴拟合片虫（*P. cupatum*）。

图2-100　拟合片虫形态

（二）流行情况

目前发现主要寄生于石斑鱼、真鲷和尖吻鲈等网箱养殖海水鱼类；当寄生数量多时，可引起青石斑鱼大批死亡；当大量侵袭幼鱼时，可引起大批死亡，死亡率10% ~ 20%。主要分布于广东、香港、福建、海南和广西沿海各鱼排和网箱养殖区。

（三）症状与诊断方法

拟合片虫寄生于鱼的鳃部，寄生数量较多时，体表、鳃部黏液增多，病鱼食欲下降，常成群漂浮于水面，呼吸困难。严重时可见鳃丝颜色变淡、粘连。

根据发病症状和流行情况进行初步诊断，再取患病鱼的鳃丝进行压片，用显微镜观察，发现鳃丝上有大量的虫体（低倍镜视野下达到20条左右）时可确诊（图2-101）。

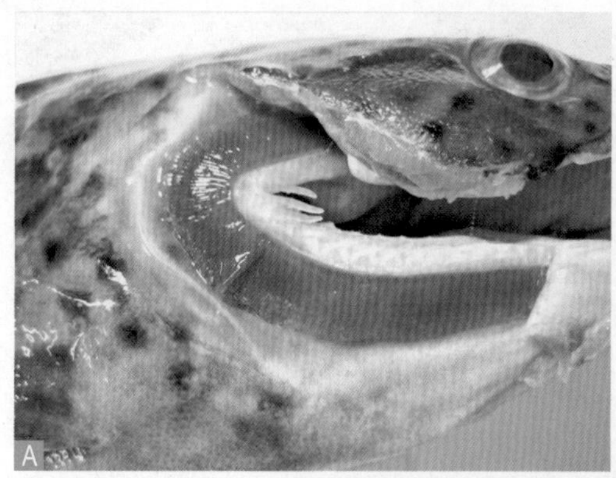
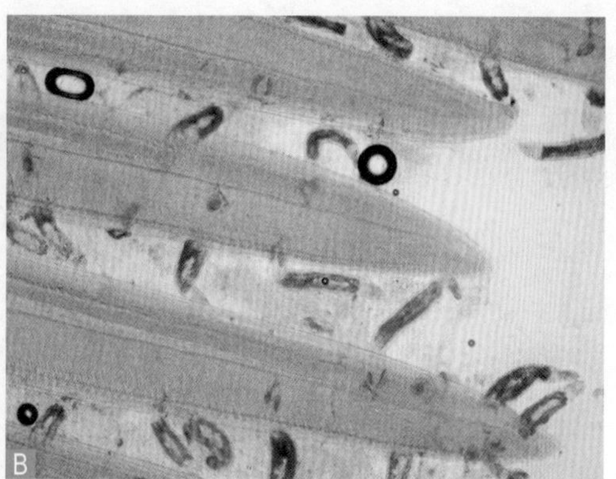
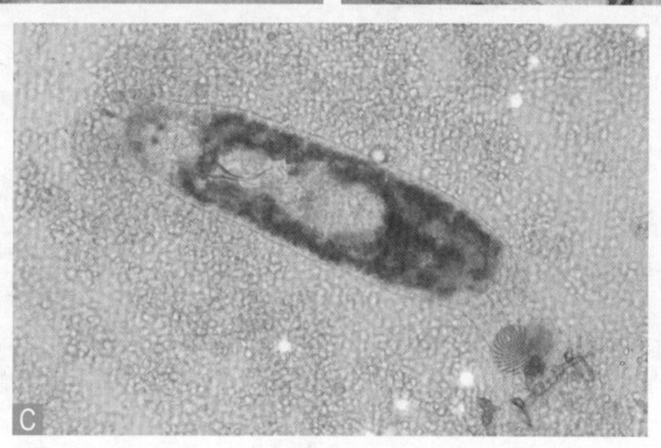

A. 青石斑鱼鳃部寄生拟合片虫；B. 显微镜观察青石斑鱼鳃部的拟合片虫；
C. 显微镜下的拟合片虫。
图2-101 拟合片虫感染鱼的鳃部

（四）预防方法

（1）放苗前彻底清塘消毒，清除塘底过多的淤泥。

（2）采用合适的放养密度，不宜过大。

（3）加强池塘水质、底质管理，保持良好环境，增强鱼体抵抗力。

（五）治疗方法

（1）淡水浸泡10～15 min。

（2）聚维酮碘过水消毒处理。

（3）0.3 mg/L的90%晶体敌百虫全池泼洒。

十八、本尼登虫病

（一）病原

本尼登虫属于扁形动物门单殖吸虫纲分室科本尼登虫亚科。虫体呈长椭圆形，背腹扁平，白色透明，大小如芝麻粒，故本尼登虫病也称“白芝麻病”“白蚁病”。代表种梅氏新本尼登虫（*Neobenedenia melleni*），个体大小一般为（3.5～6.6）mm×（3.1～3.9）mm，最长可达11.6 mm。身体前端突出，两侧各有1个吸盘，后端有1个吸盘，后端吸盘中央有2对锚钩和1对附属片，边缘小钩7对，口前方有2对黑色眼点。虫卵呈不规则多面体形状，后端一般有2个小钩，末端有一细长卵丝（图2-102）。虫卵在25 ℃水温条件下，6天孵化出纤毛蚴，而在28 ℃水温下，只需4天，纤毛蚴就发育成熟。纤毛蚴有趋光性，靠近水面游泳，遇到适宜的宿主即可附着，蜕掉纤毛，开始新的寄生生活。10天后虫体所有内部器官发育成熟。在26～30 ℃水温条件下，16天后虫体开始排出虫卵。

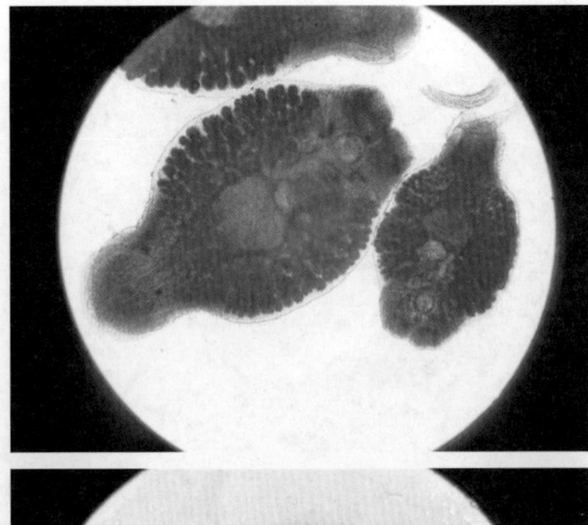

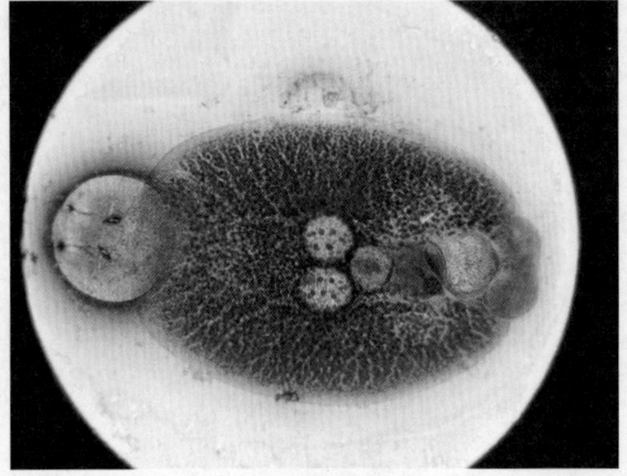

图2-102 显微镜下的本尼登虫

（二）流行情况

本尼登虫属大型虫类，可侵害多种海水养殖鱼类，如大黄鱼、石斑鱼、真鲷、黑鲷、美国红鱼等最易被寄生，粤东地区的包公鱼感染严重，全年均可发生，造成惨重的经济损失。虫体适宜繁殖水温为13～29 ℃，每年晚春及秋末冬初为本尼登虫病的高发期。

（三）症状与诊断方法

本尼登虫主要寄生于海水鱼类的体表、鳍、眼、鼻和鳃腔，尤以头部和背部最为常见，大量寄生时，病鱼食欲减退，狂躁不安，体表分泌大量黏液，局部出现白斑或呈暗蓝色，经常侧翻身或摩擦池壁、池底，导致鳞片脱落，眼睛发白或红肿充血，体表受伤而造成继发性感染，最终致苗种甚至成鱼大批死亡。

根据体表症状及流行情况初步诊断，把病鱼捞起，放入淡水中浸泡2～3 min，观察到白色透明的椭圆形虫体脱落即可诊断；或通过显微镜观察到体表白色透明的虫体，符合本尼登虫形态特征即可确诊（图2-103）。

A. 感染卵形鲳鲹的皮肤；B. 感染鰤的体表；C. 红鱼感染本尼登虫；
D. 青石斑鱼感染本尼登虫。

图2-103　本尼登虫感染不同的鱼种

（四）预防方法

（1）较低的盐度能够有效地控制本尼登虫的感染，该虫的纤毛蚴具有趋光性，集中在较亮的地方。可以利用这两个特性，进行遮阴处理，同时设法降低养殖水体的盐度，这样可大幅减少本尼登虫的感染。

（2）通过放养一些食虫的鱼虾来进行生物防控，如放养一定数量的鰕虎鱼可降低寄生虫数量。

（3）投喂含抗虫药吡喹酮的饲料，可降低本尼登虫的感染强度，且低浓度长时间地添加吡喹酮效果更佳。

（五）治疗方法

用淡水浸泡病鱼5～15 min（视不同鱼种而定），虫体即自行脱落，可在淡水中加入抗菌药（如恩诺沙星等），浓度为2～5 mg/L，防止鱼体继发细菌感染。淡水浸泡是目前防治本尼登虫病最为安全、有效的方法。

十九、舌状绦虫病

（一）病原

为舌状绦虫（*Ligula* sp.）和双线绦虫（*Digramma* sp.）的裂头蚴，属于扁形动物门绦虫纲（Cestoda）多节亚纲（Eucestoda）。虫体肉质肥厚，白色带状，俗称面条虫。长度从数厘米到数米，无头节和体节的区分。舌状绦虫的背腹面中线有1条凹形纵槽，每节节片有1套生殖器官；双线绦虫背腹面各有2条纵槽，腹面中间还有1条中线，每节节片有2套生殖器。

（二）流行情况

本病过去主要发生在湖泊、水库的鱼类中。随着鱼类养殖业的发展，近年来在池塘养殖鱼类中也有发生，主要危害鲫、鲢、鳙、草鱼、翘嘴红鲌（*Erythroculter ilishaeformis*）、大银鱼、鲤等淡水养殖鱼类。舌状绦虫和双线绦虫的裂头蚴生活史均是虫卵随终寄主（水鸟）的粪便排入水内，在水中孵出钩球蚴，钩球蚴在水中自由游动，被第一中间寄主桡足类所吞食，在其体腔内发育成原尾蚴，第二中间寄主鱼类若吞食了感染有原尾蚴的桡足类，原尾蚴即在鱼类的肠内或穿过肠壁到达体腔发育成裂头蚴。裂头蚴在鱼体内可生活两年之久，病鱼被水鸟捕食，裂头蚴在水鸟肠内发育为成虫并产卵，虫卵随水鸟的粪便落到水中，又重新开始其生活史（图2-104）。

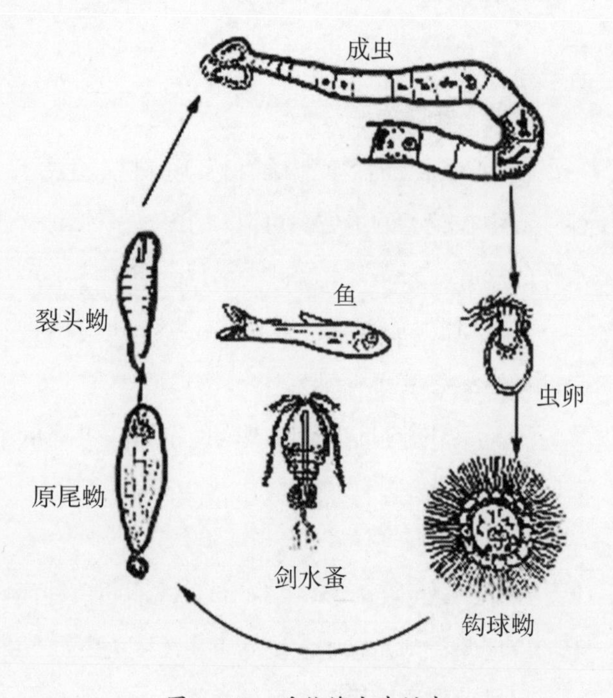

图2-104　舌状绦虫生活史

此病的发生和流行与养殖地区上空的鸥鸟密度与水体中的剑水蚤丰度密切相关。由于鸥鸟是候鸟，因此此病在我国南北方都有发生，通常湖、河、水库上空鸥鸟比较密集，故发病率较高。在南方池塘规模化养鱼后，此病常有发生，但无明显流行季节。

（三）症状与诊断方法

病鱼腹部膨大，背窄体瘦，眼球下陷，发育极度不良，表皮皱缩，无光泽，食欲不振，病情严重时，在水面侧游或腹部向上，很易捞起。解剖检查可发现体腔内有大量白色带状虫体，大多数虫体较细长，白色带状虫体在肠内蠕动或与其他内脏缠绕在一起，寄主的肠管、性腺、肝脏、脾脏等内部器官受压迫而逐渐萎缩，正常功能受抑制或遭破坏，引起鱼体发育受阻，无法生殖，终致死亡。有时裂头蚴钻破病鱼腹壁，或从咽部钻入口腔和鳃，然后爬出体外，导致鱼更快地死亡。解剖后镜检即可确定病原（图2-105）。

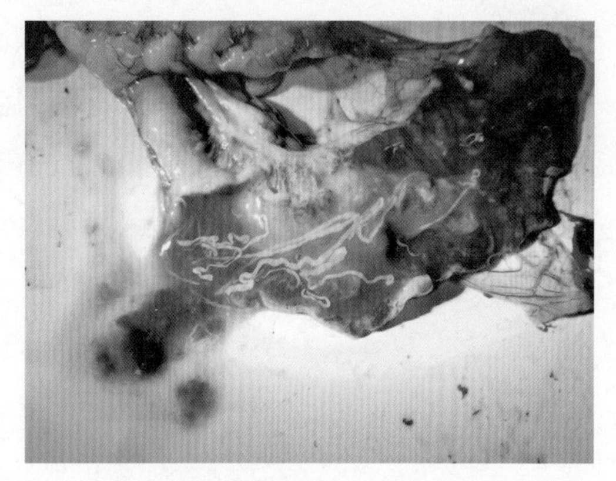

图2-105 花鳗鲡肠道寄生舌状绦虫

（四）防治方法

本病尚无有效的治疗方法，可采取截断其发育阶段中的任何一个环节来防止其蔓延及繁殖。

（1）春季清塘，晒干塘底，用生石灰杀灭虫卵，用漂白粉20 mg/L或90%晶体敌百虫0.3 mg/L清塘，杀灭虫卵和剑水蚤。

（2）尽量驱赶鸥鸟，杜绝传染源。

（3）育苗期间，自己培养桡足类，不到其他地方捞取或购买。

（4）育苗阶段投喂干河虫、干卤虫，尽早投喂开口料，在池中泼洒，杀灭水中水蚤，截断此虫生活史的环节。洒药后，应增加人工饵料投喂，以免影响鱼生长。

（5）每千克饲料用2%吡喹酮预混剂1～2 g拌饲投喂，每3～4天1次，连用3次。

（6）每千克饲料用4 g复方阿苯达唑粉拌饲投喂，1天1次，连用3天。

（7）每千克饲料用2 g川楝陈皮散拌饲投喂，1天1次，连用3天。

二十、线虫病

（一）病原

线虫动物门是动物界中最大的门之一，为假体腔动物，有超过28 000个已被记录的物种，尚有大量种未命名。绝大多数种类体小，呈圆柱形，又称圆虫（roundworm）。寄生于动、植物，或自由生活于土壤、淡水和海水环境中，绝大多数营自生生活，营寄生生活的种类中，只有极少部分寄生于人体并导致疾病。此类线虫在我国已发现有35种。目前流行的线虫有蛔虫、鞭虫、蛲虫、钩虫、旋毛虫和类粪圆线虫。已报道的有：异尖线虫（*Anisakis*），寄生于花鲈等；对盲囊线虫（*Contracaecum*），寄生于黄盖鲽、真鲷、牙鲆和石鲽等；豹蛔虫（*Phocascaris*），寄生于军曹鱼；针蛔虫（*Raphidascaris*），寄生于叫姑鱼和鮟鱇等；拟鮰线虫，寄生于石斑鱼等；毛细线虫（*hairworm*），寄生于黄鳝、泥鳅体内；黄颡前驼形线虫（*Procamallanus fulvidraconis*），寄生于黄颡鱼体内；高氏线虫（*Goezia*），寄生于花鲈等（图2-106）。

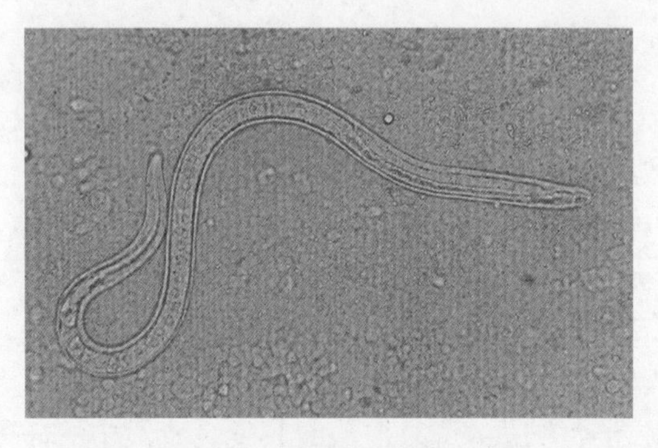

图2-106　台湾泥鳅肠道里的线虫

（二）流行情况

网箱和沿海近岸开放式水体养殖的鱼类容易被感染，多数为幼虫寄生，鱼是中间宿主，也有为成虫寄生，鱼是终宿主。一年中4—6月为感染高峰期，对幼鱼危害较大，曾引起石鲽幼鱼大批死亡，但大鱼感染后仅影响生长，一般不致死；但如果人吃了感染有异尖线虫、对盲囊线虫等的生鱼片或未煮熟的鱼，可受到侵袭，使组织和器官发生病变而危及健康。因此，异尖线虫（包括其虫卵、幼虫）是我国入境活体鱼和冰鲜鱼二类寄生虫病检疫病种。

（三）症状与诊断方法

这些线虫幼虫寄生于体内组织和器官，通常外观无明显症状。当寄生数量多时，受侵袭的组织和器官萎缩或者肿胀，乃至坏死。其诊断方法是通过解剖可疑患病鱼，通常呈乳白、淡黄或棕红色。大小差别很大，小的不足1 mm，大的长达8 mm。多为雌雄异体，雌性体形较雄性的为大。虫体一般呈线柱状或圆柱状，不分节，左右对称。假体腔内有消化、生殖和神经系统，较发达，但无呼吸和循环系统。消化系统前端为口孔，肛门开口于虫体尾端腹面。口囊和食道的大小、形状及交合刺的数目等均有鉴别意义，当发现某组织或器官上有呈线形的会蠕动的虫体时，即可诊断为感染线虫（图2-107）。

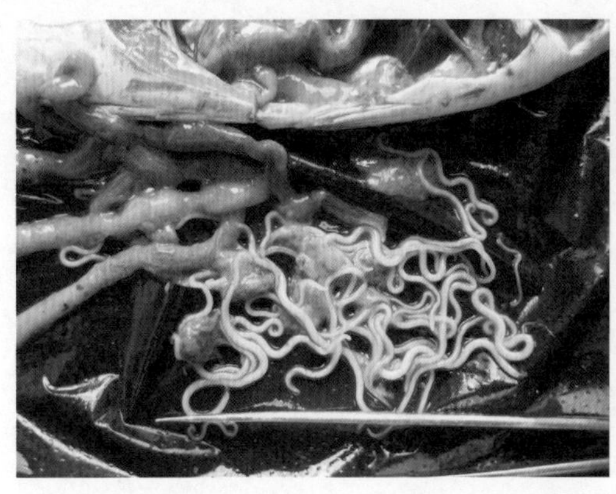
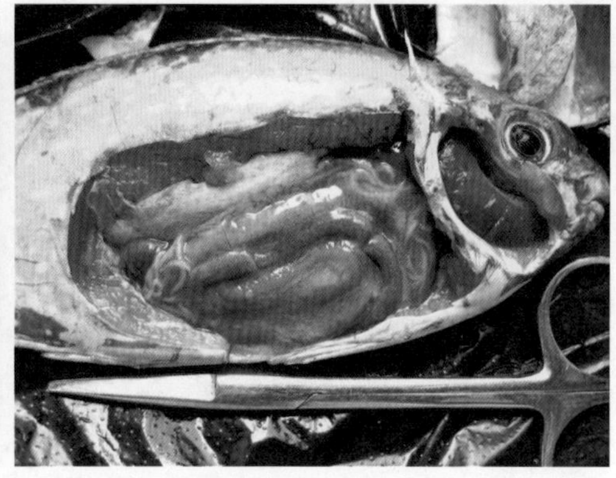

图2-107 蓝子鱼肠道感染线虫

（四）防治方法

（1）池塘养殖，用生石灰彻底清塘，或用浓度为0.3～0.5 mg/L的90%晶体敌百虫全池泼洒，杀灭幼虫及其中间宿主。

（2）将患病鱼挑出，先用淡水浸泡10～20 min，再用甲苯达唑药饵，每千克鱼体每天5～10 mg，1天喂2～3次，连续投喂3～5天，休药期500度日。

（3）口服甲苯达唑药饵，每千克鱼体每天5～10 mg，1天喂2次，连续投喂5～7天，休药期500度日。

二十一、棘头虫病

（一）病原

棘头虫属于棘头动物门（Acanthocephala），是具假体腔的后生动物，由吻、颈和躯干三部分组成，体前端能伸缩的吻上排列着许多角质的倒钩棘。全球已知有1 000多种，其中约有600种寄生于鱼类。我国的棘头动物门动物已知有135种，其中寄生于鱼类的约90种。如新棘衣棘头虫［*Pallisentis* (*Neosentis*) *celatus*］寄生于黄鳝体内，假全刺棘环虫寄生于草鱼、鲢、鳙、鲤、鲫、鳜、黄鳝等鱼类，乌苏里似棘头吻虫（*Acanthocephalorhynchoides ussuriense*）成虫寄生于草鱼、鳙、鲢及鲤等的体内，鲷长颈棘头虫（*Longicollum pagrosomi*）成虫寄生于真鲷、黑鲷、黄鳍鲷等海水鱼的消化道内（图2-108）。长棘吻虫属（*Rhadinorhynchus*）可感染多种海水、淡水鱼类，大量寄生可堵塞肠道，穿透肠壁后钻入其他内脏或体壁，病鱼消瘦，贫血，丧失食欲，逐渐死亡。

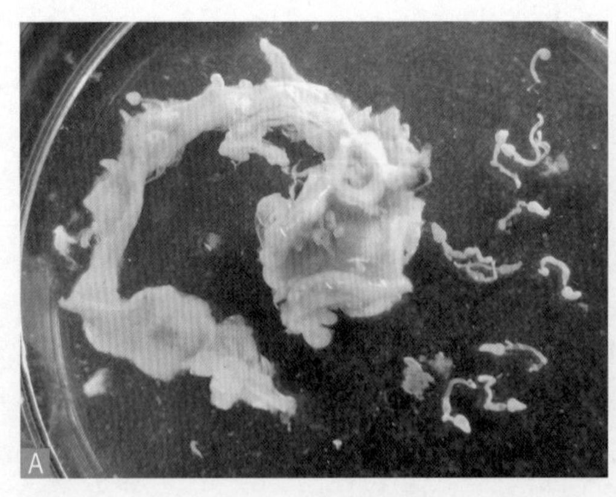
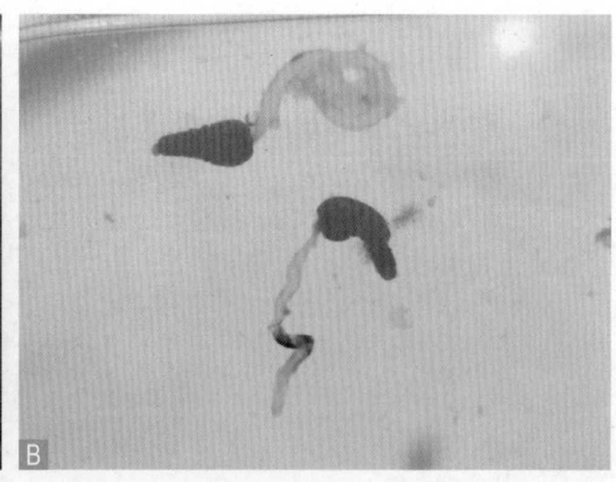

A. 黄鳍鲷肠道的棘头虫；B. 蓝子鱼肠道的棘头虫。

图2-108 棘头虫的形态特征

（二）流行情况

该病主要危害真鲷等的鱼种和成鱼。流行高峰期为6—7月，感染率为70%～80%。分布于我国沿海及日本。如有细菌继发感染，形成肠炎并发症，可导致死亡。

（三）症状

患病鱼外表无显著症状，在养殖群体中身体消瘦、生长缓慢、食欲减退的个体可能是受侵害者。在网箱里，有的狂游，有的无序窜游，体表刮伤或脱鳞。解剖瘦弱鱼体，可发现直肠内有橙黄色的虫体，其吻插入肠黏膜组织。

严重受侵袭的患病鱼，病灶处出现充血、出血，甚至肠管堵塞或肠壁穿孔，引起肠部发炎、出血，损伤组织易被细菌二次感染，产生肠炎，肛门红肿或外突，严重时导致死亡。解剖肠道，发现大量虫体可确诊（图2-109）。

（四）防治方法

（1）不投喂鲜活小杂鱼，投喂配合饲料（商品饲料）可防止棘头虫病。

（2）如投喂小杂鱼，经过冰冻处理后可减轻感染率和感染强度。

（3）甲苯达唑，1次量为每千克饲料添加300～700 mg，拌饲投喂，1天1次，连用3～5天。

（4）90%晶体敌百虫，1次量为每千克饲料添加300～700 mg，拌饲投喂，1天1次，连用3～5天。

（5）杀虫灵（2%吡喹酮预混剂），1次量为每千克体重添加50～100 mg，拌饲投喂，1天1次，连用3天。

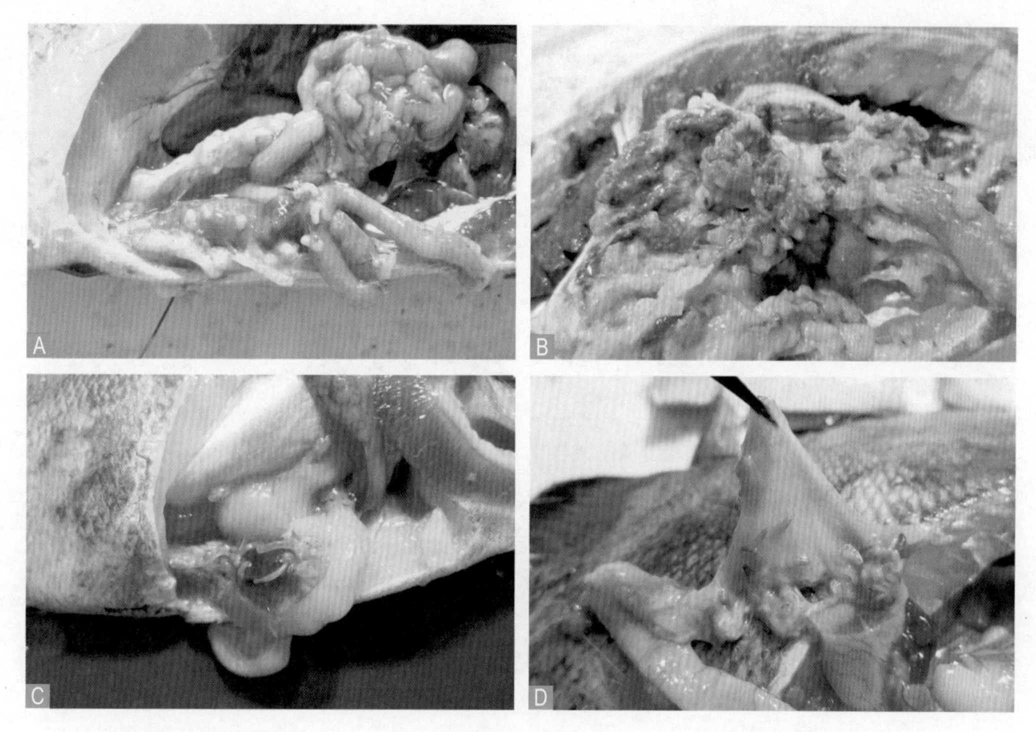

A. 黄鳍鲷肠道的棘头虫；B. 蓝子鱼肠道的棘头虫；C、D. 斜带髭鲷肠道的棘头虫。

图2–109　棘头虫感染不同的鱼

（五）注意事项

（1）鱼虾混养的池塘，不得使用敌百虫。

（2）使用90%晶体敌百虫，休药期为10天。

二十二、锚头鳋病

（一）病原

锚头鳋科（Lernaeidae）是节肢动物门甲壳动物亚门桡足纲剑水蚤目的一科。虫体细如针，分节不明显。寄生在淡水鱼体上的为雌性锚头鳋，虫体分头、胸、腹3部分，虫体细长，体节融合成为筒状，头、胸部长出头角，形似铁锚，胸部细长，自前向后逐步扩宽，分节不明显，每节间有一对双肢形游泳足。对鱼类危害最大的为多态锚头鳋。锚头鳋体大、细长，呈圆筒状，肉眼可见。生殖季节，其排卵孔上有一对卵囊（图2-110）。种类较多，广东常见的有多态锚头鳋（*Lernaea polymorpha*）、草鱼锚头鳋（*Lernaea ctenopharyngodontis*）、鲇锚头鳋（*Lernaea parasiluri*）、八角锚头鳋（*Lernaea octocornua*）和鳑鲏锚头鳋（*Lernaea rhodei*）等。

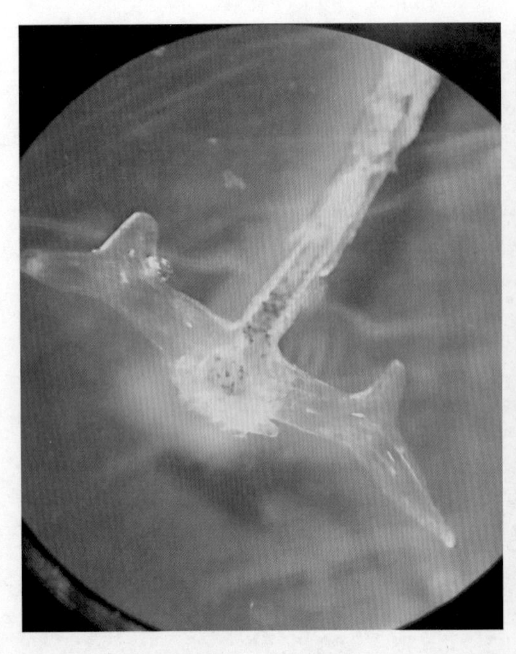
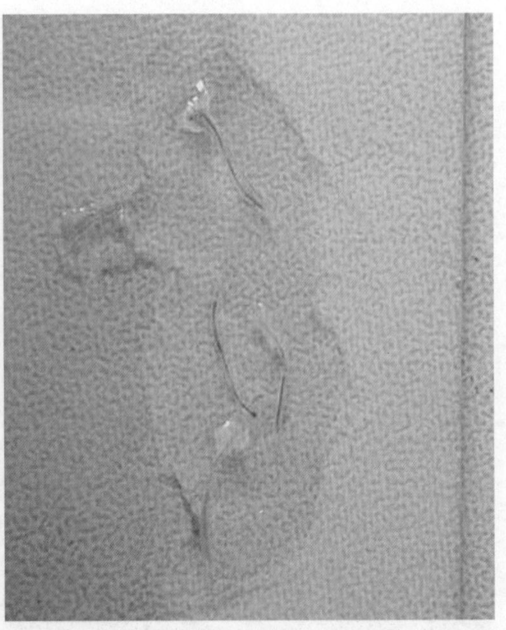

图2-110　锚头鳋的形态特征

（二）症状与诊断方法

寄生在鱼的鳃、皮肤、鳍、眼、口腔、头部等处，病鱼通常呈烦躁不安、食欲减退、行动迟缓、身体瘦弱等。由于锚头鳋头部插入鱼体肌肉、鳞片下，身体大部分露在鱼体外部且肉眼可见，犹如在鱼体上插入小针，故锚头鳋病又称为“针虫病”。寄生处周围组织充血发炎，寄生于鳞片下时，常可见寄生处的鳞片被蛀成缺口，寄生于口腔内时，可引起口腔不能闭合，因而不能摄食。当锚头鳋逐渐老化时，虫体上布满藻类和固着类原生动物，大量锚头鳋寄生时，鱼体犹如披着蓑衣，故锚头鳋病也称为“蓑衣虫病”。

通过发病症状及流行情况初步诊断，肉眼可见病鱼体表、口腔有似针状的虫子即可诊断；寄生在鳞片下面时需要仔细观察或去掉鳞片才能看到虫体（图2-111）。

（三）流行与危害

锚头鳋适合繁殖水温为12～33 ℃，流行季节长，全国均有，其中以广东、广西和福建最为严重。感染率高，感染强度大，一般不会引起死亡，但影响鱼的生长、繁殖及商品价值。主要寄生于草鱼、鳗、鲤、鲢、鳙、鳜等多种淡水养殖鱼类。

（四）预防方法

（1）放苗前彻底清塘消毒，清除塘底过多的淤泥。

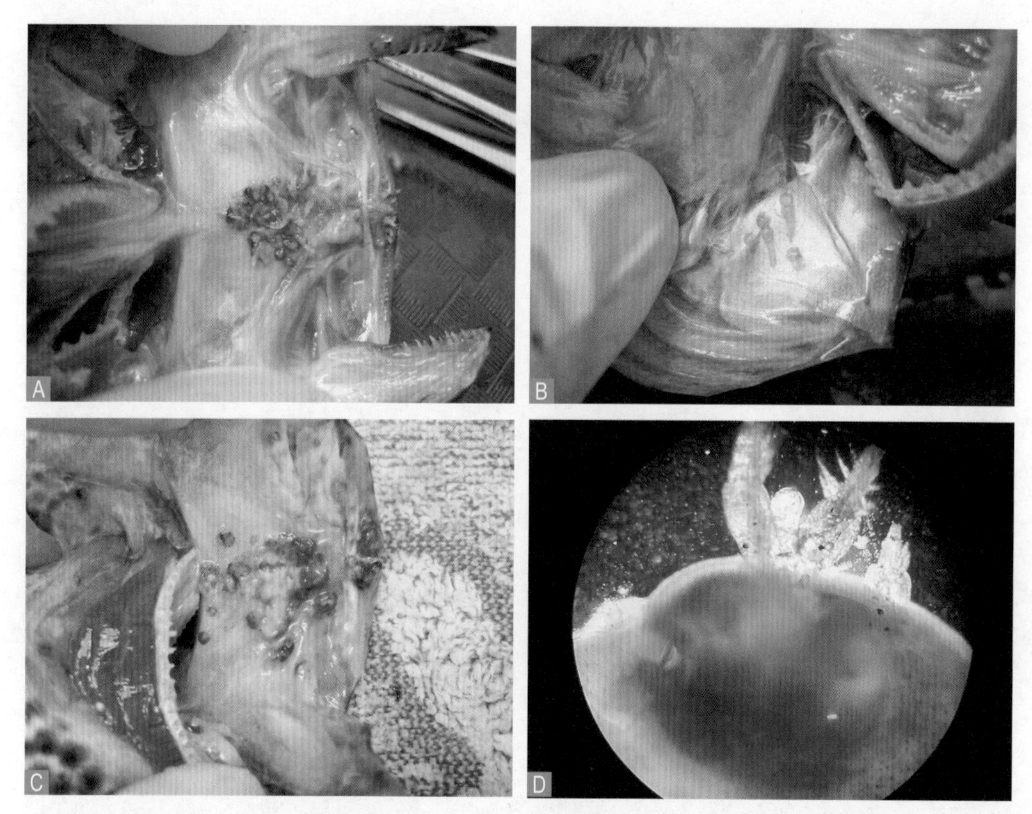

A. 感染上颌；B. 感染鳃盖；C. 感染口腔；D. 鱼虱幼虫附着在口腔上颚。

图2-115　鱼虱感染石斑鱼的不同部位

二十五、鱼蛭病

（一）病原

鱼蛭隶属于环节动物门蛭纲吻蛭目鱼蛭科鱼蛭属（*Piscicola*），是主要寄生在淡水或半咸水鱼体上的一类水蛭，据记载，全世界共有10种，其中美洲5种，欧洲2种，亚洲2种，另外还有1个世界性种。其后又将分布于欧洲的*Cystobranchus fasciatus*和*C. respirans*划归本属。这一属的身体呈圆柱形，颈部和躯干部的区分不明显，完全体节为14环，身体两侧的搏动囊甚小。虫体静止时圆柱状，少数扁平。虫体长2～5 cm，肉眼可见。后端扩大，背部稍扁，身体前、后端各有吸盘一个，前吸盘一般呈圆盘状。虫体体表可见多个环节（图2-116）。

（二）症状

鱼蛭主要寄生在鱼的体表、鳃和口腔，当虫体大量寄生时，由于虫体吸取鱼的血液作为营养，同时在寄生部位活动，导致宿主摄食量减少，狂躁不安，身体发黑，出现营养不良甚至是贫血，鳃发白。虫体在鳃部的寄生，会导致鱼类出现呼吸障碍。

图2-116　老虎斑鱼蛭

鱼蛭对寄生部位组织的破坏，也会引起细菌的继发感染。在海水养殖中，鱼蛭还是传播锥体虫的媒介。患有鱼蛭病的鱼，如果不及时处理，会出现生长缓慢，鱼体消瘦，甚至出现死亡（图2-117）。

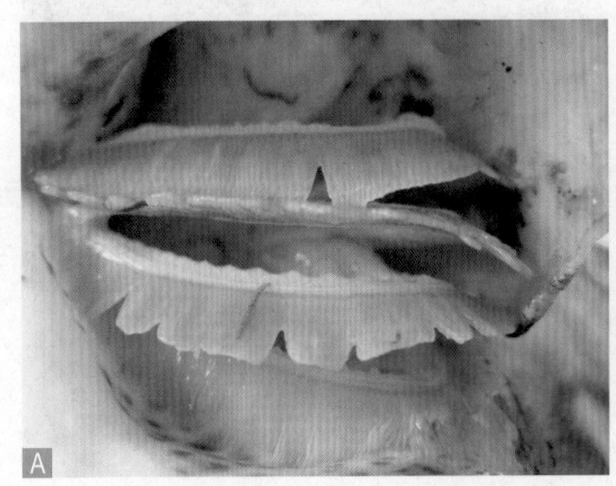

A. 寄生在鳃上；B. 寄生在体表。

图2-117　鱼蛭感染老虎斑

（三）预防方法

（1）进水过滤。在引进海水水源养殖之前，使用沙滤过滤，池塘进水口使用120目的网过滤，可有效减少鱼蛭病的发生，但只能针对成虫和幼蛭，对受精卵过滤的作用有限。

（2）池塘放养前的清淤和养殖过程中的底质管理。放养前及时对池塘进行清淤，放养前使用生石灰和漂白粉进行彻底清塘，在养殖过程中定期使用过硫酸氢钾等强氧化性的底质改良剂改良底质，可有效减少鱼蛭病的发病概率。

（四）治疗方法

90%晶体敌百虫，1次量为每立方米水体0.2～0.3 g，全池泼洒，每月1～2次。

（五）注意事项

在捕捞、运输、放养等操作过程中勿使鱼体受伤；从干净的水源进水，进水时需过滤，以免带入鱼蛭。

Chapter 3

第三章
对虾疾病

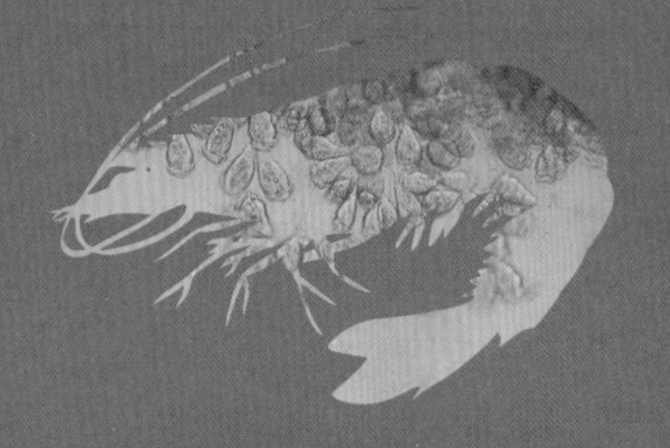

对虾是人们十分喜爱的食品。2018年统计，我国对虾年产量达4 000 000 t以上，其中，广东年产量达800 000 t以上，约占全国总量的20%，虾苗产量占全国总量的近一半。广东是全国最大的对虾养殖与虾苗生产基地，但虾病危害也十分严重。危害较大的对虾疾病有白便症、白斑综合征、虾血细胞虹彩病毒病、肝胰腺坏死病、肝肠胞虫病、传染性皮下及造血组织坏死病毒病及气泡病等。其中白便症发病率最高，近年来对对虾养殖的危害也最大，白斑综合征、虾血细胞虹彩病毒病都能造成养殖对虾大量急性死亡。

第一节　对虾病毒性疾病

一、白斑综合征

（一）病原

白斑综合征病毒（white spot syndrome virus，WSSV）属线头病毒科，杆状，具囊膜，无包涵体。宿主很广泛，可感染南美白对虾（*Litopenaeus vannamei*）、中国明对虾（*Fenneropenaeus chinensis*）、斑节对虾（*Penaeus monodon*）、日本囊对虾（*Penaeus japonicus*）、罗氏沼虾（*Macrobrachium rosenbergii*）、脊尾白虾（*Exopalaemon carinicauda*）、克氏原螯虾（*Procambarus clarkia*）等虾类。

（二）流行情况

南美白对虾、日本囊对虾、斑节对虾等各种养殖对虾都可发病，南美白对虾在放苗1个月左右的幼虾阶段最易感染，一般发病后3 ~ 10天内大量死亡，死亡率可高达80% ~ 90%。放养“土苗”或“二代苗”因为虾苗携带该病毒的比例高，养殖池塘明显比放养一代苗发病率要高，日本囊对虾和斑节对虾养殖缺少不携带特定病原体（SPF）虾苗，养殖过程中发病率明显高于南美白对虾。

水源或周围环境中的浮游动物、野生虾类、蟹类、海鸟、昆虫都可能携带白斑综合征病毒，是养殖对虾该病的传染源或媒介生物。白斑综合征既能水平传播，也能垂直传播。水平传播主要是经口传染，虾吃带病毒的病虾、饵料生物或死虾会导致感染，水中的病毒粒子亦可经鳃腔膜的微孔进入虾体，引起全身的病变。垂直传播主要是亲虾携带的病毒通过卵、粪便进入水体，感染幼体。沿海地区土池塘或室内水泥池塘直接使用未经严格消毒和过滤的海水为水源的发病率高，沿海地区使用深井水和内陆地区放养一代苗的池塘发病率低。内陆自然水体中存在克氏原螯虾的地区，克氏原螯虾是重要的传染源，养殖对虾白斑综合征的发病率和死亡率都很高。

白斑综合征的流行水温为18～30 ℃，最适水温25～28 ℃，水温30 ℃以上时一般不再发病。该病主要发生在6—10月，不同地区因为不同月份的水温不同而有所差异。华南地区每年有2个发病高峰，为5—6月和9月下旬，5—6月水温达到25 ℃以上时就开始达到发病高峰，斑节对虾每年都在这个时期发病，使用海水为水源的南美白对虾也在放苗时发病。秋季雨后降温，水温降到30 ℃以下时又开始大量发病。

注意：对虾白斑综合征仅少数病例是发病塘急性传染造成其他塘发病，多数都是在其他诱发因素作用下的原塘发病，主要诱发因素有严重缺氧、严重气泡病、天气闷热、连绵阴天天气、暴雨、池中浮游藻类大量死亡、水忽然变清、池底环境恶化等。

（三）症状与诊断方法

室外土池塘养殖的对虾发病后在水面散乱游塘，俗称“开飞机”，水泥池塘养殖的对虾发病后在水中无力漫游，随波逐流，不摄食。病虾头胸甲或甲壳内有白斑，或体表微微发红。这两个症状是该病最典型的症状，不一定同时出现。解剖病虾肠内无食物，头胸甲剥离后可见有黑白相间的不规则的斑点，有时变为淡黄色，严重的白点连成白斑，在显微镜下观察呈重瓣的花朵状。发病后期，血淋巴浑浊，肝胰腺肿大、糜烂，呈现淡黄色或灰白色（图3-1、图3-2）。

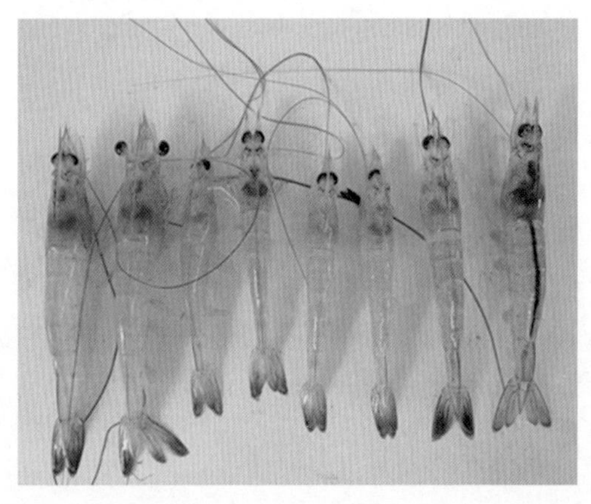

图3-1　患白斑综合征的南美白对虾（左7尾）和正常对虾（右1尾）（雷燕）

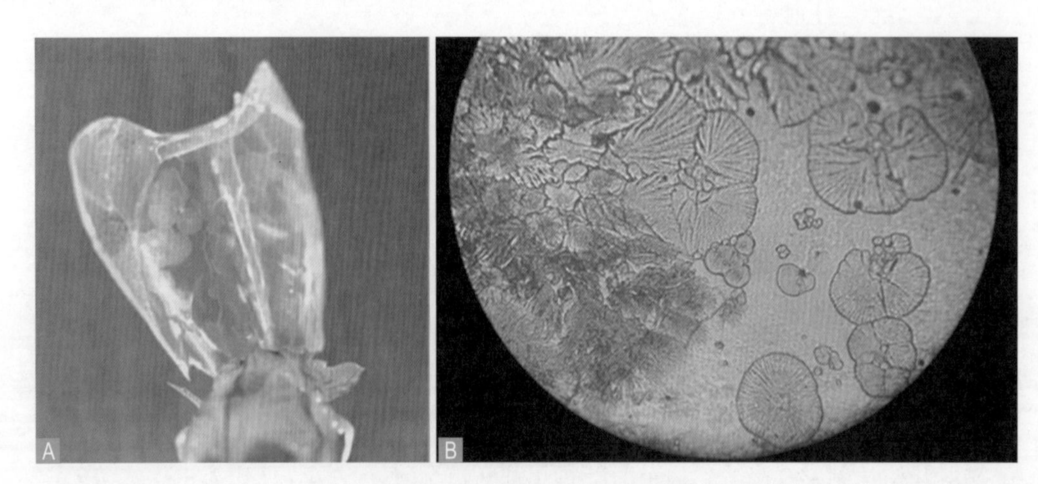

图3-2　病虾头胸甲内有白斑（A）及显微镜下的白斑（B）

通过病虾头胸甲或甲壳内出现白斑或体表微微发红的典型症状，结合流行特点做出初步诊断，结合实验室PCR检测病原结果进一步确诊。

（四）预防方法

对虾的白斑综合征尚无有效的治疗手段，预防是防控本病的重要手段，措施包括消灭传染源、切断传播途径、控制诱发因素。根据本病的流行特点不同和养殖模式不同，采取的防控措施侧重点不同。白斑综合征的防控主要有以下措施。

（1）注意跟踪亲虾来源，选用SPF亲本培育的虾苗，不放养可能携带白斑综合征病毒的二代苗和土苗，购买的虾苗进行严格检疫、检测，保证虾苗不携带白斑综合征病毒。

（2）海水养殖地区或白斑综合征病毒发病率高的地区，对虾养殖用水经过过滤后用漂白粉或三氯异氰脲酸消毒处理再使用，用量为漂白粉每立方米水体10～20 g，或者三氯异氰脲酸每立方米水体2～3 g。消毒后确保杀死水源中可能携带病原的野虾、野蟹和其他各种水生动物。

（3）临近沟渠和海岸的池塘用塑料薄膜设置防蟹隔墙，防止可能携带病毒的野蟹和小龙虾进入，重点池塘设置防鸟网，防止飞鸟口衔病死虾传染。

（4）套养鱼类进行生物防控。经常慢性发病的地区或养殖二代苗的池塘，可根据具体情况选择性套养少量的黄鳍鲷、卵形鲳鲹、石斑鱼、塘鳢和河鲀等吃掉病弱虾，防止健康虾吃病死虾而被传染，急性发病的地区套养鱼类控制效果差，适当再套养蓝子鱼、鲻等杂食性鱼类，让它们摄食残饵及有机物，构建鱼虾生态平衡，养殖发病率会更低。

（5）预防白斑综合征的诱发因素。白斑综合征多数都有诱发因素。预防因为天气变化、水质变化及人为因素引起的对虾缺氧和气泡病；严重缺氧或气泡病后极易诱发本病；台风、暴雨等异常天气使水环境突变，对虾造成强烈应激，对虾易发生白斑综合征；倒藻、返底等各种原因引起的水质剧烈变化也容易诱发白斑综合征。

（五）治疗方法

尚无有效的治疗方法。

二、桃拉综合征

（一）病原

桃拉综合征病毒（Taura syndrome virus，TSV）属小RNA病毒科，1992年在南美洲的厄瓜多尔首次发现，在全球对虾产量激增的情况下，通过国际虾苗和亲虾贸易，TSV从南美洲传播到北美洲，并在2004年席卷了东亚和东南亚的最主要对虾养殖国家，如中国、朝鲜、泰国、缅甸、印度尼西亚和越南等。2001年，我国东南沿海较多的养虾地区暴发TSV，经多年来的传播，在广东、广西、上海、江苏、浙江、福建多地造成严重的经济损失。TSV感染后，对虾不一定发病，环境因子恶化或剧烈变化是疾病诱发的重要因素，南美白对虾、中国明对虾均会感染。

（二）流行情况

该病在2009年以前南美白对虾引入我国初期广泛流行，广东、广西、海南等省、区沿海海水养殖南美白对虾密集区中均有发现，2010年以后，该病在我国急剧减少，对虾病毒病常规检测极少检测到该病毒。该病可发生于整个养殖期，一般出现在虾苗放养后的10～40天，盐度低于30‰的养殖水体多见，一旦发病，可造成40%～90%的幼虾死亡。急性传播时，死亡率可高达60%～90%，死亡大多数发生在虾蜕皮期间或蜕皮后。该病特点是病程短，发病迅速，死亡率高，一般发现病虾至病虾不摄食仅5～7天，10天左右出现大规模死亡，在环境恶化时，死亡加剧。成虾感染此病多属慢性。桃拉综合征病毒的主要传播方式是水平传播，健康虾残食病死虾能传播，发病塘水体也能传播。

（三）症状与诊断方法

发病早期，对虾群体常出现环游现象，虾体无明显改变，仅尾扇出现蓝色斑点或有少量微小的白色斑点。肉眼分不出肝脏和心脏，只能看出肝脏肿大或变淡红。

病毒感染后2～3天，食欲猛增，大触须变红，肌肉变浑浊。发病后期，肝胰腺肿大，变白；红须、红尾，壳软，体色变茶红色，尤其是尾扇和胸甲变红，部分病虾甲壳与肌肉容易分离，头胸甲有白斑；大部分病虾肠道发红且肿胀，镜检发现红色素细胞扩张；病虾摄食量减少或不摄食，消化道内无食物，病虾在水面缓慢游动，离水后即死亡，久病不愈的病虾甲壳上有不规则的黑斑（图3-3、图3-4）。

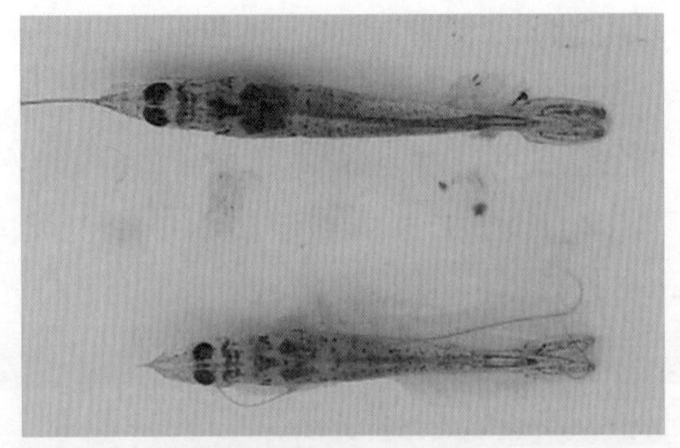

图3-3　急性感染桃拉综合征病毒的南美白对虾

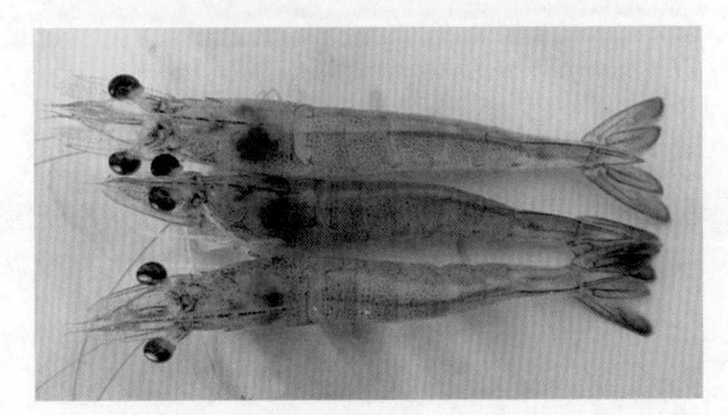

图3-4　慢性感染桃拉综合征病毒的南美白对虾

组织病理切片特征显示角质及角质下层坏死，细胞质内有“胡椒粉状”包涵体，HE染色出现从嗜伊红到强碱性反应，核固缩或破碎，炎症病灶处血细胞浸润。

根据发病虾的临床症状和流行特点做出初步诊断；通过组织学方法观察到嗜伊红到弱酸性的球状体同固缩的核与破裂的核一起形成“胡椒粉状”或“散弹状”（指急性感染期）可做出进一步的诊断；用分子生物学方法，如PCR病毒检测方法可确诊。

（四）预防方法

（1）跟踪亲本来源，选用SPF亲本培育的虾苗，购买的虾苗进行严格检测，保证虾苗不携带桃拉综合征病毒。

（2）放苗前，养殖池塘须彻底清塘消毒，养殖用水须经处理，以确保水体不携带桃拉综合征病毒，避免病毒水平传播。

（3）周围有发病池塘时，做好隔离，避免水源、病死虾、工具、飞鸟及人员活动原因造成的传染。

（4）高发地区和发病季节通过投喂黄芪多糖、多种维生素等，提高对虾自身的抗病能力。

（五）治疗方法

尚无有效的治疗方法。

三、传染性皮下及造血组织坏死病毒病

（一）病原

该病由传染性皮下及造血组织坏死病毒（infectious hypodermal and hematopoietic necrosis virus，IHHNV）引起，IHHNV是细小病毒科的单链RNA病毒。病毒粒子大小为22 nm，无囊膜正二十面体，是已知对虾病毒中最小的病毒。

（二）流行情况

传染性皮下及造血组织坏死病毒病是南美白对虾常见的一种慢性病，其次为斑节对虾和日本囊对虾，在罗氏沼虾、短沟对虾、印度对虾、中国明对虾甚至蟹类中也有发现感染的，但未发现有严重影响。南美蓝对虾是传染性皮下及造血组织坏死病毒最敏感的宿主，造成严重死亡。

传染性皮下及造血组织坏死病毒对宿主的致病性与宿主的年龄、大小密切相关，幼虾更容易感染，对幼虾的致病性更强。水体中的传染性皮下及造血组织坏死病毒粒子能通过与对虾的直接接触进入虾体内，不仅能在同一代虾中水平传播，而且能由亲虾传给子代。传染性皮下及造血组织坏死病毒病在我国已形成一定的流行趋势，严重危害我国的对虾养殖，近几年的调查结果显示，广西南美白对虾主要养殖地区感染率达20%～60%，上海部分淡水养殖的南美白对虾感染率达38.5%，广东、海南等的南美白对虾虾苗阳性率达52.21%，华东和华南地区的罗氏沼虾感染率高达90%。

养殖密度过大和水质恶化，包括低溶氧、高水温、高氨氮、高亚硝酸盐等条件，会激发低水平感染传染性皮下及造血组织坏死病毒的对虾表现出症状，并使病原由携带者传播给健康虾，导致疾病的流行及感染程度的加重。

传染性皮下及造血组织坏死病毒能够感染多种对虾，对幼虾危害最为明显，南美白对虾死亡率不高，但生长速度慢，产量严重下降，影响经济效益。

（三）症状与诊断方法

传染性皮下及造血组织坏死病毒病最初在美国养殖的南美蓝对虾发现，可以造成南美蓝对虾大量死亡。发病的南美蓝对虾摄食减少，外表及行为表现异常，在水面静止后翻转，继而缓慢地沉到水底。南美蓝对虾和斑节对虾在濒死时体色常偏

蓝，腹部肌肉不透明。

养殖的南美白对虾发生传染性皮下及造血组织坏死病毒病后，未见急性死亡的症状，以引起慢性感染为主。发病虾生长缓慢，养成池虾大小参差不齐，产生许多超小体形对虾，种群变异系数通常大于30%，有时甚至会接近90%。发病虾体形变形明显，尤其多出现额角弯向一侧，触须皱起，第六体节及尾扇变形变小，表皮粗糙或残缺。因此南美白对虾的传染性皮下及造血组织坏死病毒病也称为慢性矮小残缺综合征（RDS）（图3-5、图3-6）。

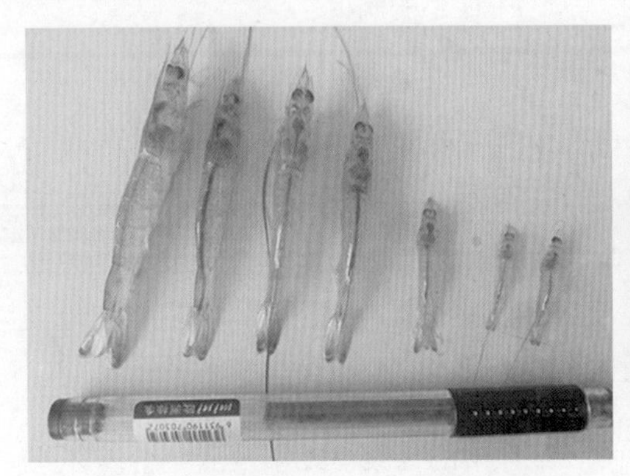

图3-5　患传染性皮下及造血组织坏死病毒病的南美白对虾（左边4尾正常，右边3尾发病）

图3-6　发生传染性皮下及造血组织坏死病毒病的南美白对虾

根据发病对虾的临床症状和流行特点做出疑似病例诊断，确诊需要通过实验室PCR检测传染性皮下及造血组织坏死病毒的特定基因。

（四）预防方法

（1）注意跟踪亲虾来源，选用SPF亲本培育的虾苗，购买经检疫、检测的虾苗，保证虾苗不携带传染性皮下及造血组织坏死病毒。不放养可能携带传染性皮下及造血组织坏死病毒的二代苗和土苗。

（2）清塘消毒应彻底，对虾养殖用水经过漂白粉或三氯异氰脲酸消毒处理再使用，用量为漂白粉每立方米水体10～20 g，或者三氯异氰脲酸每立方米水体2～3 g。消毒后确保杀死水源中可能携带病原的野虾、野蟹和其他各种水生动物。

（3）临近沟渠和海岸的池塘用塑料薄膜设置防蟹隔墙，防止可能携带病毒的野蟹和小龙虾进入，重点池塘设置防鸟网，防止飞鸟口衔病死虾传染。

（4）放苗前必须及时培肥水质，定向培育浮游生物，可采用“活性肥水素”

使虾苗下池后有充足的天然饵料，快速生长，体质健壮，抗病力强。虾苗放养密度应科学合理，使用活菌制剂或底质改良剂改善水质，维持水环境稳定。

（5）注意保持水体环境稳定，配置足够的增氧设施，开展水质监测，异常天气做好稳水工作，减少应激诱发因素引起对虾发病。

（五）治疗方法

尚无有效的治疗方法。

四、虾血细胞虹彩病毒病

（一）病原

虾血细胞虹彩病毒（shrimp hemocyte iridescent virus，SHIV），为十足目虹彩病毒，暂时划归虹彩病毒科十足目虹彩病毒属，不属于虹彩病毒科下已建立的五个属，和红螯螯虾虹彩病毒可能为同一病毒的两个分离株，均可导致虾虹彩病毒病。病原大小为150～160 nm，核酸类型为DNA。

（二）流行情况

该病的易感宿主包括南美白对虾、中国明对虾、罗氏沼虾、红螯螯虾、克氏原螯虾、青虾等。最早在红螯螯虾中发现虾血细胞虹彩病毒，对克氏原螯虾有较强的致病力。近年在福建的东山和龙海、广东的江门和广州、浙江等的对虾养殖地区都有南美白对虾虾血细胞虹彩病毒病发生。据调查，2014—2016年在我国5个养虾省份的20个县养殖的南美白对虾、中国明对虾、罗氏沼虾样品中，有15%感染虾血细胞虹彩病毒。由于该病毒样本在我国多个地区发现，该病毒已扩散至我国多个地区的养虾场。

病虾在体长5～6 cm、水温25～28 ℃时发病最严重，超过31 ℃时未见发病。海水、淡水和土池、水泥池、高位池、冬棚均能发病。发病对虾养殖地附近河道中的浮游生物、河虾、鲫、螺蛳及河蟹等都不同程度携带或感染虹彩病毒，南美白对虾发病池中的克氏原螯虾（小龙虾）也出现陆续死亡现象，水中生物带毒传播可能是主要的传播方式。长期阴雨天气、天气突然变化、直接加外塘水、池塘水质环境不稳定都是虾血细胞虹彩病毒病的诱发因素。

（三）症状与诊断方法

病虾活力差，游塘，有的虾体表微红或体表及头胸甲发蓝。肝胰腺模糊、萎缩，空肠、空胃，有的肠道发红。病理组织切片结果显示肝胰腺、鳃、触角腺均可观察到细胞质内的包涵体，包涵体呈荷包蛋形状，嗜碱性（图3-7、图3-8）。罗氏沼虾感染虾血细胞虹彩病毒后，其额剑基部甲壳出现一块白色的三角形区域，业界称之为“白点”或“白头”，肝胰腺变黄变浅，空肠、空胃，活力下降，反应迟钝（图3-9）。南美白对虾因此病死亡后，步足及游泳足发黑，养殖户称作“黑脚病”，其实它不是虾血细胞虹彩病毒病的病害特征。因为：①“黑脚病”只在南美白对虾死后一段时间观察到；②SHIV感染实验未能复制此症状，检测结果也说明“黑脚”可能不是SHIV的特征性症状，可能是病虾死后皮肤氧化所致。

根据发病对虾的临床症状和流行特点做出疑似病例诊断，确诊需要通过实验室

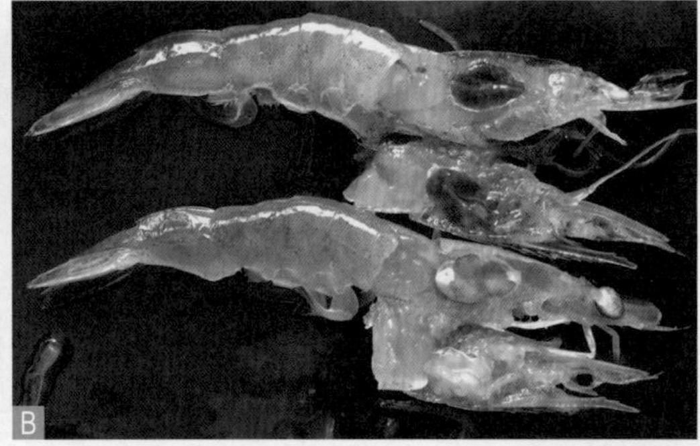

图3-7　健康（左1、2）和患病（右1、2、3）南美白对虾整体对比（A）及健康（上）和患病（下）南美白对虾头胸部切面对比（B）（邱亮）

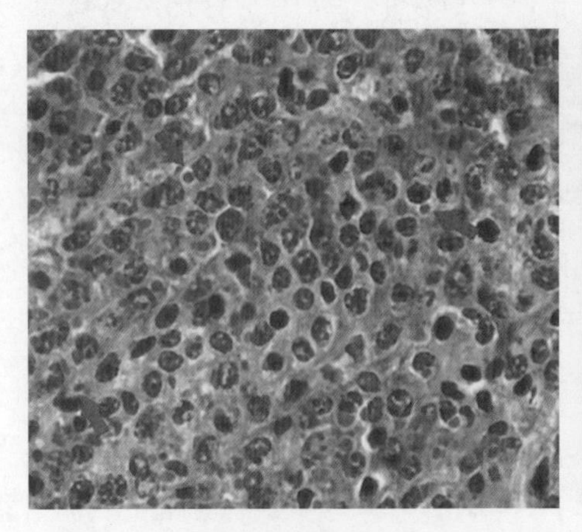

图3-8　病虾触角腺细胞质内的包涵体（戚瑞荣）

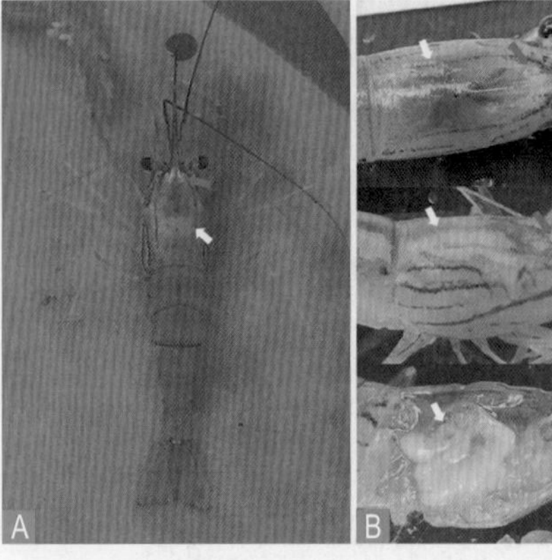

图3-9　患病罗氏沼虾的整体（A）及其头胸部（蓝色箭头示“白头”，白色箭头示肝胰腺颜色变浅）（B）（邱亮）

PCR检测虾血细胞虹彩病毒的特定基因。

（四）预防方法

（1）放养SPF虾苗，不放养可能携带虾血细胞虹彩病毒的虾苗；购买虾苗前经过实验室检测，确保虾苗不携带病毒。

（2）虾血细胞虹彩病毒病发病率高的地区，对虾养殖用水经过漂白粉或三氯异氰脲酸消毒处理再使用，消毒后确保杀死水源中可能携带病原的野虾、野蟹、野鱼、小龙虾、浮游生物等各种水生生物。用量为漂白粉每立方米水体5～10 g，或者三氯异氰脲酸每立方米水体1～2 g。

（3）临近沟渠和其他水源的池塘用塑料薄膜设置防蟹隔墙，防止可能携带病毒的野蟹和小龙虾进入，重点池塘设置防鸟网，防止飞鸟口衔病死虾传染。

（4）定期服用中药制剂板黄散或三黄散，同时添加黄芪多糖粉，提高虾的抗病能力。

（5）套养鱼类进行生物防控。经常慢性发病的地区或养殖二代苗的池塘，可根据具体情况选择性套养少量的黄鳍鲷、卵形鲳鲹、石斑鱼、塘鲺和河鲀等吃掉病弱虾，防止健康虾吃病死虾而被传染，急性发病的地区套养鱼类控制效果差，适当再套养蓝子鱼、鲻等杂食性鱼类，让它们摄食残饵及有机物，构建鱼虾生态平衡，养殖发病率会更低。

（6）减少虾血细胞虹彩病毒病的诱发因素。虾血细胞虹彩病毒病多数都有诱发因素：①预防因为天气变化、水质变化及人为因素引起的对虾缺氧和气泡病，严重缺氧或气泡病后极易诱发本病；②预防台风、暴雨等异常天气对虾造成强烈应激，出现异常天气时，及时外用植物多糖、维生素C等抗应激；③倒藻、返底等各种原因引起的水质剧烈变化也容易诱发疾病，根据水质情况适时调水、稳水、改底，预防水质剧烈变化。

（五）治疗方法

尚无有效的治疗方法。

五、黄头病毒病

（一）病原

黄头病毒病由黄头病毒（yellow head virus，YHV）引起，YHV属于套式病毒目杆套病毒科头甲病毒属。病毒粒子呈杆状，有囊膜，单链RNA病毒。电镜超薄切片观察，病毒粒子杆状，大小为（150～200）nm×（40～50）nm。流行于印度、中国、马来西亚、印度尼西亚等国家和地区，南美白对虾对YHV有高度敏感性。

（二）流行情况

黄头病毒能使大多数养殖虾感染，并且引起的死亡率很高，尤其是仔虾和50～70日龄幼虾，感染后3～5天发病率高达100%，死亡率高达80%～90%。

1990年，黄头病毒首次在黑虎虾中发现，黄头病毒病对仔虾和50～70日龄幼虾的影响最为严重。虾对黄头病毒的易感性随种类不同而有所差异，可自然感染黄头病毒的养殖对虾主要是斑节对虾、南美白对虾，曾经造成东南亚国家和我国养殖的斑节对虾大量发病死亡，我国也有南美白对虾黄头病毒病的疫情报道。自然感染还见于日本囊对虾、白香蕉虾、细角对虾、白对虾、刀额新对虾等。

黄头病毒的主要传播方式为水平传播，经口食入病毒污染的食物、水或感染的组织而引起发病；垂直感染也会发生。黄头病毒病的另外一种传播方式是通过鸟粪传播。鸟类摄食感染黄头病毒病的虾以后，其肠道内可能会存在这种病毒，在排泄的过程中可能会污染临近的水域，导致其中所生活的对虾感染而患病。

（三）症状与诊断方法

病虾首先食量增大，然后又突然停止，随后病虾由水中移至水面，静伏在池边，病虾肝胰腺呈黄色，头部发黄，因此称黄头病毒病。一般在发病2～4天后出现通体呈灰白色，鳃呈浅黄色，肝胰腺变软并由褐色变为黄色。大量濒死虾常聚集在池塘角落，呈睡眠状态，同时出现对虾迅速、大量死亡现象。取濒死对虾的鳃丝或表皮压片，然后HE染色，可以观察到细胞质内存在椭圆形的强嗜碱性包涵体。组织切片显示在胃皮下组织和鳃瓣可观察到有嗜碱性的细胞质内包涵体，包涵体椭圆形，直径为2 μm或更小。

根据发病虾的临床症状、流行病学特点和组织压片观察到包涵体特征可做出初步诊断，常用RT-PCR方法检测特定基因确诊（图3-10）。

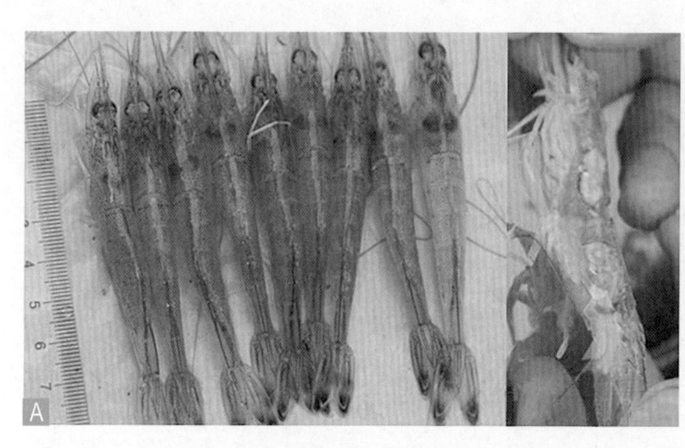

图3-10　中国对虾感染黄头病毒的发病症状（黄捷）
（A）及发病虾（左）和正常虾（右）的对比（Flegel）（B）

（四）预防方法

（1）跟踪亲本来源，选用SPF亲本培育的虾苗，购买的虾苗进行严格的检测、检疫，放养不携带黄头病毒的虾苗。

（2）彻底清塘消毒。吸除上层淤泥，翻耕，暴晒塘底15天以上，注水10～20 cm，用三氯异氰脲酸消毒，用量为每立方米水体3～5 g。一周后每亩用100 kg生石灰消毒及调节pH，5～7天后可过滤后加水备用。

（3）对虾养殖用水经过漂白粉或三氯异氰脲酸消毒处理再使用，用量为漂白粉每立方米水体10～20 g，或者三氯异氰脲酸每立方米水体2～3 g。消毒后确保杀死水源中可能携带病原的野虾、野蟹和其他各种水生动物。

（4）临近沟渠和水源的池塘用塑料薄膜设置防蟹隔墙，防止可能携带病毒的野蟹和小龙虾进入，重点池塘设置防鸟网，防止飞鸟口衔病死虾传染。

（5）选择优质的全价配合饲料，严格控制投饲量，采取适量、多点投饲方法，减少残饵污染。

（6）减少黄头病毒病的诱发因素，根据水质情况适时调水稳水、改底，预防水质剧烈变化。

（五）治疗方法

尚无有效的治疗方法。

第二节　对虾细菌性疾病

一、肝胰腺坏死病

（一）病原

主要由携带PirA和PirB毒素基因的副溶血弧菌（*Vibrio parahemolyticus*）、哈维弧菌（*Vibrio harveyi*）等细菌引起对虾早期急性肝胰腺坏死（AHPND/EMS）和慢性坏死。

（二）流行情况

海南、广东、广西、福建等对虾主养区域全年均有发病，高温高盐养殖池中具有较高的发病率，发病主要集中在放苗后10～40天，对虾规格为每尾5 cm左右。严重发病池塘死亡率高达70%以上，有的池塘发病后直接排塘，慢性发病持续偷死，急性发病的虾从发病到排塘仅2～3天。

池塘长期溶解氧不足或突然急性缺氧后容易暴发疾病，对虾发生气泡病以后很容易继发细菌感染而发病。高温期发病率高，连续阴雨天气和水质、底质恶化后容易发病。

（三）症状与诊断方法

对虾发病前期肝胰腺发红，中期肿大、模糊，之后肝胰腺萎缩，肝胰腺表面无白膜（脂肪）或白膜模糊而呈淡黄色，出现萎缩后很快就开始严重慢料，厌食，空肠、空胃虾比例增多，甲壳变软或变深，有的出现肌肉白浊现象，发病池塘对虾生长缓慢，且出现大量偷死。肝脏压片后显微镜观察可见肝小叶先是葫芦状萎缩，后严重萎缩；病理切片观察发现发病对虾腺管萎缩、坏死，周边有结缔组织增生，形成坏死灶，将病虾的肝胰腺剖离，发现其质地变硬，用拇指和食指难以碾碎（图3-11）。

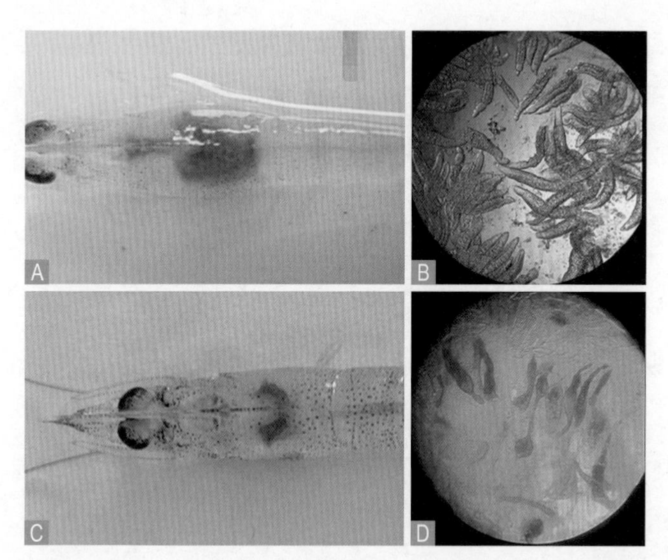

A. 肝胰腺肿大、模糊；B. 显微镜观察可见肝小叶葫芦状萎缩；
C. 肝胰腺萎缩；D. 肝胰腺坏死。
图3-11　对虾肝胰腺坏死的主要症状（周胜锰）

根据发病对虾症状、流行特点及对虾肝脏的细菌分离培养结果做出初步诊断。能导致对虾肝脏肿大、萎缩和坏死的其他病原因素和环境因素很多，结合流行特点和分离菌的毒力基因检测结果，能较准确地做出诊断。

（四）预防方法

由于本病是前期发病严重，所以建议充分做好前期准备工作。

（1）选择适宜的养殖模式。经常发病的养殖区域，可根据养殖密度，套养鱼类进行生物防控，构建鱼虾生态平衡，这样养殖发病率会更低。

（2）选择品牌公司正宗的一代苗，保证虾苗种源纯正、抗病力强，选用的虾苗必须经严格检测，确保不携带病毒或者特定病原。选择抗逆性强的虾苗品系可以降低发病率。

（3）控制放养密度，根据池塘条件（高位池、土池、增氧能力等）和管理水平选择合理的放苗密度。

（4）前一造有发病的池塘要及时清淤，未发病的池塘建议一年一清，放苗前池塘应消毒、解毒，培水后再选择连续晴天的上午放苗。

（5）选择适宜的养殖季节。外塘尽量避开高温期养殖或减少高温期放苗密度。虽然本病全年都有发病，但是高温期7—9月也就是第二造虾的池塘发病率更高，且高温期天气变化大，尤其是沿海地区高温期台风频发，对虾养殖存在严重的安全隐患，另外，池塘水体易发生变化，如蓝藻暴发、缺氧频发等，因此室外养殖尽量避开此阶段。

（6）定期做常规弧菌检测。池塘养殖定期5～7天检测水体或者虾体弧菌，当弧菌培养基上生长的弧菌明显增多时，应选择连续2～3天外用噬菌蛭弧菌抑制弧菌生长繁殖。

（7）保持水体稳定。稳定的水质环境是减少养殖动物应激的关键因素，避免大排大灌，定期3～5天改底增氧，经常使用水质改良剂、微生态制剂等预防倒藻或水变。

（8）重视营养。室外池塘养殖发病一般在养殖前中期，特别是对虾上料转肝阶段发病率高，因此投喂要充足，可在饲料中适量添加黄连、龙胆、车前子等具有保肝护胆作用的中药，以及免疫多糖、维生素等，增强对虾免疫力。

（9）加强养殖管理，保障技术措施落实到位。

（五）治疗方法

（1）若发现对虾吃料减慢并初步诊断是该病，应及时减少投喂量，提高投喂频率，即少量多餐。

（2）发病前期连续使用噬菌蛭弧菌，或者10%聚维酮碘每立方米水体外泼0.45～0.75 mL，控制弧菌生长繁殖，有较好的效果。

（3）纳米锌抑菌剂0.2～0.3 mL/L泼洒，杀灭水中细菌。

（4）对发病虾进行细菌培养、药敏试验后，选择高敏感抗菌药，拌料内服。

（5）根据水质情况使用微生态制剂，平衡水体菌群，傍晚使用增氧药物增加池塘溶氧，预防缺氧诱发和加重死亡。

（6）发病后期治疗效果差，死亡量大的池塘及时排塘，减少损失。

二、红腿病

（一）病原

该病又叫细菌性败血症，由哈维氏弧菌、副溶血弧菌、溶藻弧菌等致病菌引起。

（二）流行情况

该病多发生在6—11月，其中高温期为该病的发病高峰期，水温达到30 ℃以上时发病率升高，对小规格和大规格的对虾危害都很大，甚至危害亲虾。连续阴雨天气和水质、底质恶化后，以及投喂变质饲料时，对虾容易发病。池塘长期溶解氧不足或突然急性缺氧后容易发病，对虾发生气泡病以后很容易继发细菌感染而发病。各种养殖模式的池塘发病率、死亡率都很高，危害很大。

（三）症状与诊断方法

发病后，对虾摄食减少，病虾在水中游泳无方向性，活动力减弱，对外界反应迟钝。肉眼观察病虾可见步足、游泳足呈现鲜红色，有时肝脏和肠道也发红，鳃部发黄，有时身体蓝色素细胞增多，出现“蓝鳃”“蓝身”症状。捞取附肢发红的对虾，放进清水中10 ~ 30 min后，若发红现象未消失，进行细菌分离培养。如果能分离出优势细菌，再结合症状和流行情况做出初步诊断（图3-12）。

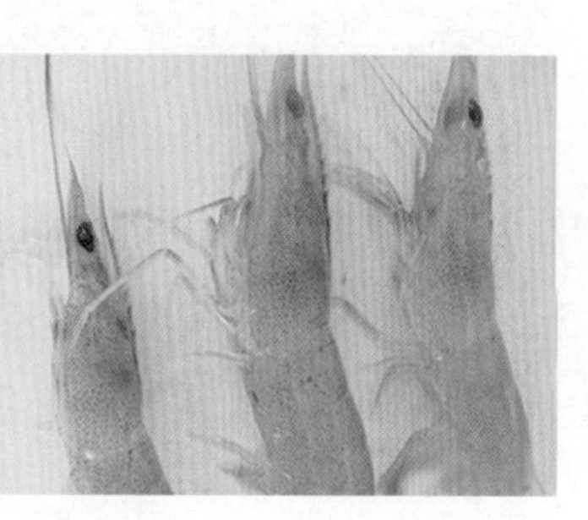

图3-12　发生红腿病的对虾附肢发红

（四）预防方法

弧菌大量存在于养殖水体环境中，当水质环境变差，养殖动物体质变弱的时候，容易感染发病。

（1）保持水质稳定。根据水质和底质情况，适时使用微生态制剂或无公害的化学改良剂改善底质，稳定水质环境，减少因为水变、底臭等环境变化诱发本病。

（2）增强对虾体质。饲料中添加多种维生素、乳酸菌、低聚糖等营养剂，增强对虾体质，提高免疫力。

（3）选择合理的放苗密度。根据池塘条件和管理水平选择合理的放苗密度，并配备足够数量的增氧机，满足对虾快速生长的同时，调节、稳定水质。

（4）加强养殖管理。经常抛网和提罾观察对虾的活力和摄食情况，提前发现异常情况，在发病初期及时采取措施对症治疗，效果更好。

（五）治疗方法

（1）一般放苗20天内的小规格对虾在发病前期连续外泼噬菌蛭弧菌，较大规格对虾外泼10%聚维酮碘每立方米水体0.45 ~ 0.75 mL，根据对虾体质情况连续泼洒1 ~ 3次，每天1次，或纳米锌抑菌剂0.2 ~ 0.3 mL/L泼洒，杀灭水中细菌。

（2）放苗30天以上的中大规格对虾发病后内服抗菌药物，按照可吃食的对虾体重计算，每千克体重每天用10%氟苯尼考10 ~ 15 mg，拌料投喂，连续投喂3 ~ 5天；或按照每千克饲料拌10%氟苯尼考5 ~ 10 g，连续投喂3 ~ 5天。

（3）放苗30天以上的中大规格对虾发病后内服抗菌药物，按照可吃食的对虾体重计算，每千克体重每天用10%恩诺沙星10 ~ 20 mg，拌料投喂，连续投喂3 ~ 5天；或按照每千克饲料拌10%恩诺沙星10 g，连续投喂3 ~ 5天。

（六）注意事项

（1）可引起对虾身体（尾扇、步足、须）发红的因素很多，如一些病毒病、缺氧等水质问题，要根据流行情况、病虾的细菌分离培养结果及用药效果做出初步诊断。

（2）一般放苗后20天内的对虾对药物刺激更敏感，中大规格对虾在发病较严重时空肠、空胃比例很高，应尽量不用刺激性消毒剂，避免因此引起的死亡量增加或停止生长。

三、白便症

（一）病原

白便症由副溶血弧菌、霍乱弧菌（*Vibrio cholerae*）等弧菌引起。虽然白便症由细菌引起，但是水质底质环境、人为管理因素和天气因素对该病的影响非常大。

（二）流行情况

该病主要发生在高温阶段的7—9月，发病虾以规格为10 g/尾的大规格虾为主，亲虾也有感染，小规格虾也有感染，发现放苗后20多天的小规格虾也有发病。天气连绵阴雨或连续高温的时候是发病高峰期；急性缺氧或气泡病以后的池塘，对虾容易发病；底质差的土池塘发病率高，特别是投喂不足导致对虾吃底泥以后容易发病；蓝藻暴发的池塘，白便症发病率高；白便症也和饲料有关，投喂变质或发霉的饲料很容易发生白便症；盐度越低，发病率越高，淡水池塘发病率最高；养殖后期水质、底质较差，对虾体质弱的时候发病率高，而水质环境良好且稳定的工厂化池塘发病率低。

白便症具有传染性，近年发病率高，治疗后容易反复，发病后期治疗效果差，对虾长不大、饵料系数高。发病后期会逐渐出现偷死，规格小的虾发病严重的直接排塘，大规格的虾不得不提早出售。

（三）症状与诊断方法

发病初期观察可见料台上的虾粪便变细长，颜色也由深色变白，接着对虾开始慢料，之后在下风口角落可以见到很多短短细细的白便，捞网看虾可见很多“断肠”或空肠、空胃的虾，观察其肝胰腺模糊且萎缩、变小。发病后期，对虾大量拉白便，对虾肠道呈现红色或白色且变粗，出现游塘、爬边、偷死等症状，发病严重的虾治疗后易出现长不大且饵料系数高的情况。发病虾肠道进行病理切片可见肠道的黏膜上皮脱落，环肌层出现大量增生细胞并不断纤维化，加上肝脏的腺管萎缩、脱落的部分，不停脱落而形成白便。患白便症的对虾肝胰腺或正常或出现不同程度的病变，如萎缩、水肿、腺管崩解、坏死、增生、肉芽肿等。根据对虾吃料变化情况、对虾肠道症状，以及在水面、料罾中发现白便，即可做出初步诊断（图3-13、图3-14）。

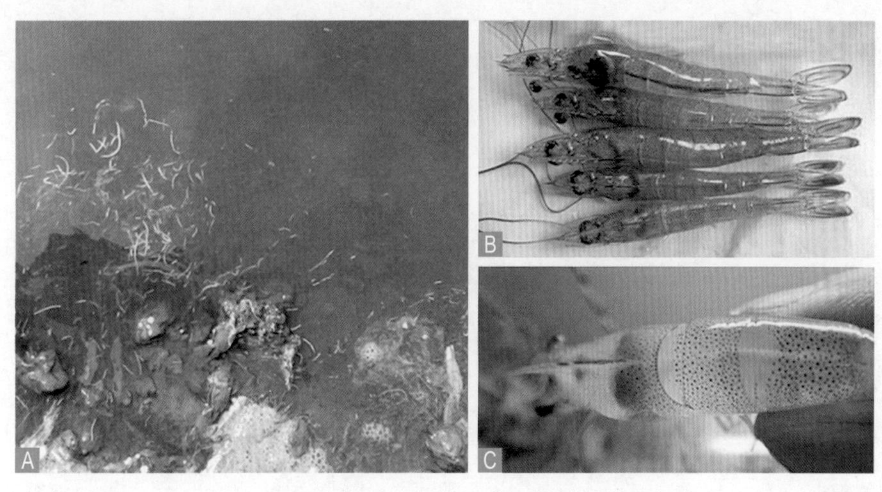

A. 发病池塘下风口水面漂浮白便（杨国宏）；
B. 正常虾（上面一尾）和患白便症的对虾（下面四尾）；C. 肠道变乳白色。

图3-13　对虾患白便症

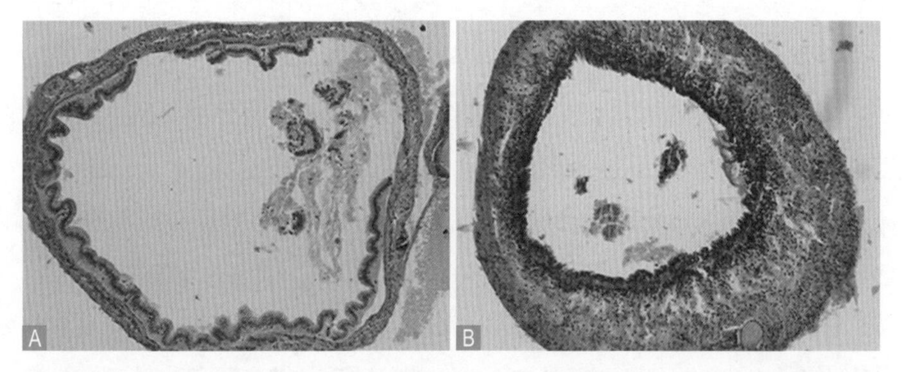

图3-14　健康对虾肠道（A）和患白便症的对虾肠壁增生（B）（戚瑞荣）

（四）预防方法

（1）保持良好的水质、底质环境，定期改底，减少水变、倒藻情况发生，保持较深的水位，适宜的深水位有利于保持水质的稳定，另外，根据水质情况适当补充碳肥和有益菌也可以维持水质长期稳定。

（2）投喂质量好、营养价值高的饲料，且避免过量投喂，在白便症发病高峰期，尽量选择对虾1号或2号料全程投喂，配合使用保肝产品和促消化的乳酸菌等有益菌拌料，保证对虾肠道健康。

（3）提高池塘增氧能力。高温期间持续高温，水体溶氧饱和度低，容易造成底氧不足，长期溶解氧不足易诱发白便症，建议高温期增加机械增氧和药物增氧，多改底，防底层有机质堆积引起的过度耗氧。

（4）控制蓝藻等不良藻相发生。蓝藻暴发的池塘多发白便症，可能是对虾摄食死亡的藻类不易消化导致。高温期间减少磷肥投入，多开增氧机搅动水体以避免水体分层，补充碳源、有益菌以抑制蓝藻生长繁殖。

（五）治疗方法

（1）早发现早治疗。白便症发现得早容易治疗，用三角兜检查池塘底部粪便，当发现有白便后可以内服龙胆泻肝散或乳酸菌治疗，同时外泼三黄散、大蒜粉等中药制剂有较好的控制效果。

（2）发病较严重的池塘，及时减少投喂量，提高投喂频率，即少量多餐。内服抗菌药物，按照可吃食的对虾体重计算，每千克体重每天用10%氟苯尼考10～15 mg，拌料投喂，连续投喂3～5天；或按照每千克饲料拌10%氟苯尼考5～10 g，连续投喂3～5天。白便明显减少以后，内服乳酸菌等有益菌6～7天，预防白便症复发。

（3）发病较严重的池塘，及时减料。内服抗菌药物，按照可吃食的对虾体重计算，每千克体重每天用10%恩诺沙星10～20 mg，拌料投喂，连续投喂3～5天；或按照每千克饲料拌10%恩诺沙星10 g，连续投喂3～5天。白便明显减少以后，内服乳酸菌等有益菌5～7天，预防白便症复发。

（4）三黄散0.6 mg/L混合20%戊二醛0.5 mL/L全池泼洒，或混合聚维酮碘0.4 mg/L泼洒1～2次，纳米银抑菌剂0.2～0.3 mL/L泼洒，杀灭水中细菌。

（5）如果是由于不良水质环境诱发的白便症，应及时改善环境，培育良好水质，使用光合细菌、乳酸菌、藻类营养素调节养殖池的菌藻平衡，监测水体溶氧在

5 mg/L以上。

（六）注意事项

（1）对虾白便症的防控关键在于早发现早治疗，发病早期，治疗效果较好，发病后期，多数对虾停止摄食，空肠、空胃，药物治疗效果差。

（2）发病的中后期虽然有时内服抗菌药物能控制白便症，但对虾吃食减少甚至不吃食，生长缓慢。内服乳酸菌等有益菌对控制白便症有较好的效果，虽然不能完全根治白便症，但是白便不再增加，对虾能恢复摄食，仍能生长。

四、黑鳃褐斑综合征

（一）病原

主要为弧菌、气单胞菌、黄杆菌、丝状细菌等，多种细菌均可感染或者混合感染对虾而造成黑鳃褐斑综合征。

（二）流行情况

该病主要发生在养殖中后期和高温季节，后期池塘残饵、粪便积累多，池塘水质底质差、有机质增多，水浑浊、亚硝酸盐高，致病菌大量繁殖而导致发病；前期温度低，对虾生长越慢则养殖周期越长，黑鳃褐斑综合征的发病率越高；6—9月遇到台风或者连续下雨等天气变化大时，容易诱发疾病；水中重金属含量高、使用地下水作为水源的地区发病率较高；增氧能力弱、改底频率低的池塘易发病。

发生黑鳃褐斑综合征的对虾会因蜕壳不遂，即蜕壳时黑斑处和肌肉黏结，无法正常蜕壳而死亡。另外，当黑鳃变成烂鳃时，对虾因呼吸障碍，也会引起缺氧死亡。

（三）症状与诊断方法

病虾鳃丝先是变黄后再变黑，细菌感染鳃部造成对虾呼吸困难，缺氧后组织病变，加上水中有机质多，附着在鳃上引起黑鳃，有时也伴随有烂鳃发生。有的发病虾体表可见褐斑，镜检为黑色素细胞沉积。病虾在水面游动缓慢，反应迟钝，严重的侧卧在池底，慢慢死亡，在天气变化大，如台风、大雨过后会大量死亡（图3-15）。

池塘中发现有黄鳃、黑鳃、甲壳黑斑的病虾时，结合流行特点做出诊断。

（四）预防方法

（1）放苗前彻底清淤、干塘、晒塘。清除前一年养殖遗留的淤泥，预留一定的时间干塘、晒塘，使用生石灰清塘，提高池塘的氧化还原电位。

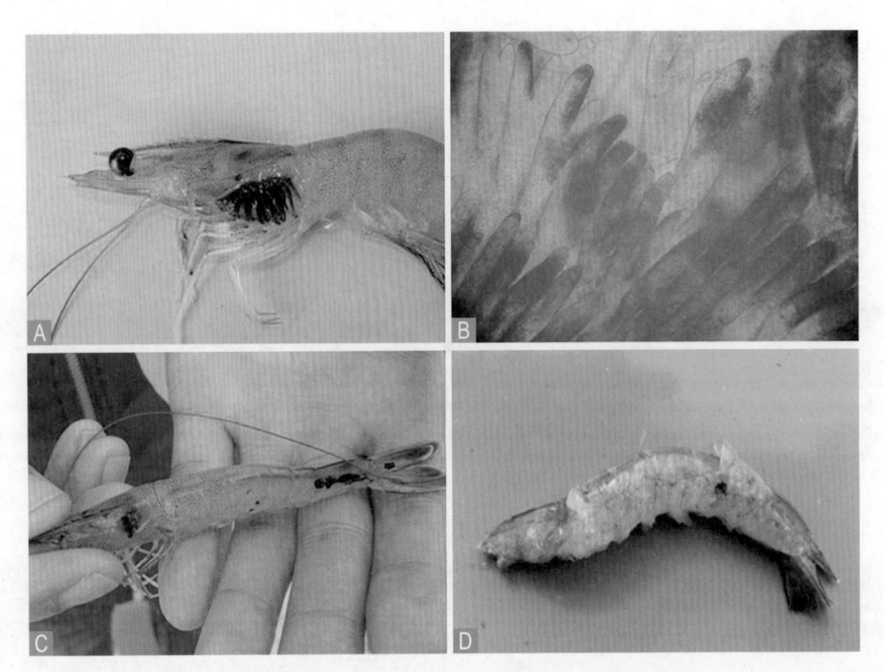

A. 发病对虾蜕壳不遂；B. 鳃丝镜检有大量黑色物质；
C. 发病对虾甲壳上有黑斑；D. 发病对虾蜕壳不遂而死亡。

图3-15　对虾黑鳃褐斑综合征的病变

（2）养殖中后期适当提高池塘改底频率。根据底质情况定期使用溴氯海因等氧化性底质改良剂改善池塘底部环境，清除对虾体表污物及鳃部黏液，促进对虾蜕壳。

（3）遇到极端天气要保证水质稳定和溶氧充足。提前稳水、改底，池塘配备发电机和增氧药物。

（4）使用地下水或水中含有重金属的养殖地区的水源要进行解毒、曝气处理。适当使用EDTA（乙二胺四乙酸）络合水中的重金属，或者使用解毒产品如多元有机酸降解水中的重金属等有害物质。

（五）治疗方法

（1）环境控制：发病初期对虾黄鳃时，使用50%复合过硫酸氢钾片、过碳酸钠片、二氧化氯片等改良底质，配合使用液体增氧剂提高水体氧化性，清洗对虾鳃部，对控制病情有较好的效果。

（2）外用治疗药物：用20%戊二醛0.3 mL/L和45%苯扎溴铵0.2 mL/L外泼。五倍子0.4 mg/L混合聚维酮碘0.4 mL/L泼洒1 ~ 2次。

（3）内服治疗药物：每千克体重每天用10%氟苯尼考10 ~ 15 mg，拌料投喂，连续投喂3～5天；或每千克体重每天用10%恩诺沙星10～20 mg，拌料投喂，连续投喂3～5天。

五、细菌性肠炎

（一）病原

该病主要是因弧菌、气单胞菌等细菌感染引起。

（二）流行情况

细菌性肠炎全年都有发生，6—10月较为常见，“转肝期”的对虾较为常见。饲料变质或加料太快都容易诱发肠炎；当遇到连续高温天气或阴雨天气，水体变化大，容易出现水变、倒藻时，虾也容易发生肠炎；另外，当池塘暴发蓝藻，死亡蓝藻多，对虾摄食死亡藻类也是导致肠炎的一大因素。肠炎影响吃料，“转肝期”的虾若是投喂不足，摄食底泥，导致体质弱，就容易发生肠炎、偷死，肠炎导致的死亡率不高，及时处理大多可以治疗。

（三）症状与诊断方法

发病初期吃料减少，捞网看部分虾出现充气或积水（“断肠”现象）、“弯弓”现象，料台粪便变细长，有拖便、粘便症状，肠道色素开始扩散，之后对虾不吃料，大部分虾出现空肠、空胃，肠道发红，身体发红，在水中活力弱，此时从病虾肝胰腺进行细菌分离能分离出大量细菌，当发病严重时，对虾肝脏病变，出现萎缩、发白，此时对虾开始偷死。根据对虾开始出现拖便，粪便细长，吃料变慢，肠道出现“断肠”等症状，以及流行特点进行诊断（图3-16、图3-17）。

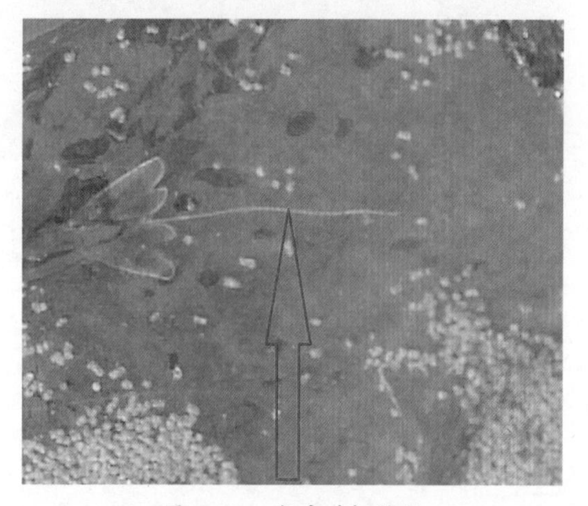

图3-16　发病对虾拖便

（四）预防方法

（1）连绵阴雨或忽然降温等恶劣天气要适当减料，在饲料中添加大蒜粉或乳酸菌等有益菌，促进肠道健康，预防肠炎。

（2）异常天气要稳水、调水。连续高温或阴雨、降温天气水体不稳定，容易发生倒藻，根据水质情况补菌补碳，稳定水质。

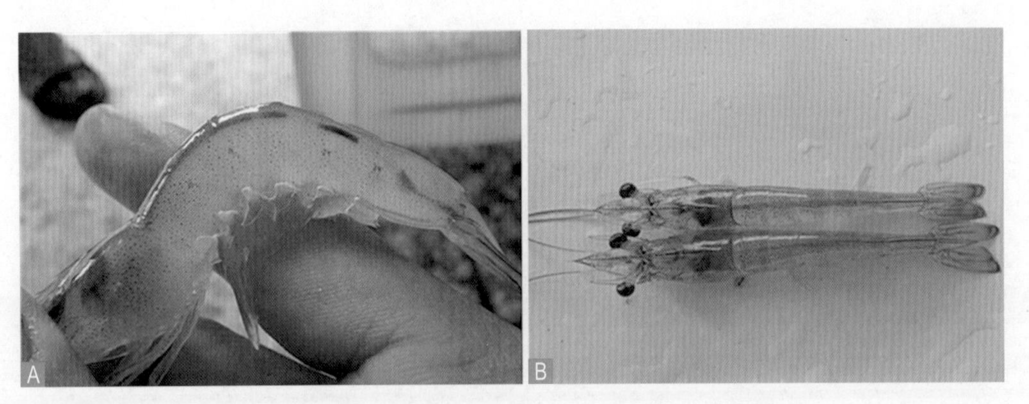

A. 肠炎对虾出现“断肠”；B. 发病虾空肠空胃，肠道发红。

图3-17　对虾细菌性肠炎的病变

（3）投喂优质全价配合饲料。商品饲料或原料霉变、酸化变质都容易导致对虾发生肠炎。

（五）治疗方法

（1）由倒藻、水黏等水质环境不良引起的对虾肠炎，发病后首先处理水质，换水或用氧化剂调水，加大增氧。

（2）养殖密度较低的土池塘，发病初期内服乳酸菌、芽孢杆菌等微生态制剂5 ~ 7天，或者内服中药制剂如三黄散、黄连等，有明显治疗效果。

（3）养殖密度较高的高位池或发病较严重的池塘的对虾，直接内服抗菌药物，10%硫酸新霉素拌饵投喂，按每千克体重用药100 mg，1天1次，连用4 ~ 6天。

（4）养殖密度较高的高位池或发病较严重的池塘的对虾，内服抗菌药物，10%氟苯尼考按每千克体重用药10 ~ 15 mg，拌料投喂，1天1次，连续投喂3 ~ 5天。

（5）中大规格对虾发病后外泼10%聚维酮碘，每立方米水体0.45 ~ 0.75 mL，根据对虾体质情况连续泼洒1 ~ 3次，1天1次，或用20%戊二醛0.3 mL/L和45%苯扎溴铵0.2 mL/L外泼1 ~ 2次。

六、丝状细菌病

（一）病原

该病为毛霉亮发菌（*Leucothrix mucor*）（白丝菌）和发硫菌等丝状细菌感染，丝状细菌为革兰氏阴性需氧菌，营附着生活，菌丝如发丝，直径较均匀，长短不一。丝状细菌一端附着在对虾鳃上，往往一簇簇丛生，另一端则呈游离状态。

（二）流行情况

该病在对虾育苗阶段或小苗阶段较为常见，高温期的养殖中后期也可感染大虾，有一线技术人员见过亲虾感染丝状细菌，但是不多见，海水发病率较高。丝状细菌多在水质污染严重、有机质较多、底质恶化的池塘中发生，鳃上大量寄生丝状细菌的对虾呼吸受阻，从而引起死亡，且会刺激鳃部黏液分泌增加，导致对虾抗应激能力下降，鳃被丝状细菌严重破坏的对虾在下一次蜕壳或一遇蜕壳就会死亡，这可能是因为丝状细菌对蜕壳有阻碍性的作用或因为感染丝状细菌的对虾对溶氧需求更高。

（三）症状与诊断方法

患病对虾的鳃部发白、发黄或发黑，感染严重的对虾在其附肢或甲壳上也能见到白色绒毛物，病虾在水中活力较差。部分养殖池塘池壁和池底也会出现白色绒毛状物，当池塘大量存在这种物质时，可在池壁上见到鼻涕状黏附物。取患病对虾或池壁黏附物镜检观察，可见大量头发样丝状物即可确诊（图3-18）。

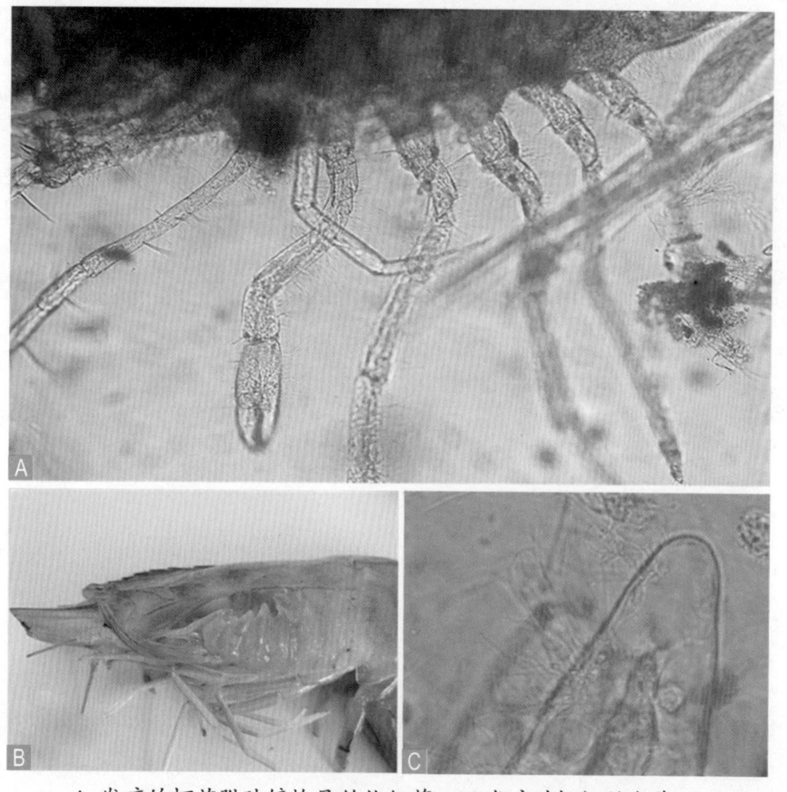

A. 发病的虾苗附肢镜检见丝状细菌；B. 发病对虾鳃丝发黄；
C. 镜检可见鳃丝上有大量丝状细菌。

图3-18　对虾丝状细菌病的病变

（四）预防方法

（1）放苗前池塘清淤，进水后水体彻底消毒。干塘时泼洒生石灰，进水后用三氯异氰脲酸对水体消毒，最大程度地减少水中的有害细菌。

（2）合理投喂。无论是育苗期还是养殖前后期都不能盲目投喂，过多的饲料沉积在池底会引起臭底，尤其是高温季节，危害极大，因此定期用工具查料，避免底质恶化。

（3）保持水体肥度。养殖过程根据水质情况适时补充可溶性有机肥或有益菌，另外通过水质离子检测，定向补充水体常量元素，可以使肥水效果更显著，肥效更持久。

（4）加换新水。有换水条件的池塘在养殖中后期可以每天少量换水或加水，净化水质。

（5）定期改底。养殖后期提高改底频率，使用溴氯海因等安全性高、刺激性小的改底类产品改善和稳定底质、水质。

（五）治疗方法

（1）改善底质环境，有排污条件的池塘将池底污水排放至水不黑、不臭为止，无排污条件的池塘连续使用溴氯海因等改底产品改善底质环境。

（2）调节水质。外泼季铵盐络合碘、聚维酮碘对水体消毒，去除对虾体表污物或鳃部黏液，之后使用芽孢杆菌、EM等有益菌分解水中有机质，再选择肥水产品培藻培菌，提高水体净化能力。

（3）连续换水，提高水体溶氧。换水是有效减少水体污染的方式之一，同时还可以增加池塘溶氧，此外，治疗时配合使用增氧药物增加池塘溶氧可以最大程度地减少损失。

第三节　对虾寄生虫性疾病

一、对虾肝肠胞虫病

（一）病原

该病又称肠道上皮细胞微孢子虫病，病原虾肝肠胞虫（*Enterocytozoon hepatopenaei*，EHP）属微孢子虫目微孢子虫科肠胞虫属，寄生于对虾的肝胰腺和肠道上皮细胞。虾肝肠胞虫是一种可感染多种真核生物的专性细胞内寄生虫（图3-19）。

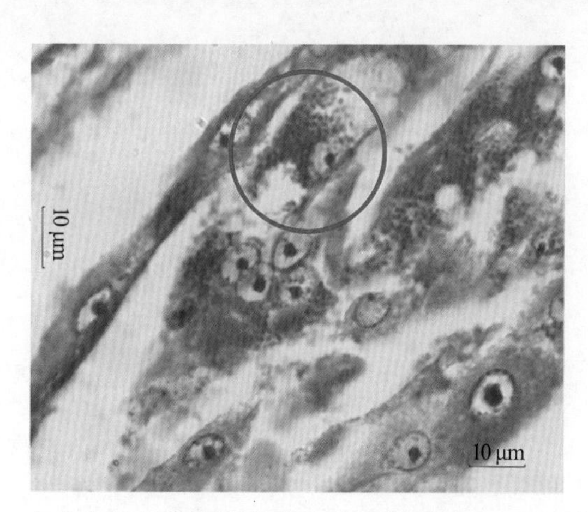

图3−19　发病南美白对虾肝胰腺组织切片可见肝肠胞虫（戚瑞荣）

（二）流行情况

虾肝肠胞虫是近年来新发现的一种病原体，2013年以来在我国广东、江苏、天津、辽宁等地开始流行，常见感染南美白对虾和斑节对虾，可以垂直传播，也可以水平传播，即通过亲虾传播给子代或虾经口摄食寄生虾肝肠胞虫的死虾、饵料或环境中的孢子体而感染。

虾肝肠胞虫在苗种培育和成虾养殖阶段均可感染，影响对虾对营养物质的消化和吸收，严重影响对虾的生长，对虾只吃不长或生长缓慢，饵料系数高，严重时肠道发炎，肝胰腺萎缩、发软，颜色变深，个别病虾可发生白便症，一般不引起对虾直接死亡。虾肝肠胞虫感染经常伴随弧菌的继发感染，这加重了肝胰腺细胞的坏死和脱落，提高了对虾肝胰腺坏死病的死亡率，极大地降低了养殖经济效益。

（三）症状与诊断方法

感染发病的虾生长缓慢，同一池塘的虾规格参差不齐。外观上，发病虾体表与正常对虾没有明显差异。虾肝肠胞虫虫体较小，采用光学显微镜直接进行压片镜检虫体的形态特征较难确诊，通常是采用实验室PCR进行检测，对虾体内虾肝肠胞虫的载量与个体生长呈显著的负相关（图3-20）。

图3-20 发病虾生长缓慢，规格参差不齐

（四）预防方法

（1）对虾苗种在出场前严格检测虾肝肠胞虫，养殖场不购买、投放携带虾肝肠胞虫的虾苗。

（2）养殖池塘上造虾发生对虾生长缓慢并确诊是对虾肝肠胞虫病引起的，再养殖时首先需对池塘进行彻底全面的清淤和药物清塘消毒。

（3）发病较严重的养殖区域，可能引起感染的河水、海水等养殖用水在使用前进行消毒处理。

（4）及时清理发病虾和死虾，避免健康虾摄食病虾而感染发病。尽量不投喂可能携带寄生虫的冰冻卤虫等饵料生物；若投喂，必须经检测合格。

（五）治疗方法

虾肝肠胞虫在细胞内寄生，外用药物无法直接作用到虫体，虫体也具有致密的孢子壁，常规药物一般难以进入虫体，目前尚没有针对该病的有效治疗措施。

二、对虾肌肉微孢子虫病

（一）病原

该病又叫“棉花虾”“牛奶虾”或“乳白虾”，寄生于对虾肌肉组织细胞中的微孢子虫主要有奈氏微粒子虫（*Ameson nelsoni*）、对虾特汉虫（*Thelohania penaei*）、桃红对虾特汉虫、对虾匹里虫（*Pleistophora penaei*）等（图3-21）。

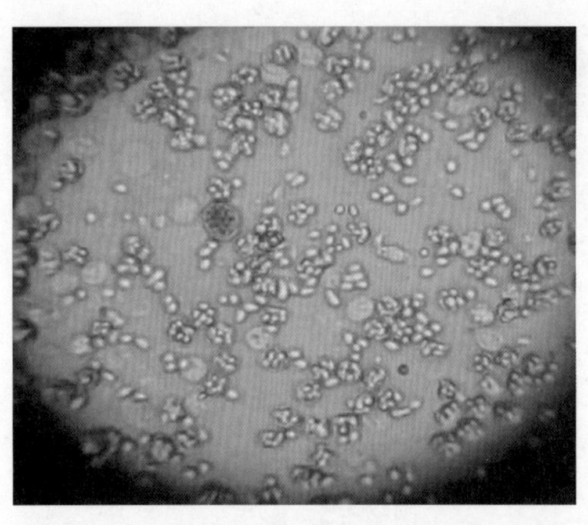

图3-21 显微镜下对虾肌肉寄生的微孢子虫

（二）流行情况

主要养殖对虾都可寄生，如南美白对虾、中国明对虾、墨吉明对虾、斑节对虾等，各种规格的对虾都可感染。一般微孢子虫无严格的宿主特异性，有些随食物链传递而常变更宿主，肌肉寄生的微孢子虫病的传染源、传播途径及影响发病的因素还不清楚。

对虾微孢子虫病在由原生动物所引起的对虾病害中是较为严重的一种，感染对虾的肌肉组织、性腺组织等，造成肌肉坏死，成活率降低，未死亡的病虾失去商品价值，国外报道肌肉组织寄生的微孢子虫给对虾养殖业带来很大的经济损失，我国目前未见严重感染、大范围连片发病的病例，都是池塘中极少数对虾个体感染发病。

（三）症状与诊断方法

感染发病的虾从头胸甲到尾柄背部肌肉发白、结实无弹性，肉质浑浊不透明，胃、肝胰腺、肠均像被一层白粉状的孢子虫孢囊包裹住而显白色。组织切片检查时，肌肉内充满大量微孢子虫。

根据发病对虾肌肉白浊的症状，再取少许肌肉组织制成压片，高倍显微镜下观察看到虫体密度较大、个体呈椭圆形的微孢子虫孢子或孢子母细胞，即可确诊（图3-22）。

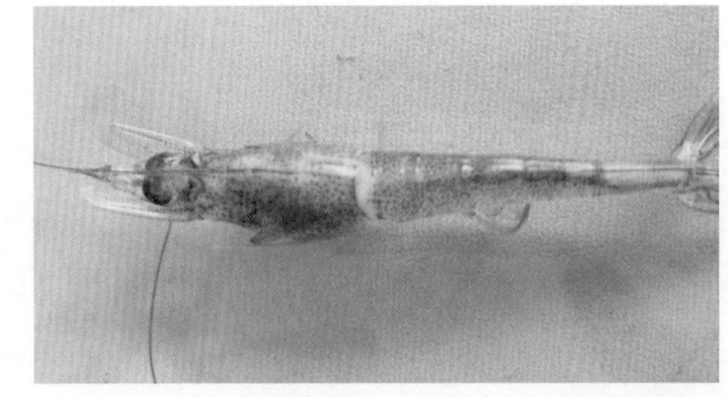

图3-22 感染微孢子虫的南美白对虾肌肉白浊

（四）预防方法

（1）枝角类、桡足类及底栖寡毛类如水蚯蚓等可能是潜在的传染源或媒介生物，养虾池在放养前应彻底清淤，并用含氯消毒剂或生石灰彻底消毒，对有发病史的池塘更应严格消毒。

（2）发现受感染的虾或已病死的虾时，应立即捞出深埋或销毁，防止被健康的虾吞食，或死虾腐败后微孢子虫的孢子散落到水中，扩大传播。

（五）治疗方法

目前尚无有效的治疗方法。

三、对虾纤毛虫病

（一）病原

该病又叫"黑鳃病""黄鳃病"，主要是由固着类纤毛虫如钟形虫（*Vorticella*）、累枝虫（*Epistylis*）、聚缩虫（*Zoothamnium*）、单缩虫（*Carchesium*）等附着在虾鳃、体表、附肢等引起（图3-23）。

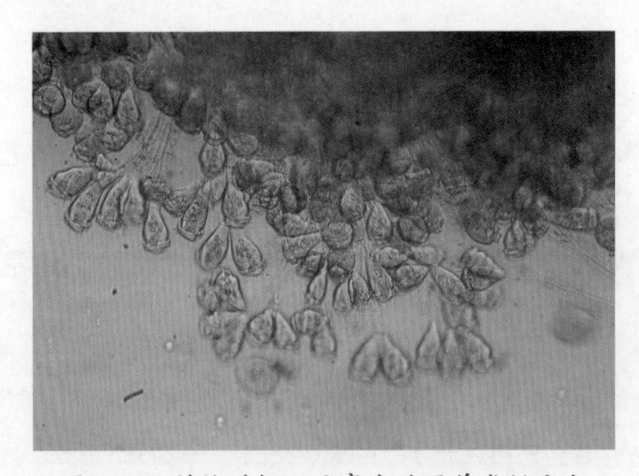

图3-23　镜检对虾可见寄生的固着类纤毛虫

（二）流行情况

对虾纤毛虫病的发生与对虾生活习性、天气情况、放养密度、池底有机质含量、水体富营养化程度、饵料的种类及投喂量等因素密切相关。日本囊对虾、斑节对虾等白天潜沙、静止不动，纤毛虫病发病率明显比南美白对虾高；春季连绵阴雨、水温低，对虾长时间吃食少、体质差，发病率明显增高；投喂冰鲜饵料的池塘水质污染严重，比投喂颗粒饲料的池塘发病率高。虾池中此病的发生主要是因为池底污泥多、放养密度大、投饵量过大、粪便排出多、水质污浊、换水困难等造成水环境差，对虾抵抗力弱，感染纤毛虫而发病，一年四季均可发生，大小规格对虾都有发病。

发病中后期，对虾周身被有厚厚的附着物，鳃部挂有污泥且黏液增多，鳃丝受损溃烂，呼吸困难，体质下降，导致对虾游动缓慢，食欲下降，甚至不摄食，进而生长缓慢，不能蜕壳，最后死亡。

（三）症状与诊断方法

发病初期，对虾体表长有黄绿色或棕色绒毛状物，行动迟缓，对外来刺激反应慢，体表黏液有滑腻感。肉眼可见鳃部变黑或变黄。发病虾蜕壳困难，长时间不蜕壳以后体表发黑，俗称“老身”。

根据以上症状和用显微镜观察可见钟形虫、累枝虫和聚缩虫等纤毛虫类原生动物及有机碎屑、污物即可做出诊断（图3-24）。

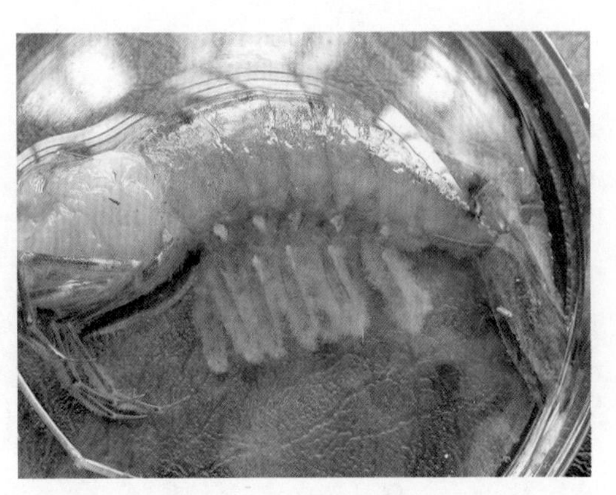

图3-24　感染纤毛虫的对虾体表长有绒毛状物

（四）预防方法

（1）清除过多的淤泥和用药物清塘。多年养殖的老池塘在放苗前尽量清除池底过多的淤泥，彻底晒塘，用生石灰或三氯异氰脲酸清塘消毒，提高底泥的氧化性。

（2）保持底质清洁、水质清新。养殖期间特别是中后期，根据底质和水质的污染程度适时用氧化剂改底、调水，分解过多的有机质，不给纤毛虫生长繁殖提供环境条件。

（3）减少或不投喂容易污染水质的冰鲜类饵料，投喂饲料要适量，尽可能避免过多的残饵沉积于池底和污染水质。

（五）治疗方法

（1）如果是水质、底质环境严重污染引起的对虾纤毛虫病，应先用氧化剂改善底质、水质环境。

（2）发病后全池泼洒茶籽饼，每立方米水体用量10～15 g，促使对虾蜕壳；纤毛虫病较轻时，进行适当的大换水（换水量为20%～50%）以促进对虾蜕壳即可。蜕壳后，纤毛虫随旧壳脱离虾体。

（3）发病后全池泼洒硫酸锌粉，每立方米水体用量0.75～1 g，1天1次，病情严重时可连用1～2次。

第四节　对虾气泡病

（一）病因

气泡病是非溶解状态下的气体对血管和组织造成损伤，并引起一系列生理功能障碍的非传染性疾病。气泡病是对虾养殖中的常见病、多发病。引起气泡病的气体主要是氧气和氮气。水体中过饱和的气体主要通过鳃丝上皮进入体内，从而在体内血管、组织间或消化道内形成肉眼可见的气泡或微小的肉眼不可见的气泡；或者压力（水体压力、大气压）突然下降、水温突然升高，使原来溶解在血液或组织液中的气体变成游离状态，形成气泡；有时水体中过饱和的气体附着在对虾体表也能引起气泡病。

（二）流行与危害

（1）水越浅的池塘发病率越高。

浅水池塘光合作用产生氧气的水层多，也就是补偿深度以下的耗氧层少或没有，晴天强光的情况下整个水体很容易气体过饱和；从水体表面每向下1 m，水体的压力大约增加0.1个标准大气压，根据亨利定律，该处的总气体溶解度升高大约10%，该处的总溶解气体的饱和度就下降大约10%，水面下2 m处总气体饱和度就下降20%；同时，深水处的水温较低，气体（氧气、氮气）含量也低于水体上层，低水温和相对较少的气体含量也使底层的总气体饱和度低于上层；另外，浅水池塘的水温更容易受昼夜气温差的影响，夜晚水温低，气体溶解度高，水体中溶解大量的气体，白天水温升高以后，气体容易过饱和而使对虾发生气泡病。以上原因说明浅水池塘比深水池塘更容易发生气泡病。

浅水池塘发生气泡病以后，发病对虾没有低气体饱和度的深水区来躲避，而在深水池塘，当对虾在上层气体过饱和的水体不舒适（或刚发病）的时候，游到深水区后，原来从血液和组织中游离的过饱和气体就又会溶解到血液和组织液中，不再发生气泡病。这就是天然水体中水生动物不容易发生气泡病，而养殖池塘中发病率却很高的主要原因。实际养殖过程中也是浅水池塘发病率远远高于深水池塘，浅水池塘发病对虾的症状也以急性发病的症状为主，危害也更大，如广西北海地区一些酸性土壤的浅水池塘，水深一般都在0.8 m以下，气泡病成为制约当地养殖业发展的重要因素。

（2）能排污的高位池发病率高于不铺膜的土池塘。

高位池没有底泥，不像土池塘底泥中存在大量浮游动物的虫卵，高位池天然条件就决定水体中浮游动物少。高位池又定期排污，池塘中有机质少，缺乏浮游动物的饵料，所以高位池水体中浮游动物少，藻类因为缺少浮游动物的滤食而容易大量繁殖，特别是容易被浮游动物滤食的小型藻类容易大量繁殖起来，这样高位池中水体藻类容易小型化，以小型藻类为主的肥水池塘水色嫩绿、漂亮，既缺乏浮游动物耗氧，小型藻类产氧能力又强，因此高位池气泡病发病率很高。尤其是养殖前期水中生物种类更少，水质不稳定。高位池水体中生物组成单一，水质稳定性差，当出现台风、下雨、降温等天气剧烈变化时，藻类容易死亡，晴天以后，藻类重新生长，也容易发生气泡病。铺全膜的土池塘一般水位比标准高位池浅，气泡病更严重，而只铺边膜、不铺底膜的土池塘，水体中生物种类多样化，水质明显比铺全膜的池塘浑浊，气泡病的发病率也明显降低。

（3）刚肥起来的水质比长时间养殖的老水更容易发病。

池塘注入新水、施肥后，水体中各种生物的发生有一定的规律性，首先是生存竞争能力强的小型藻类出现，之后轮虫、大型藻类、大型浮游动物逐渐出现，一般水体中大、小型藻类和大、小型浮游动物都出现的水质稳定期需要在20天以上，因不同水温、水源、底质、肥料种类和用量对水质稳定需要的时间不同，这期间需要补充溶解性好的有机肥促进水体向生物多样性发展。在水质达到稳定期以前以小型藻类为主的阶段，藻类小型化、单一化，是气泡病的发病高峰，这段时期也是放苗的初期，小虾对过饱和气体的调节能力也明显低于大虾，也增加了气泡病的危害。养殖中后期，水中藻类、浮游动物、细菌数量多，种类丰富，生物多样性强，池塘生态系统相对稳定，水质也就更稳定，产氧和耗氧生物相对平衡，水质浓、色暗、微浑，气泡病的发病率比养殖初期低很多。

土池塘养殖南美白对虾时，气泡病的发病高峰在虾苗下塘后的20～30天，这一时期，池塘中的浮游动物逐渐被虾摄食而减少，藻类往往大量繁殖起来，水色忽然发绿，水浓后，对虾很容易发生气泡病。

（4）阴雨天后的晴天是气泡病的发病高峰。

阴雨天后晴天，气温越高、阳光越强烈，气泡病发病率越高。晴天后阳光强烈，藻类光合作用产氧能力强；晴天阳光强烈的同时气温升高，使水温快速升高，也使水体中气体饱和度快速升高；阴雨天藻类部分死亡，晴天后藻类快速繁殖，增加了水体的产氧能力。以上这些因素都使水体在晴天后总溶解气体特别是氧气的饱和度快速升高，当气体饱和度升高到一定程度时即发生气泡病。生产实践中多数气泡病都是在雨后晴天发生的，特别是养殖初期水位比较浅的池塘发病率更高。

池塘杀虫后2~3天也是气泡病的发病高峰，杀虫药物杀死虾体寄生虫的同时也杀死了水体中的浮游动物，水体中没有浮游动物耗氧的同时，小型藻类没有浮游动物摄食而疯长，很容易发生气泡病。消毒、天气变化等引起倒藻以后，一旦藻类重新生长，也是气泡病的发病高峰时期。

（三）症状与诊断方法

（1）发病对虾在池塘中的症状。

急性发病对虾上浮、游塘，在岸上可以看到大量对虾“白鳃白尾”地在水面下游塘。有的对虾发生急性死亡，在水面快速弹跳几下，然后身体失去平衡而沉底死亡。有的对虾死亡前侧游、打转，游动极为缓慢。发病对虾应激而大量蜕壳，发生软壳现象，死虾容易漂浮在水面上。对虾气泡病急性死亡一般只发生在水位1 m以下的浅水池塘。更多的情况是在晴天中午到下午的时间，对虾发生短时间的游塘，游塘的对虾没有明显的“白鳃白尾”症状，或者见不到游塘，发病虾趴边或少量上浮，对虾少量死亡或次日见底罾有一定数量的死亡，刚刚死亡的对虾或还没有死亡的病虾明显全身肌肉白浊，或尾部末端肌肉白浊（图3-25）。不论急性发病还是慢性发病，往往在发病的次日可以见到底罾有大量对虾死亡或少量对虾死亡。有时发生轻微的气泡病时，对虾表现出各种不适的症状，如晚上在池底扒出一个个小坑，俗称“扒沙”。

（2）发病对虾虾体症状。

急性发病时检查游塘虾不空胃，尾部肌肉或全身肌肉发白，鳃发白，有时还能见到甲壳下和肠道内有大量气泡，有的虾头胸甲内缘水肿，俗称“鳃肿”。显微镜检查可见头胸甲内侧、鳃丝血管内、甲壳下肌肉内、步足和游泳足关节处、尾扇等

图3–25　气泡病对虾尾部末端肌肉白浊（张吉鹏）

处的组织间均有大量气泡，尤其是尾部甲壳下气泡最常见，这也是经常见到发病虾尾部肌肉白浊的主要原因，是该部位肌肉被气体损伤的结果。这里是腹背动脉形成分支的部位，气体由于压力的作用而更容易在血管末端被释放出来，对该部位组织造成损伤，有的发病虾肌节间发白，这也是气体从体节动脉末端出来，对该部位肌肉造成损伤的结果。有的急性发病虾体内有大量气泡的同时，体表附着大量气泡。有的虾因为应激而出现须红、尾红、肝红、胃红，特别是发病次日，死亡的对虾体红的症状更明显（图3-26、图3-27、图3-28、图3-29、图3-30）。

值得特别注意的是多数情况下，发生气泡病后见不到发病对虾有明显的体内气泡症状，更多的情况是出现全身肌肉白浊或尾部末端肌肉白浊、肌节间白浊或红

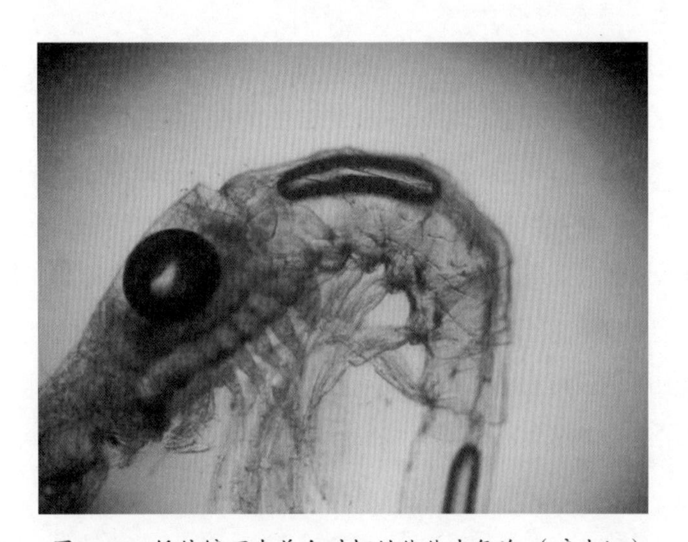

图3–26　低倍镜下南美白对虾幼体体内气泡（房志江）

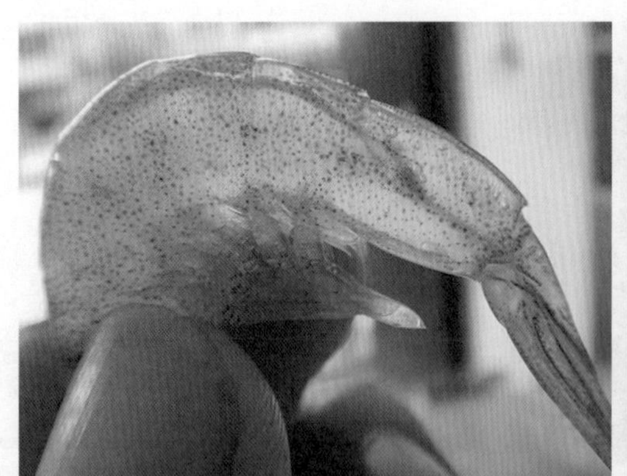

图3-27 南美白对虾尾部末端肌肉白浊，组织残留气泡（蒋鹏）

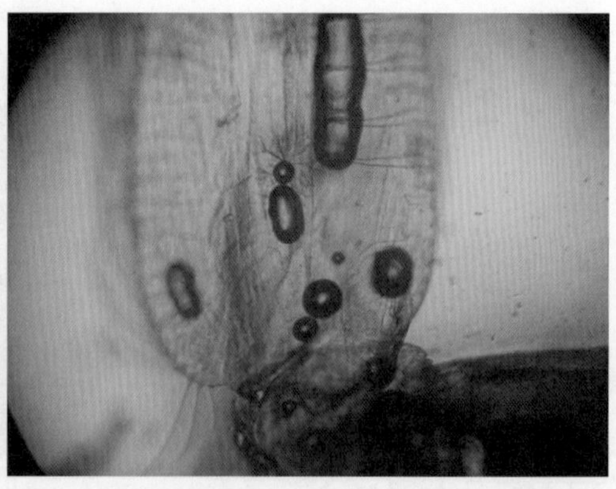

图3-28 低倍镜下南美白对虾游泳足内气泡（蒋鹏）

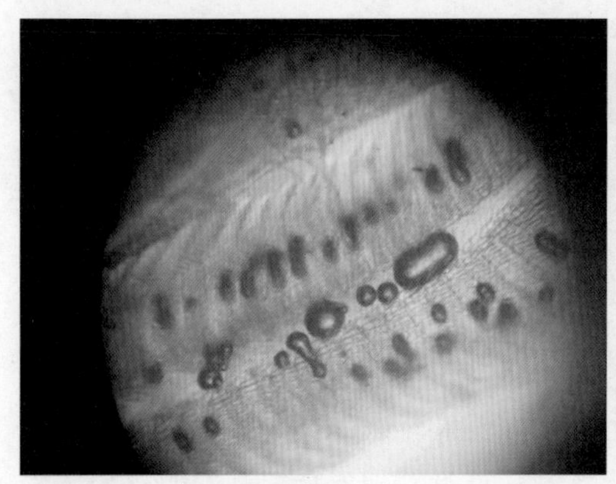

图3-29 低倍镜下南美白对虾鳃丝内气泡（黄石成）

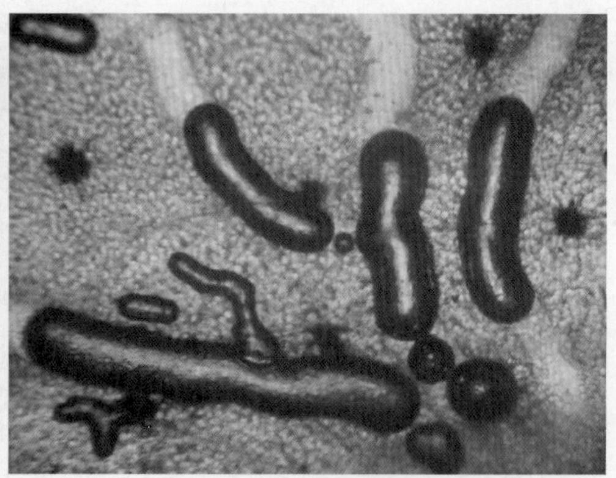

图3-30 低倍镜下南美白对虾头胸甲组织内气泡（蒋鹏）

体症状，以及之后的空肠、空胃、肝脏萎缩的症状，有时之后出现黄鳃、黑鳃、烂眼、烂尾等细菌继发感染症状。原因一是发病对虾体内气泡的吸收速度很快，当水体中气体饱和度下降时，气泡很快被吸收，不是中午或下午时发病的第一时间观察，很难见到气泡症状。二是气体过饱和的程度和持续的时间使过饱和的游离气体不足以在体内形成肉眼可见的气泡，但是给对虾的血管、肌肉等组织造成的损伤仍然十分严重。肉眼未见到气泡的发病对虾，病理组织切片结果显示，在鳃丝、肌肉、肝脏、触须等部位都有明显的气泡印迹存在，发病越严重的对虾，靠近尾部末端的肌节气泡印迹越多越大（图3-31、图3-32）。

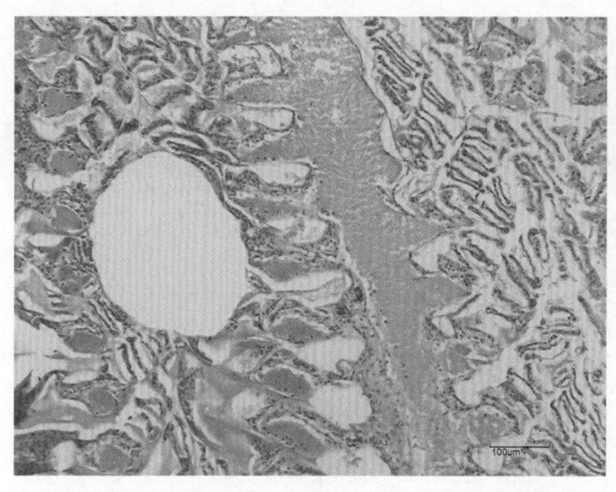

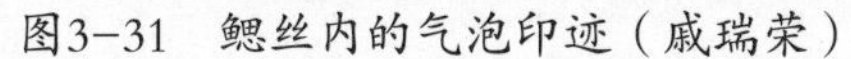

图3-31　鳃丝内的气泡印迹（戚瑞荣）

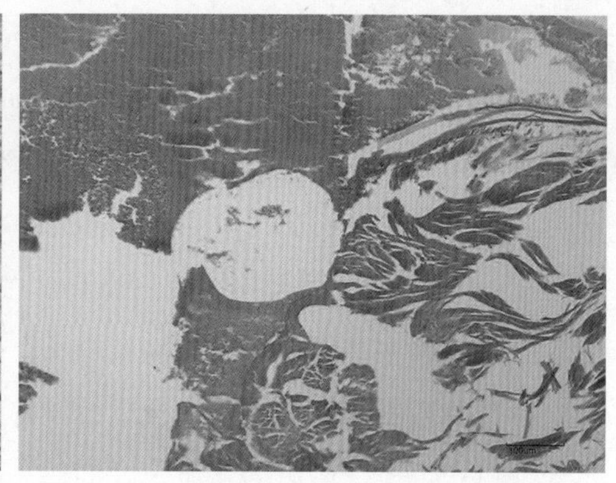

图3-32　肌肉组织内的气泡印迹（戚瑞荣）

（四）预防方法

由于受池塘水深、养殖模式、天气变化等条件的影响，有效防控池塘养殖对虾气泡病的难度非常大，有时甚至防不胜防。以下一些方法对防控气泡病有一定的效果，在某些养殖条件下可以有效控制气泡病的发生和减少气泡病的危害。

（1）尽量加大水深。

浅水养虾池塘尽量加大水深，土池塘水深尽量不低于1.5 m。特别是放苗初期为了考虑提高水温，往往水位较浅，给气泡病的发生提供了有利条件。较深的水位使在上层水气体过饱和时，对虾可以到底层回避，另外，水深也利于水体稳定。

（2）早期补碳补菌，抑制藻类暴长。

早期做水避免使用单一营养元素的无机肥，多用有机碳肥和EM菌等有益菌，培养水体中的有益菌，抑制藻类在晴天时暴发式生长。同时，气泡病发病率高的早期加大投喂量，选择发酵的活性生物饵料提高水体的有机质浓度，培养浮游动物和有益菌，提高水体中生物的多样性，尽早人为调节，使水体生态系统趋于平衡。加大投喂也可以避免小虾到气体饱和度较高的水体表面觅食而发生气泡病。

（3）适时开、关增氧机。

加开增氧机，当水体中溶解气体没有达到饱和时可以继续把空气中的氧气溶解到水体中，起到增氧的作用。当水体中溶解的气体达到过饱和时，加开增氧机可以把水体中过饱和的气体逸散到空气中，起到降低气体饱和度也就是曝气的作用。对于水深在1 m以下的较浅池塘，通过开增氧机曝气有一定效果。对于较深的池塘，晴天中午或午后，上层溶解气体过饱和，但是下层水体常常达不到过饱和，对虾可以在下层水体躲避，不发生气泡病。这时打开增氧机可能会使上下水层都发生溶解气体过饱和，对虾无法回避气体过饱和而发生气泡病。因此需要根据水质检测情况，决定是否打开增氧机及何时开机。发病时用表面活性剂降低水体表面张力，对过饱和的气体逸散到空气中也有一定的效果。

（4）合理利用遮阳网，控制光照。

棚虾养殖在高温季节放苗前就应该在棚顶设置遮阳网遮阴，遮阴面积在一半以上，并且遮阳网要致密，这样遮阴效果好。室外土池塘，特别是水深较浅的池塘在高温期也建议设置遮阳网。遮阳网的作用主要是能减少藻类暴发式生长的机会，使水体更稳定，同时也有一定的降低水温的作用。

（五）治疗方法

（1）发生气泡病以后应该马上打开所有增氧机曝气，有条件的加注溶解氧较低的机井水或浮游动物较多的老塘水，并且加深水位。

（2）发病后泼洒表面活性剂加速过饱和的气体逸散到空气中，对于氮气引起的气泡病，外用表面活性剂效果更好。

（3）对于藻类数量过多的池塘，发生气泡病以后，在保证夜晚不缺氧的前提下可以考虑适当用杀藻剂杀死部分藻类，防止再次发生气泡病。

（4）发生气泡病以后防止继发细菌感染是处理气泡病的关键，发病后要及时泼洒聚维酮碘，防止继发细菌感染。

Chapter 4

第四章 蟹类疾病

第一节　青蟹病毒性疾病

2020年，广东青蟹（*Scylla*）养殖面积约70 km^2，年产量约60 000 t，占全国总产量的39%。但是青蟹病害越来越严重，近年来流行的青蟹呼肠孤病毒等引起的青蟹昏睡病对我省青蟹养殖业造成巨大的经济损失，还有黄斑病、黄水病等的危害仍然存在，因病造成的损失直接阻碍了我省青蟹养殖业的健康发展。因此，如何破解青蟹病害造成的危害是当前青蟹养殖业面临的急迫问题。

青蟹昏睡病

（一）病原

青蟹昏睡病（sleeping disease of mud crab，SD）是由青蟹呼肠孤病毒（mud crab reovirus，MCRV）和/或青蟹双顺反子病毒-1（mud crab dicistrovirus-1，MCDV-1）引起的疾病。青蟹呼肠孤病毒属于呼肠孤病毒科（Reoviridae），在《国际病毒分类手册》第9版中尚未确定属的定位。病毒粒子无囊膜，直径70 nm，核酸为双链分节段RNA，共由12个节段组成。青蟹双顺反子病毒-1属于小RNA病毒目（Picornavirales）双顺反子病毒科（Dicistroviridae）急性麻痹病毒属（*Aparavirus*），是一种无囊膜、直径30 nm的球状病毒（图4-1）。

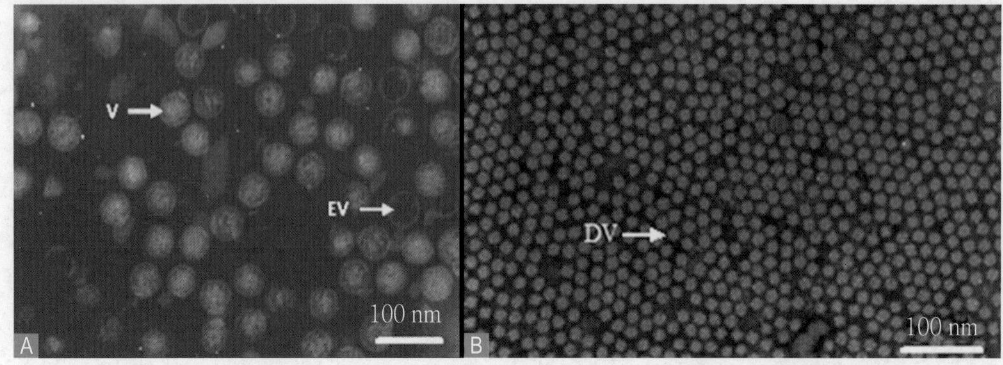

图4-1　青蟹呼肠孤病毒（A）和青蟹双顺反子病毒-1（B）粒子电镜照片（负染）（V：完整的呼肠孤病毒粒子；DV：完整的双顺反子病毒-1粒子；EV：病毒空核衣壳）

（二）流行情况

MCRV和MCDV-1在我国青蟹养殖区分布很广，广东、广西、海南、福建等省、区均检测到，目前浙江仅检测到MCRV，未检测到MCDV-1。两种病毒可通过水体和饵料传播。

青蟹呼肠孤病毒可自然感染远海梭子蟹（*Portunus pelagicus*）、红星梭子蟹（*Portunus sanguinolentus*）、拥剑梭子蟹（*Portunus gladiator*）、晶莹蟳（*Charybdis lucifera*）、字纹弓蟹（*Varuna litterata*）、正直爱洁蟹（*Atergatis integerrimus*）、锈斑蟳（*Charybdis feriatus*）、长矛对虾、斑节对虾、近缘新对虾、周氏新对虾、口虾蛄等甲壳动物，而在日本蟳、锈斑蟳、逍遥馒头蟹和远海梭子蟹、周氏新对虾、长矛对虾、刀额新对虾、近缘新对虾和南美白对虾等9种甲壳类动物体内可检测到青蟹双顺反子病毒-1。

（三）症状

青蟹呼肠孤病毒（MCRV）或青蟹双顺反子病毒-1（MCDV-1）感染可致食欲不振、活动乏力、对刺激反应降低等症状，濒死青蟹可出现昏睡或假死状态，但解剖可发现心脏依然跳动，俗称昏睡病。发病青蟹体表未观察到明显的病理变化。

病蟹解剖可见肝胰腺萎缩、空肠、鳃丝黄色等，部分病蟹可出现血淋巴不凝结、完全透明似清水，鳃部肿胀充水，浙江俗称清水病。拟穴青蟹感染青蟹呼肠孤病毒后，肝胰腺、鳃和肠道呈空泡化变性和组织坏死，结缔组织细胞质内可发现大量的病毒包涵体，表明结缔组织是病毒的主要靶组织，而上述组织的上皮细胞未观察到病毒包涵体。超薄切片电镜观察发现病毒包涵体位于细胞核附近，包涵体内病毒粒子呈晶格状排列，分散的病毒粒子出现在离细胞核较远的位置（图4-2、图4-3）。

感染MCDV-1的青蟹，鳃、肌肉、肝胰腺、腹神经节、心等器官病理变化明显，其中结缔组织是感染的主要组织，其次是上皮细胞，而食道、胃、肠未发现明显的组织病理变化（图4-4）。

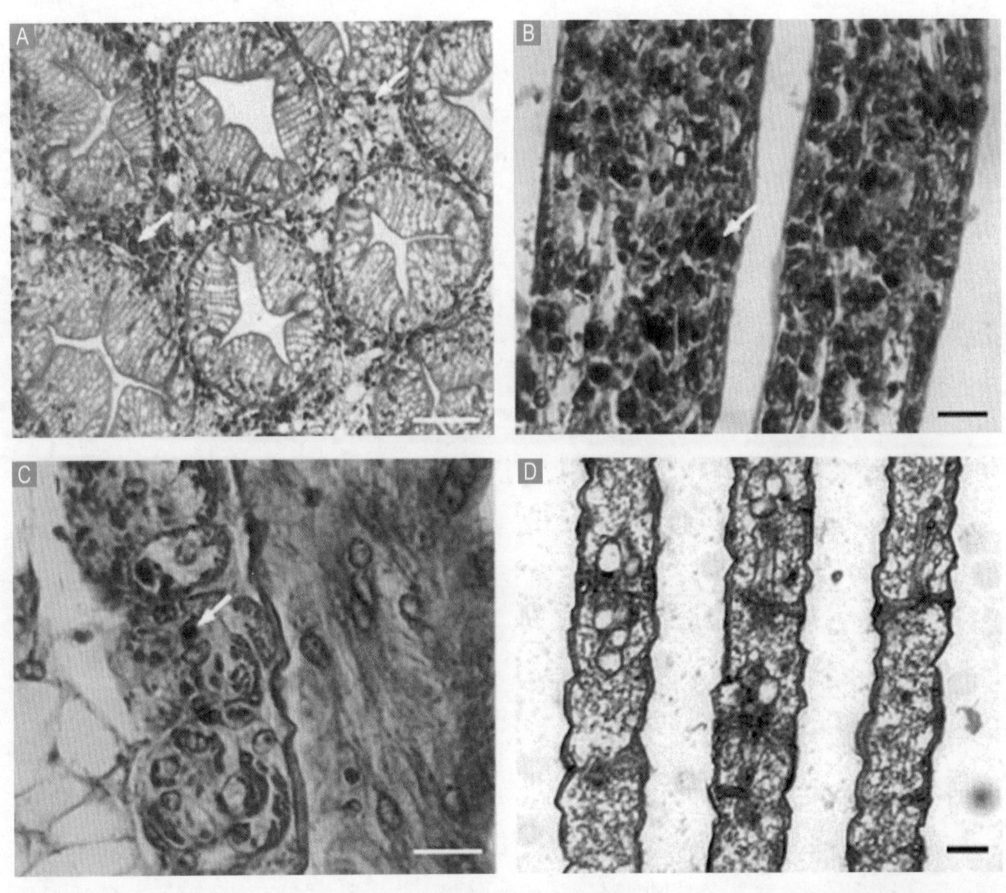

A. 肝胰腺结缔组织坏死（比例尺=100 μm）；B. 鳃组织坏死（比例尺= 25 μm）；C. 肠道结缔组织坏死（比例尺=50 μm）；D. 正常鳃组织（比例尺= 50 μm）（箭头示病毒包涵体）

图4-2　感染MCRV的青蟹组织病理特征（HE）（Weng et al.，2007）

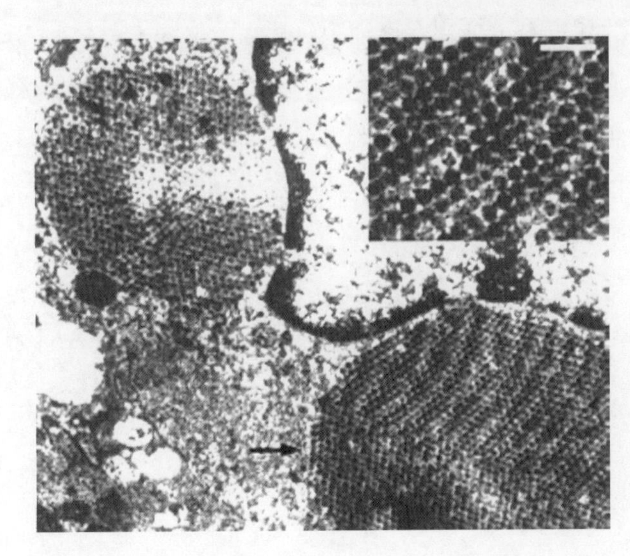

图4-3　感染MCRV的青蟹肝胰腺结缔组织电镜照片（Weng et al.，2007）［箭头示包涵体内呈晶格状排列的病毒粒子，插入小图示病毒形态（比例尺=200 nm）］

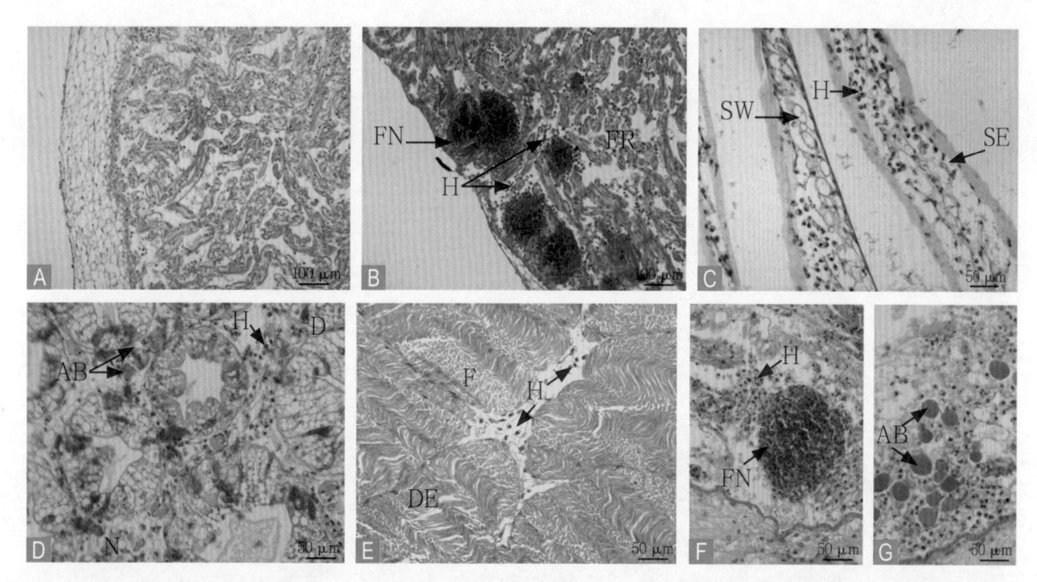

A. 正常蟹心脏；B. 病蟹心脏，示心肌纤维排列紊乱、断裂（FR）、轻度水肿和变性，心肌灶性坏死（FN），周围有大量血淋巴细胞浸润（H）；C. 病蟹鳃组织，示鳃丝细胞肿大（SW）、变性、部分脱落（SE），鳃腔内有血淋巴细胞浸润（H）；D. 病蟹肝胰腺，示肝小管间血淋巴细胞浸润（H），出现嗜伊红小体（AB），肝胰腺细胞变性、坏死（D）、轻度排列紊乱；E. 病蟹肌肉组织，示肌纤维紊乱（DE）、断裂（F），肌纤维间有少量血淋巴细胞浸润（H）；F、G. 病蟹腹神经节，F示神经组织变性，灶性坏死（FN），有大量血淋巴细胞浸润（H），G示嗜伊红小体（AB）出现。

图4-4 感染MCDV-1导致的拟穴青蟹组织病变

（四）诊断方法

目前已建立巢式逆转录PCR（nRT-PCR）法、荧光定量PCR法 、LAMP及双重巢式PCR等多种检测MCRV和MCDV-1的方法。

（五）防治方法

（1）加强重点疫病监测，全面掌握发病情况。

（2）完善养殖生产管理，加强水源管理和苗种检疫，防止苗种和水源带毒。

（3）控制养殖密度，密切关注水质调控，保证养殖水质良好，减少发病风险和损失。

（4）推广全价配合饲料，减少养殖自身污染；合理使用中药及其他免疫增强剂，增强蟹的免疫功能和抗病能力。

（5）及时捞出病蟹，进行焚毁、掩埋、高温法等无害化处理；避免因蚕食病虾引起病原迅速扩散；发病池塘水体、接触疫病水体的工具和器皿等要消毒杀菌处理，严禁排放未经处理的发病池塘水体，切断病原传播途径。

第二节　青蟹细菌性疾病

一、黄斑病

（一）病原

引起此病的病原细菌种类较多。此病发生的直接原因是蟹在捕捞、运输和养殖过程中甲壳上表皮受伤，分解几丁质的细菌侵入；其次还与养殖环境的变化密切相关，如持续高温（水温33 ℃以上）、池水盐度太低（5‰以下）、池塘水质恶化或投喂变质饵料等都是发病的因素（图4-5）。

图4-5　患黄斑病青蟹甲壳的背面（左）和腹面（右）

（二）症状及流行情况

病蟹螯足基部和背甲出现黄色斑点或在螯足基部分泌出一种黄色黏液。螯足活动功能减退或脱落。食欲减退，进而失去活力，不久即死亡。甲壳解剖检查，其鳃部有时可见到辣椒籽般大小的浅褐色异物，头胸甲内膜壁与头胸甲分离，甲壳、膜发炎糜烂。该病蔓延性较强，死亡率也较高，主要发生在水温偏高和多雨的季节。

（三）防治方法

（1）在蟹苗捕捞、运输、养殖过程中操作要细心，防止蟹体受伤；苗种放养前要用20 g/m^{3}高锰酸钾溶液浸泡2 ~ 3 min，以杀灭甲壳体表上的寄生虫及病原菌；放养密度不要太大。

（2）定期用生石灰25 g/m^{3}消毒和泼洒枯草杆菌等生物制剂，保持良好的水体环境和底质；最好做到每月全池泼洒5 g/m^{3}茶麸浸出液，刺激青蟹蜕壳，减少疾病发生。

（3）投喂经消毒的新鲜饵料，发病季节最好每周在颗粒饲料中添加适量维生素C投喂2 ~ 3次，以提高抗病力。

（4）已发病的塘全池交替使用二溴海因和碘制剂，泼洒2天；或用0.4 ~ 0.6 g/m^{3}的溴氯海因进行水体消毒，同时在每千克人工颗粒饲料中添加2 ~ 3 g氟苯尼考，连续投喂药饵5 ~ 6天进行治疗。

（5）该病蔓延性强，死亡率也较高，一旦发病，及时捞除病、死蟹，以防疾病蔓延。

二、烂鳃、黑鳃病

（一）病原

养殖池池底腐败、水质浑浊恶化、透明度低，饵料维生素缺乏，导致大量细菌繁殖而引起烂鳃、黑鳃病（图4-6）。

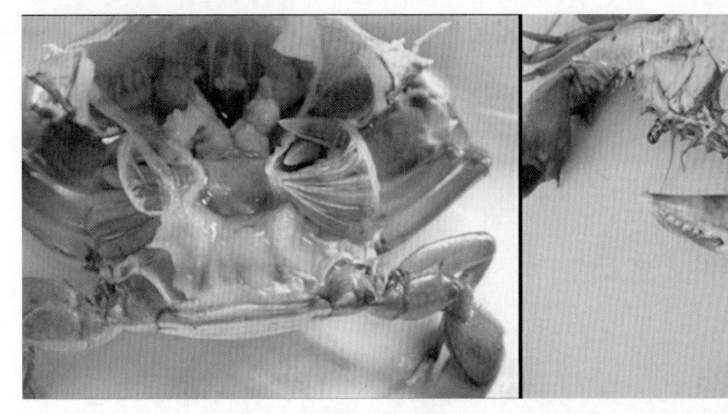

图4-6　患黑鳃病青蟹甲壳的解剖（左）和体表腹面（右）

（二）症状及流行情况

病蟹行动迟缓，爬出水面，鳃丝腐烂、多黏液，有的鳃部变褐色、黑色。此病一般发生在高温季节。

（三）防治方法

（1）放养前彻底清塘，养殖期内及时清除残饵。

（2）投喂新鲜、经消毒的饲料。

（3）保持良好的养殖环境。

（4）疾病发生后，及时换水，并全池泼洒二溴海因或溴氯海因0.2 g/m^{3}进行水体消毒，连续3天。

三、甲壳溃疡病

（一）病原

甲壳溃疡病又称为褐斑病、黑斑病，引起此病的病原细菌种类较多，分布很广，任何海水养殖的水体和池塘中都可能存在，主要是由溶藻性弧菌、鳗弧菌和副溶血弧菌的感染所引起，这些细菌感染受伤的甲壳，两周后即可出现甲壳溃烂。

（二）症状及流行情况

发病早期，头胸甲腹面出现点状褐色斑点和褐红色凹陷区域；晚期，这些斑点形成不规则的凹陷病灶，出现侧棘和附肢的坏死，导致侧棘末端与基部脱离。病情发展可使损伤处加深加大，损伤边缘呈灰白色。患病个体甲壳因黑色素沉淀而变黑；严重感染的可造成甲壳穿孔，软组织外露，病灶部分粘连，影响蜕壳和生长。若是感染上毒力强的病原菌，病原菌侵入血淋巴或组织，使病情加重而致其死亡。晚秋、冬季比夏季盛行，死亡率可达10%～85%。成蟹较幼蟹发病率高，养殖时期越长，池塘水质条件越差，其发病率越高（图4-7）。

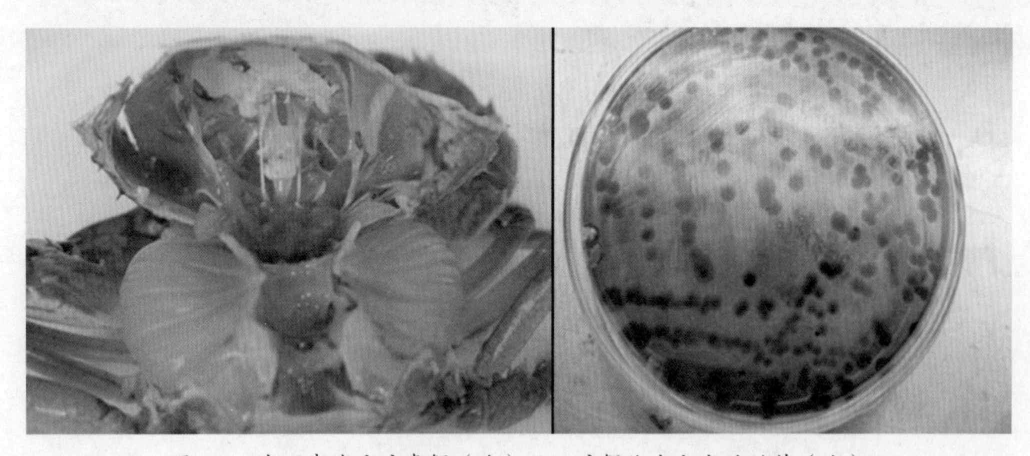

图4-7　患甲壳溃疡病青蟹（左）及从病蟹体内分离的弧菌（右）

（三）防治方法

（1）加强养殖管理，避免机械性损伤，发现病蟹及时清除；投喂高质量饵料，缩短养殖周期，改善养殖环境。

（2）发现病情，可用1～1.5 g/m^{3}的三氯异氰脲酸钠全池均匀干撒消毒。

（3）若用人工颗粒饲料，可在颗粒饲料中拌入恩诺沙星或氟苯尼考等，每千克饲料添加药物2 g，连续投喂药饵5～6天。

（4）若是水质较差的池塘，除进行水体消毒和投喂药饵外，还应适量换水，使池水的透明度尽量保持在40 cm左右。

第三节　青蟹寄生虫性疾病

一、蟹奴病

（一）病原

该病由蟹奴感染引起。蟹奴（*Sacculina carcini*）属于甲壳纲蔓足亚纲根头目，雌雄同体，身体呈柔软而椭圆的囊状，体长2～5 mm，不分节，无附肢，足丝系统非常发达。寄生在蟹腹部，虫体分外体和内体两部分。前者突出在寄主体外，包括柄部及孵育囊，即通常见到的脐间颗粒；后者为分枝状细管，伸入寄主体内，蔓延到蟹的血腔和血淋巴、躯干与附肢的肌肉、神经系统和内脏等组织，形成直径1 mm左右的白线状分枝吸取蟹体营养。

（二）症状及流行情况

蟹奴感染的青蟹，初期症状不明显，随着病情发展，大量蟹奴寄生使病蟹腹部臃肿，脐盖突起，不能与头胸甲紧贴，揭开脐盖可以看到乳白色或半透明颗粒状虫体；病蟹不能正常爬行，游泳缓慢，反应迟钝，摄食量减少。一般不会死亡，但影响生长和性腺发育，有的蟹到成熟期也不见精巢或卵巢，凡被感染的蟹均失去生殖能力。感染严重的，蟹肉有特殊味道，不能食用，俗称“臭虫蟹”（图4-8）。

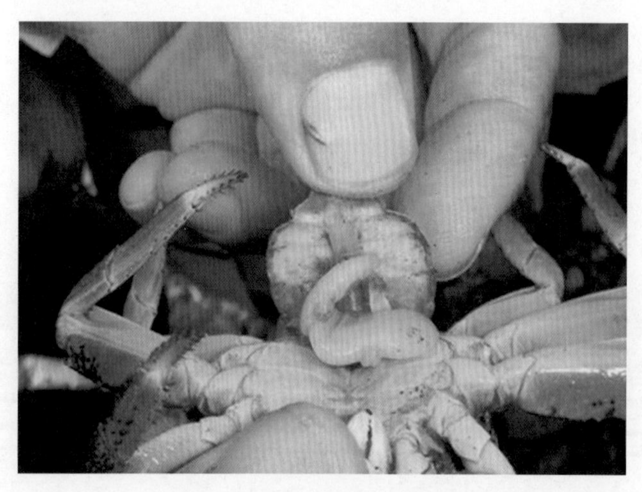

图4-8 寄生在蟹脐的蟹奴

（三）防治方法

选择蟹苗时应及时把蟹奴剔除，可用消毒液浸泡；放养前用生石灰或漂白粉严格清塘；在蟹池中混养一定量的鲤吞食蟹奴幼虫，控制其数量；发病时可用200 g/m^{3}的硫酸锌浸洗病蟹10～20 min，并用0.7 g/m^{3}的硫酸铜和硫酸亚铁合剂（5∶2）全池泼洒。

二、蟹茗荷儿病

（一）病原

该病由茗荷儿寄生引起。茗荷儿（*Lepas*）俗称“海豆芽”，属有柄蔓足类，身体分头状部、柄部和蔓足部，头状部有5片白色壳板，柄部有伸缩性，蔓足基部有2条丝状附着器，体呈棕褐色，可寄生在青蟹的鳃部或口肢上（图4-9）。

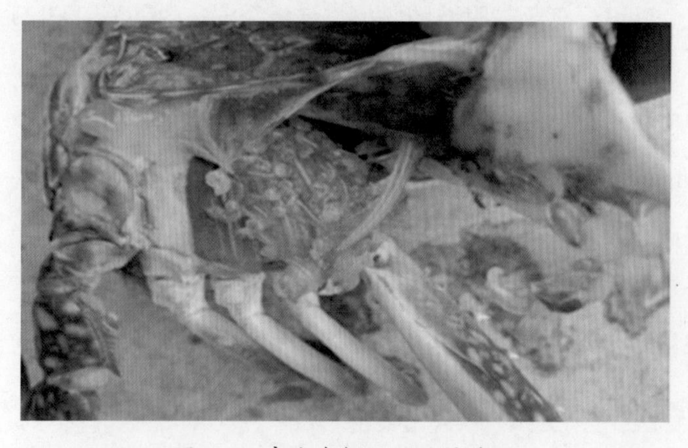

图4-9 寄生在蟹鳃上的茗荷儿

（二）症状及流行情况

病蟹头胸甲上有1～2处红棕色斑块，剥开后可见鳃部寄生有体长0.6～1.5 cm的棕褐色茗荷儿幼体，鳃组织损坏严重，呼吸困难，病蟹行动迟缓，不摄食，因无力蜕壳而死亡。发病期在6—7月。

（三）防治方法

目前尚无有效的治疗方法，采取进水时过滤，投喂优质饵料，增强青蟹体质，使青蟹加强活动等措施进行预防；在流行季节，青蟹池不要从海区直接进水，用水须经过蓄水池沉淀或沙滤后使用，没有条件的应在进水闸门上安装60目筛绢网过滤后再注入池中；降低池水盐度，或加大换水量，投足饵料以促使蜕壳，茗荷儿将一起蜕掉；少量青蟹被茗荷儿等附着时，也可以将其放在0.1%福尔马林溶液中浸浴杀灭。

三、蟹鳃虫病

（一）病原

该病由鳃虫寄生引起。鳃虫（*Spirobranchus giganteus*）为等足类动物，通常寄生在蟹类的鳃腔内。雌雄体形差异较大。雌性体大，不对称，常怀有大量的卵，使卵袋膨大。雄性体细小，对称，常贴附在雌体腹面的卵袋中（图4-10）。

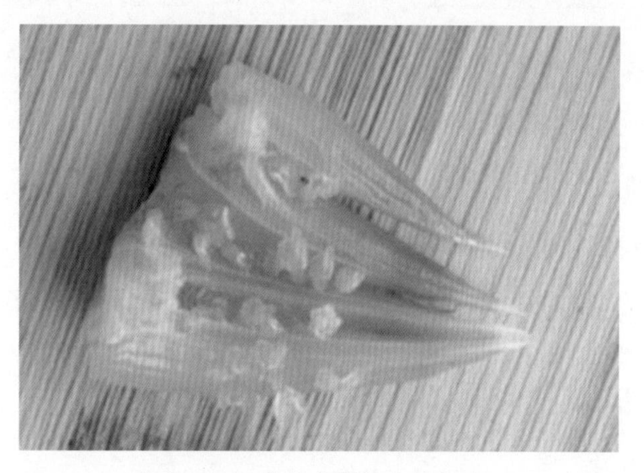

图4-10　寄生在蟹鳃上的鳃虫

（二）症状及流行情况

鳃虫一旦吸附于宿主体就不甚活动，寄生在蟹的鳃腔，可使蟹的头胸甲明显膨大隆起，像长了肿瘤一般。鳃虫不断消耗寄主的营养，使之生长缓慢、消瘦；压迫和损伤鳃组织，影响呼吸；影响性腺发育，甚至完全萎缩，失去繁殖能力。

（三）防治方法

该病主要发生在蟹种时期，发病率较低，目前唯一的办法是在蟹种放养时剔除病蟹，无其他防治方法。

四、蟹黄水病

（一）病原

该病是由病原生物如血卵涡鞭虫（*Hematodinium*）等感染，再经环境因素突变（如大量淡水注入、盐度骤降、气温骤升等）而诱发的流行性疾病（图4-11）。

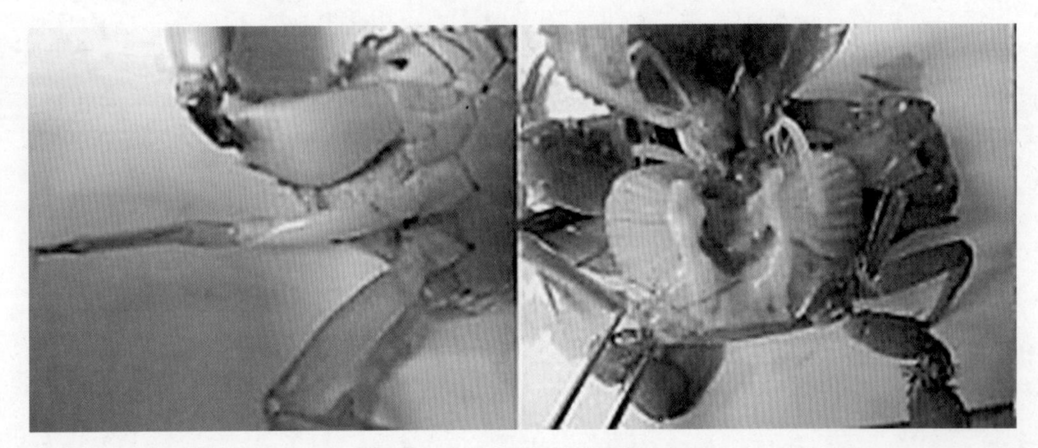

图4-11　患黄水病的蟹

（二）症状及流行情况

该病也叫脓水病，病蟹消瘦，体色暗，关节膜处呈黄色或浊白色，或关节边缘发红，折断关节可挤出浊白色的脓水；肝胰腺糜烂模糊、呈红棕色或乳白色，肠胃空，鳃丝呈土黄色或黑褐色；血淋巴由凝聚性较强、蓝青色变为淡黄色或浊白色、牛奶状、不能凝固的变性液体。病蟹爬到塘堤上死亡。该病在5月下旬至6月初、9—10月高发，死亡率达30%～80%。

（三）防治方法

目前尚无治疗药物。选择健康苗种，控制水质，防止盐度变化过大，易发季节在饵料中添加有益微生物、抗菌药物防治。

Chapter 5

第五章 贝类疾病

贝类是我国人民喜爱的一类水产品，兼具食用和保健作用，而这些贝类主要来自养殖，广东是全国主要的贝类养殖基地，也是全国最大的消费市场。2018年统计，广东养殖牡蛎268.97 km^2，年产量1 141 457 t，占全国总量的1/4。养殖杂色鲍9.49 km^2，年产量12 000 t，占全国总量的3/4。

第一节　贝类病毒性疾病

一、杂色鲍疱疹病毒病

（一）病原

病原为鲍疱疹病毒（abalone herpesvirus，ABHV），病毒为球状或多角状，大小为100 ~ 130 nm，浮力密度为1.17 ~ 1.18 g/mL，病毒颗粒中心部分为电子密度较高的核酸核心，核酸外围为衣壳，最外层为双层囊膜，囊膜之间具有10 ~ 15 nm电子透明圈，核衣壳外被囊膜（图5-1、图5-2、图5-3、图5-4）。

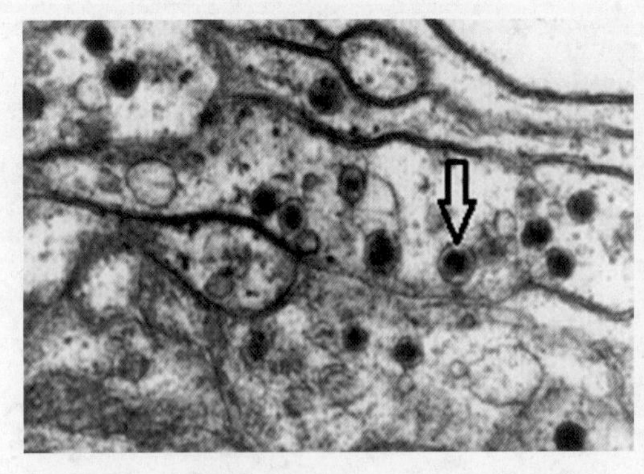

图5-1　外套膜组织细胞内的鲍疱疹病毒粒子，箭头示病毒粒子（20 000×）

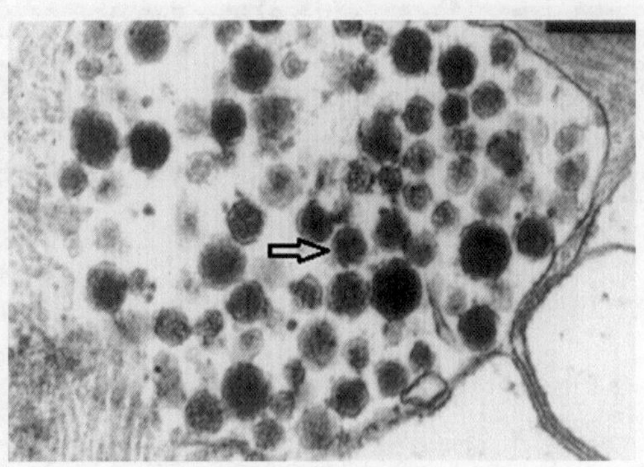

图5-2　肠上皮组织细胞内的鲍疱疹病毒粒子，箭头示病毒粒子（20 000×）

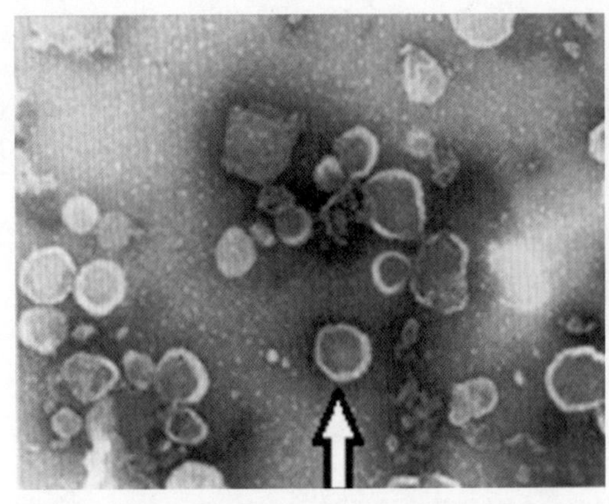

图5–3 鲍疱疹病毒负染色，箭头示病毒粒子（40 000×）

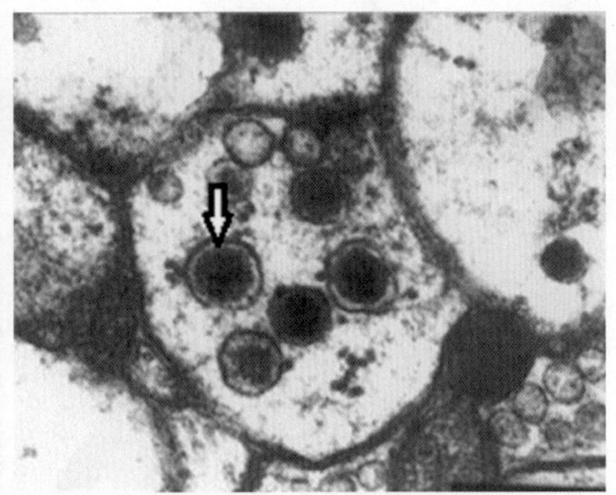

图5–4 腹足组织细胞内的鲍疱疹病毒粒子，箭头示病毒粒子（40 000×）

（二）流行情况

该病可感染各种规格的杂色鲍（*Haliotis diversicolor*），死亡快，死亡率高，可高达100%，养殖成鲍和鲍苗全部同时死亡。该病的流行季节是11月至翌年2月，发病高峰是1月前后，一般水温较低（14～17 ℃）时该病容易暴发。

（三）症状

病鲍腹足表面变黑，触角收缩，鳃瓣色淡，肝胰腺部分萎缩，头部伸出，嘴张开、微外翻；杂色鲍死后仍然紧贴于鲍笼或池底。或部分腹足僵硬，附着不牢，腹足表面黏液层消失（正常杂色鲍腹足表面有滑腻感），外套膜边缘脱落，部分向内萎缩（图5-5）。

图5–5 鲍疱疹病毒导致病鲍肌肉萎缩

（四）诊断方法

根据症状可进行初步诊断，确诊需取病鲍的消化腺、外套膜、鳃和肠等组织作超薄切片，电镜观察若见球状病毒即可确诊。

（五）防治方法

（1）病害流行之前对养殖鲍进行倒池，拉开遮阳网，使阳光直射养殖池，并使其通道通风干燥，可预防该病的发生。

（2）发病季节可用二氯异氰脲酸钠、次氯酸钠、二氧化氯、10%聚维酮碘溶液全池泼洒。

（六）注意事项

（1）注意药物的休药期。

（2）严格检疫，对病毒检测呈阳性的杂色鲍及时淘汰。

（3）加强日常管理，改良水质。

二、牡蛎疱疹病毒病

（一）病原

病原是牡蛎疱疹病毒1型（ostreid herpesvirus 1，OsHV-1），属疱疹病毒目（Herpesvirales）软体动物疱疹病毒科（Malacoherpesviridae）牡蛎疱疹病毒属（*Ostreavirus*）。OsHV-1是具双层囊膜的双链DNA病毒。病毒球形，直径约为150 nm，囊膜外具有纤突。DNA由蛋白衣壳包被组成核衣壳，核衣壳具疱疹病毒典型的正二十面体结构，核衣壳外由荚膜层（tegument）和脂质双层囊膜包被（图5-6）。该病毒不形成包涵体，常以聚集的方式存在于细胞质内。

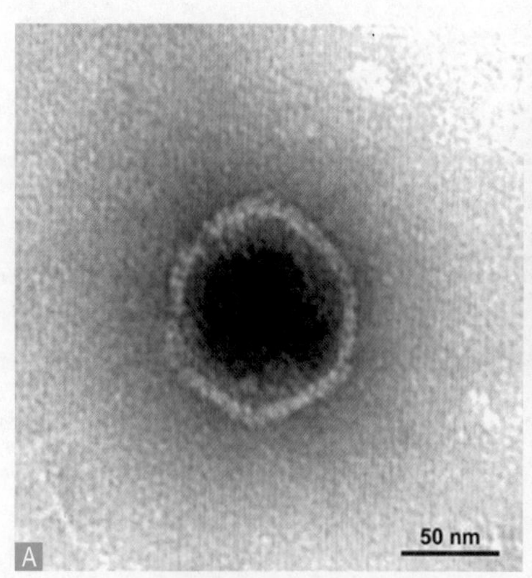

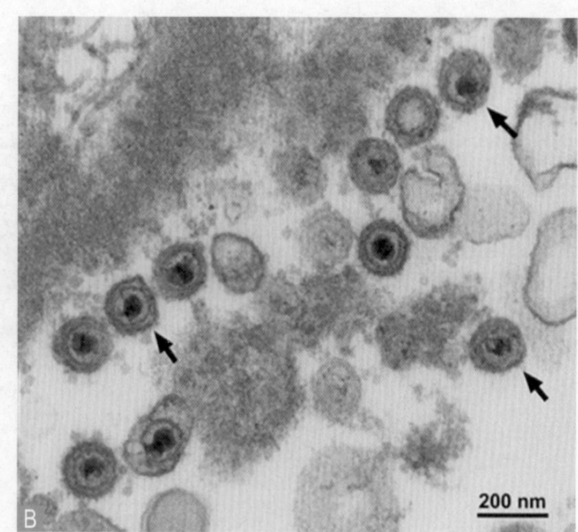

A. 纯化病毒粒子（负染）；B. 具囊膜包被的完整牡蛎疱疹病毒1型（箭头所示）。

图5-6 牡蛎疱疹病毒1型核衣壳与空衣壳电镜照片（白昌明）

（二）流行情况

1991年，OsHV-1感染病例首次报道于法国和新西兰，引起两国多家育苗场的长牡蛎幼虫的大量死亡。随后该病毒病引发的贝类死亡案例在欧洲、亚洲、北美洲、大洋洲和南美洲的16个国家相继出现。1997年，我国首次发现OsHV-1的感染病例，该变异株［后被命名为扇贝急性病毒性坏死病毒（AVNV）］引起我国北方海区养殖的栉孔扇贝（*Azumapecten farreri*）成贝的大规模死亡和产业的急剧萎缩。2012年，OsHV-1新变异株［后被命名为OsHV-1魁蚶株（OsHV-1-SB）］引起我国贝类育苗场和出口加工企业暂养的魁蚶（*Scapharca broughtonii*）成贝的大规模死亡。我国育苗场的长牡蛎幼虫也偶见OsHV-1感染案例发生。利用PCR检测技术还在其他10种双壳贝类（包括牡蛎、扇贝、蚶类和蛤类）的样本中检测到OsHV-1的DNA，但尚未发现这些贝类因感染OsHV-1而出现大规模死亡的案例。

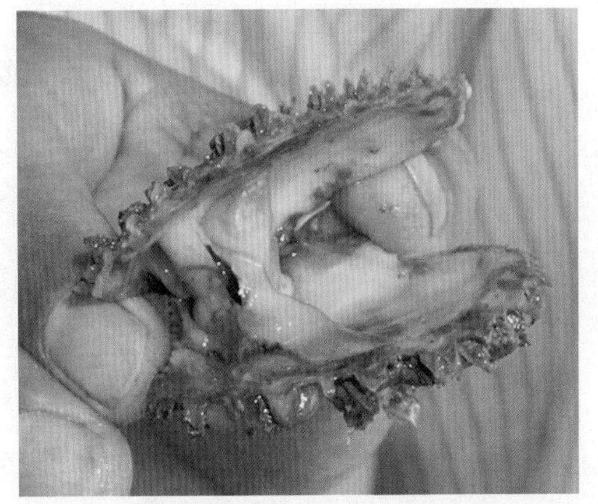

图5-7　患病栉孔扇贝贝壳开闭缓慢无力，对外界刺激反应迟钝（王崇明）

（三）症状

患病贝类幼虫游动能力下降，摄食量减少，快速死亡。患病幼贝和成贝出现双壳闭合不全、外套膜萎缩、反应迟钝、内脏团苍白和鳃丝糜烂等症状（图5-7、图5-8）。

（四）诊断方法

新鲜组织使用Davidson's AFA固定后，再经组织脱水、切片和HE染色后，镜检可观察到受感染组织与细胞的典型变化，适用于对患病濒死贝类进行初步诊断。

通过PCR和实时定量PCR可检测OsHV-1的特定基因，具有较高的灵敏度，实时定量PCR方法还可以对样品的感染程度进行评估。原位杂交法采用非放射性的地高辛标记的cDNA探针进行，敏感性高于传统的病理组织学诊断

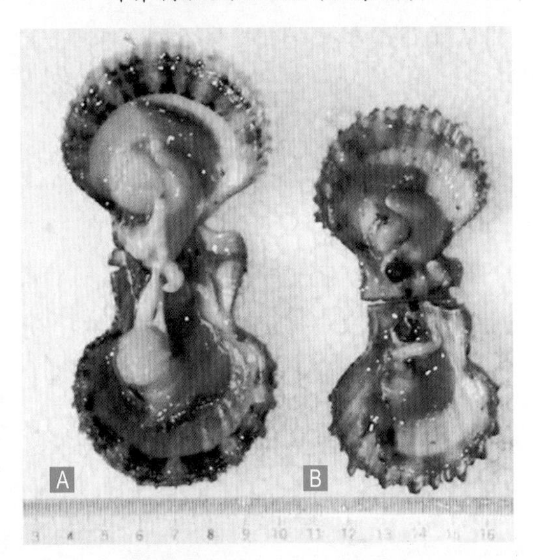

A. 健康扇贝；B. 患病扇贝。

图5-8　患病扇贝鳃丝糜烂，外套膜向壳顶部收缩，消化腺肿胀，空肠或半空，肾脏易剥离（王崇明）

法，适用于对疑似感染病例的确诊。电镜检测法结合PCR检测法被广泛用于OsHV-1感染的确诊。

（五）防治方法

（1）控制OsHV-1感染尚无特效药物。

（2）限制疫区与非疫区之间活体贝类的运输，切断病毒传播途径。

（3）通过控制养殖密度、改进养殖方式和开展贝藻混养等进行综合生态防控。

（六）注意事项

（1）注意药物的休药期。

（2）严格检疫，对病毒检测呈阳性的贝类及时淘汰。

（3）加强日常管理，改良水质。

第二节　贝类细菌性疾病

一、鲍肌肉萎缩症

（一）病原

病原为哈维弧菌（*Vibrio harveyi*）、副溶血弧菌（*Vibrio parahemolyticus*）（图5-9）。其中哈维弧菌革兰氏染色阴性，短杆状，稍弯曲，极生单鞭毛。

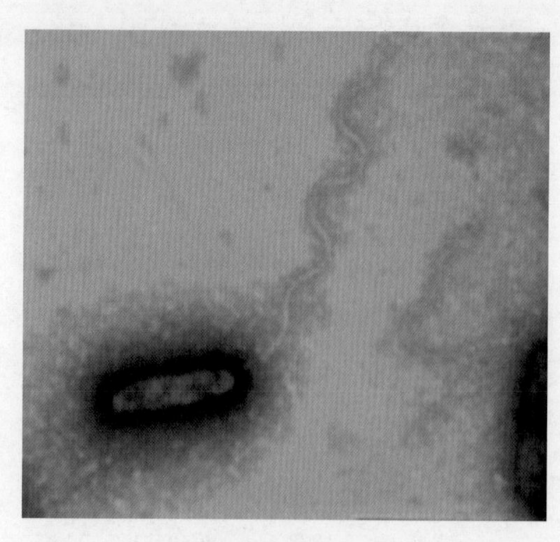

图5-9　哈维弧菌透射电镜照片（10 000×）

（二）流行情况

该病主要流行季节是8—9月，水温低于20 ℃时不会发生。该病的死亡率达80%以上。

（三）症状

病鲍足部肌肉异常消瘦，颜色加深，部分腹足变得僵硬，内脏团和外套膜萎缩，反应迟钝，触角伸向壳内，用手轻触即从养殖笼内壁脱落，鲍软体部分与壳长比例严重失调，濒死鲍脱落于养殖笼底部，足肌朝上，但无明显病灶（图5-10）。

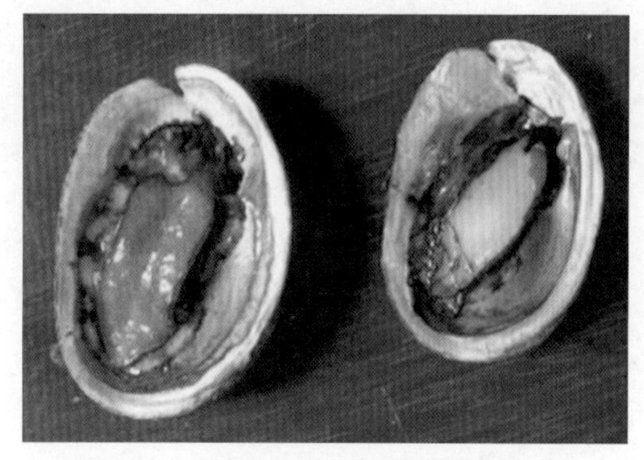

图5-10　患鲍肌肉萎缩症病鲍外观症状

（四）诊断方法

从外观症状可初步判断，从患肌肉萎缩症的杂色鲍组织中分离出哈维氏弧菌可确诊。

（五）防治方法

（1）预防可用溴氯海因，每立方米水体0.5～1 g，全池泼洒，每10～15天1次。

（2）福尔马林，每立方米水体30 g，浸浴30 min。

（3）二氧化氯，每立方米水体1～2 g，全池泼洒，6 h以上，1天1次，连用3～5天。

二、杂色鲍幼苗急性脱板症

（一）病原

病原是溶藻弧菌（*Vibrio alginolyticus*）、溶珊瑚弧菌（*Vibrio coralliilyticus*）（图5-11）。

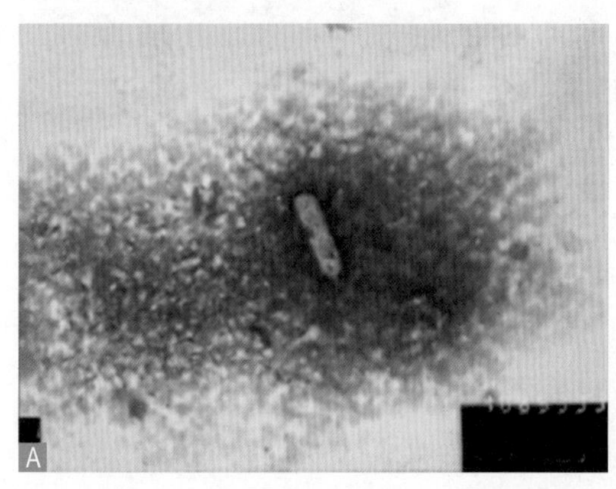

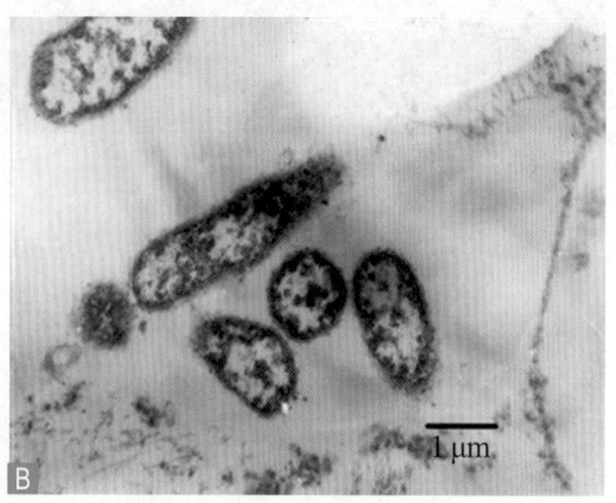

A. 呈杆状的溶珊瑚弧菌（电镜负染10 000×）；B. 进一步放大后的溶珊瑚弧菌（杆状）。

图5-11　杂色鲍幼苗急性脱板症病原溶珊瑚弧菌

（二）流行情况

该病自2002年开始在广东、福建、海南等地流行，流行水温低于25 ℃，该菌可能会存在于不同的宿主中。

（三）症状

杂色鲍幼苗急性脱板症的具体表现可分为几种情况：①鲍幼苗在浮游阶段就沉底死亡，根本不能附着；②在整个附着期内，鲍幼苗从附着板上逐渐脱落，直至最后全部死亡；③在附着期的某一天或几天内（一般在附着后的第10～20天），鲍幼苗突然大量脱落死亡。以最后一种现象最为普遍。鲍幼体附在采苗板（塑料透明薄膜板）上生长期间，出现严重脱板，鲍幼苗第1呼吸孔尚未形成之前先变白，且在1～2天内脱落死亡。

在出现掉板死亡的育苗池内，鲍幼苗活力很差，壳色发白，摄食不正常，很快死亡而变成空壳，壳内充满原生动物，死亡的鲍幼苗壳长为0.1～0.3 mm（图5-12）。同时，附苗板上的底栖硅藻老化，部分脱落，用手摸上去发黏；而正常的鲍幼苗壳色偏红，活力很好，正常的底栖硅藻呈金黄色。

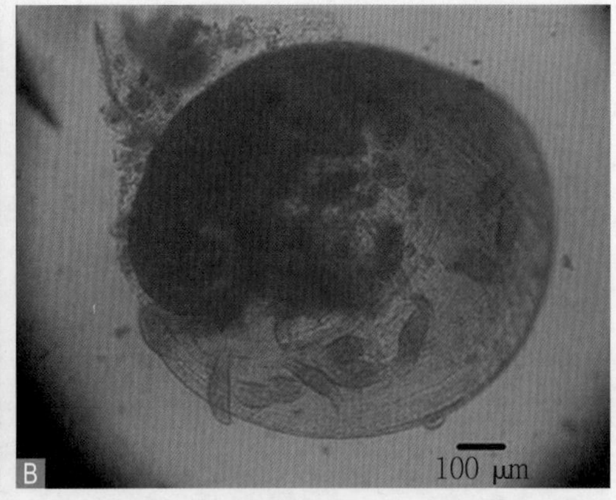

A. 杂色鲍幼苗空壳化；B. 杂色鲍幼苗空壳内部充满原生动物。

图5-12　杂色鲍幼苗空壳化，内部充满原生动物

（四）诊断方法

在发生大规模死亡的鲍幼苗池内采集已经死亡及未死亡、规格为0.1～0.3 cm的病鲍幼苗，直接置于显微镜下观察，或利用LAMP快速检测方法检测可确诊。

（五）防治方法

（1）采用闭合循环养殖水培苗系统、低盐条件培育底栖硅藻和海水多重物理处理。

（2）用中药夹竹桃叶、苦楝叶、芒果叶和羊蹄甲叶，以及氟苯尼考拌饲口服可控制该病发生。

三、皱纹盘鲍脓疱病

（一）病原

病原为哈维弧菌（图5-13）。革兰氏阴性，短杆状，具鞭毛。

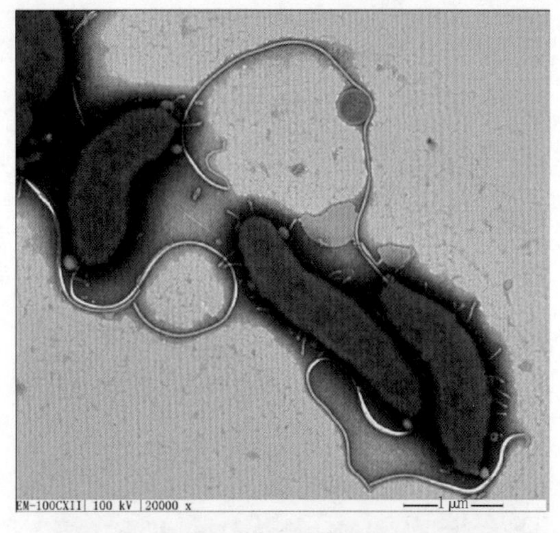

图5-13　哈维弧菌负染照片（1 000×）

（二）流行情况

流行水温16 ℃以上，水温越高，流行越严重，辽宁、山东等地夏季发病较多，福建、广东养殖的皱纹盘鲍（*Haliotis discus* var. *hannai*）均可发生该病。

（三）症状

早期足部出现白点，白点逐渐增大而形成脓疱（最大直径可达2 cm），后期脓疱破裂，有白色脓液流出，最后脓疱中心形成深2 ~ 5 mm的小坑；足部和外套膜萎缩，病鲍活力差，干瘦状（图5-14）。

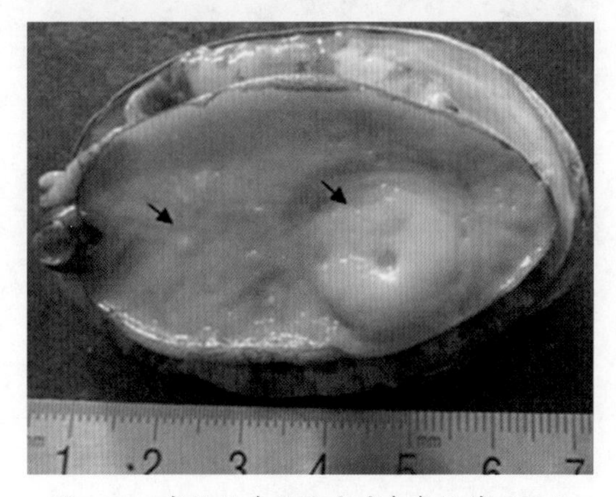

图5-14　患皱纹盘鲍脓疱病杂色鲍外观症状

（四）诊断方法

足肌上出现多处微微隆起的白色脓疱，几天以后脓疱破裂，流出大量的白色脓汁，并留下2 ~ 5 mm不等的深孔，足面肌肉呈现不同程度的溃烂，可予判断为此病。确诊需进行病原分离与鉴定。

（五）防治方法

（1）用二氧化氯、二氯异氰脲酸钠全池泼洒。

（1）用诺氟沙星（氟哌酸）拌饲口服或浸洗可防治该病。

四、方斑东风螺肿吻症

（一）病原

病原是哈维弧菌，TCBS培养基上菌落呈黄色，圆形，边缘整齐，表面光滑湿润，稍隆起（图5-15）。

（二）流行情况

该病是方斑东风螺（*Babylonia areolata*）在养殖过程中经常发生的一种严重病害，此病来势凶猛，染病的螺摄食量突然减少，2～3天后，大量爬出沙面，呈无力状，吻管突出，严重时全部死亡（图5-16）。2015年前，一般在4—5月及11—12月容易发生此病；2015年之后，全年均可发生。

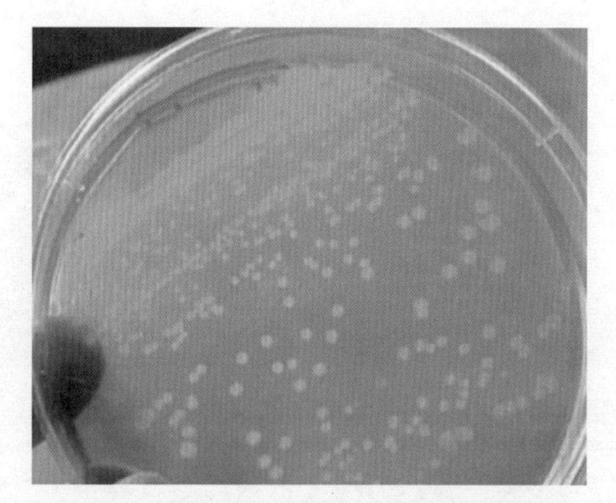

图5-15　TCBS培养基上的哈维弧菌

A. 正常的方斑东风螺；B. 发病的方斑东风螺。

图5-16　方斑东风螺肿吻症发病症状

（三）症状

正常的螺一般藏身于沙中，或爬行于沙面，触角伸出，对外界刺激敏感，而发生该病的方斑东风螺爬出沙面，有些侧卧于沙面，对外界刺激反应迟钝，可见到吻管明显肿大。病螺活力下降，减少摄食，吻部红肿，最后衰竭至死（图5-17）。

（四）诊断方法

若病螺在养殖池中爬出沙面（正常

图5-17　感染发病的方斑东风螺

的螺一般藏身于沙中），侧卧于沙面，对外界刺激反应迟钝，并可见到吻管明显肿大等现象可初步判断；确诊需从病螺中分离出哈维弧菌。

（五）防治方法

（1）水体传播是病原菌侵入的主要途径，一旦出现该病，就进行倒池，将未出现病症的螺放入一个新池中，使用抗菌药物或消毒剂进行防治处理，同时对原池用漂白粉等消毒剂进行彻底消毒。

（2）如果病情非常严重，则应立即将全池的螺移出掩埋，进行全池消毒。

（3）日常管理中进行预防，可在饵料中适当拌光合细菌，水池中泼洒芽孢杆菌等，同时2～3个月应倒池1次，彻底破坏细菌滋生的温床。

第三节 贝类寄生虫性疾病

一、贝类才女虫病

（一）病原

该病又称黑心肝病，病原为凿贝才女虫（*Polydora ciliata*），属环节动物门多毛纲隐居目海稚虫科才女虫属，凿贝才女虫活体呈棕黄色，体长3 cm左右，体宽0.7～1 cm，具有约180个刚节，头部具两条带纤毛的长触须（图5-18）。

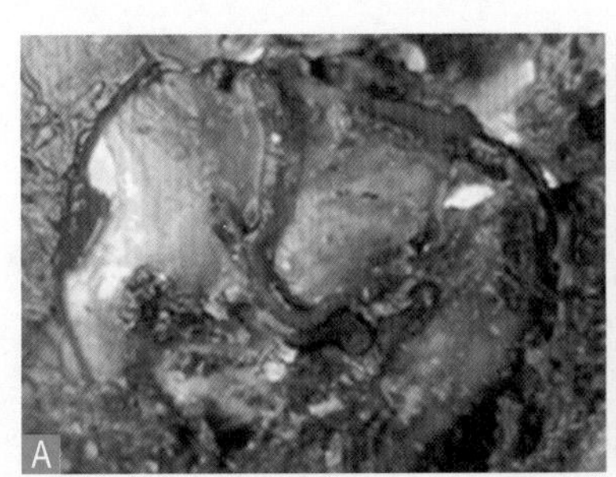

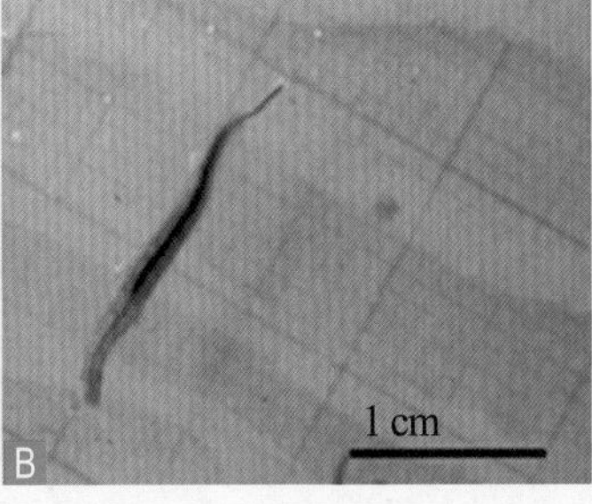

A. 珍珠贝内表面形成黑色的瘤状突起；B. 凿贝才女虫成体；C. 凿贝才女虫触角。

图5-18 珍珠贝上寄生的凿贝才女虫

（二）流行情况

该病主要危害扇贝、珍珠贝、牡蛎（*Ostrea gigas*）等，二龄以上的合浦珠母贝（*Pinctada martensii*）在10月凿贝才女虫数量可达到最高值，1月的总数最少。二龄以上贝体上寄生虫的数量显著高于在二龄以下贝体上的数量，多毛类的感染率均在76%以上。

（三）症状

贝壳内侧的珍珠层失去光泽，变为黑色或褐色，凹凸不平，质地疏松，与外层壳可分层剥离，在夹层中有深褐色胶状物，相对应的贝壳表面可以找到针尖大小的孔，闭壳肌和内脏团部分有脓包或溃烂性大病灶；壳内表面有黑褐色痂皮或大而多的珍珠瘤，虫体的分泌物直接接触外套膜，可对外套膜形成强烈的刺激，并可引起外套膜产生严重的炎症反应，造成继发性感染（图5-19）。

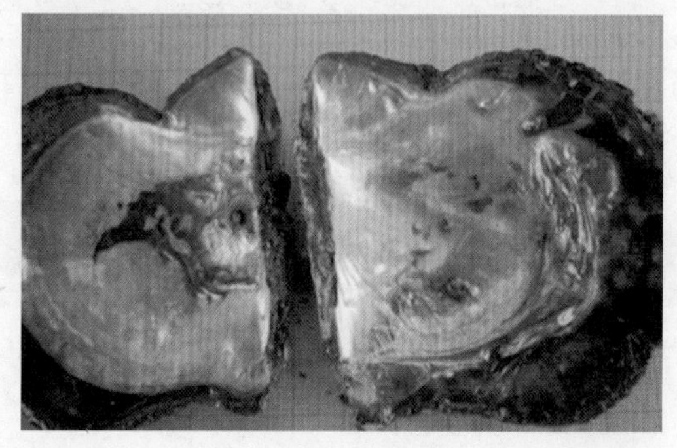

图5-19　病贝壳外表面有大量的虫孔、管道或黑色隆起

（四）诊断方法

根据凿贝才女虫分泌腐蚀贝壳的物质，以致壳内面在窝心或中心部位有黑褐色的痂皮可诊断，这是该病俗称“黑心肝病”的原因。

（五）防治方法

（1）物理防控。

①用饱和盐水浸浴处理可杀死寄生的凿贝才女虫。

②将病贝置于高温热水中数十秒，观察寄生虫的死亡情况。

③将病贝置于空气中曝晒几小时，观察寄生虫的死亡情况。

（2）药物防控。

①根据寄生虫成虫及幼虫的季节动态找出其感染薄弱期，进行药物杀灭。

②采用甲苯咪唑、辛硫磷和高锰酸钾等药物，对患寄生虫病贝进行浸泡。

二、贝类派琴虫病

（一）病原

病原为奥尔森派琴虫（*Perkinsus olseni*），属顶复体门派琴虫纲派琴虫目派琴虫属（图5-20）。奥尔森派琴虫一般经历滋养体、休眠孢子、游动孢子3个主要的生活期，游动孢子长4 ~ 6 μm，直径2 ~ 3 μm（图5-21）。

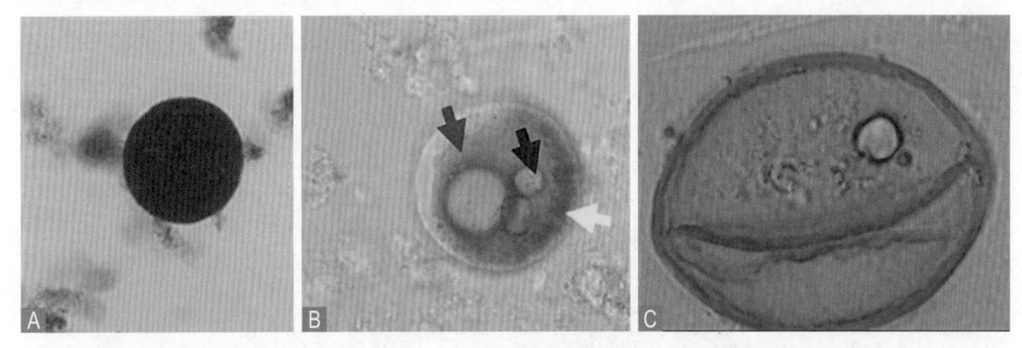

A. 卢戈氏液染色，休眠孢子呈深黑色；B. 未染色休眠孢子，示偏心囊泡（红箭头）和细胞核（蓝箭头），细胞壁厚（黄箭头）；C. 未染色休眠孢子，顶面观，球形，壳瓣状。

图5-20　派琴虫休眠孢子

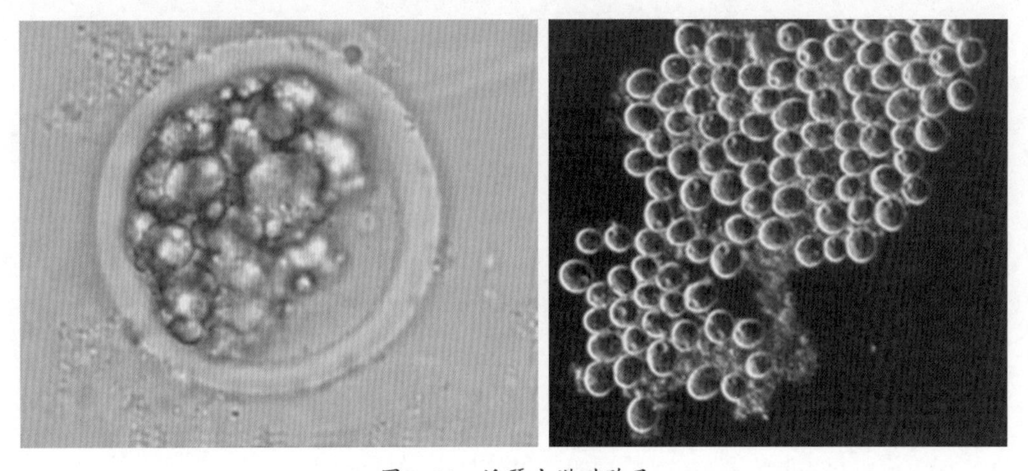

图5-21　派琴虫游动孢子

（二）流行情况

该病主要危害黑唇鲍、绿鲍、黑鲍、红鲍、文蛤等，寄生于贝类的鳃、肌肉和外套膜上。派琴虫流行需要一定的条件，其中冬季较高的温度和夏季的高盐是两个基本条件。冬季的高温有助于派琴虫的越冬，而高盐则可能导致宿主的抵抗力减弱。如果夏季高温期较长，派琴虫的增殖和传播就有充足的时间；贝类的高密度养殖，则有利于派琴虫的传播。如果冬季温度较低，夏季的降水较多，就会抑制派琴虫的繁殖，阻断流行条件，不会大规模暴发。然而，派琴虫的休眠孢子能够抵御低温和低盐，一旦温度回升，淡水减少，流行条件可能重新形成，造成严重危害。

（三）症状

肉眼可见在肌肉和外套膜上的坏死结节（直径0.5 ~ 8 mm）。因结节在组织中增生，足和外套膜中产生脓疱，而降低鲍的商品价值。形成的圆形褐色脓疱中，包含一个干酪似的乳褐色沉淀（图5-22）。

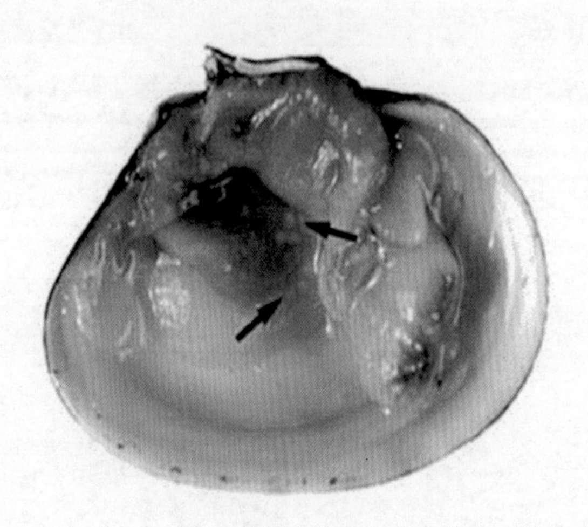

图5-22　派琴虫感染引起的症状（箭头示结节）

（四）诊断方法

（1）用液体巯基乙酸盐培养基检测法，置显微镜下观察是否有派琴虫孢子。

（2）基于PCR的分子检测方法进行诊断。

（五）防治方法

（1）将发病牡蛎转移到低盐度海区，可缓解病情。

（2）用药物进行预防，如漂白粉、PV-碘、二氧化氯均可。

（3）选育贝类优良抗性品系是防治派琴虫病的最好方法。

参考文献

柏爱旭，张科，张敬友，等，2018．黄颡鱼病原嗜水气单胞菌分离鉴定及致病性研究［J］．江苏农业科学，46（7）：175-178.

陈爱平，江育林，钱冬，等，2011．水生动物疫病病种介绍之：桃拉综合征［J］．中国水产（4）：62-64.

陈锦富，胡玫，2000．淡水养殖病害诊断与防治手册［M］．上海：上海科学技术出版社.

陈涛，2018．鱼类三代虫生物学和分类学研究进展［J］．水产科学，37（5）：707-713.

陈信忠，郭书林，庞林，等，2017．罗非鱼湖病毒感染研究进展［J］．中国动物检疫，34（10）：55-59.

邓国成，谢骏，李胜杰，等，2009．大口黑鲈病毒性溃疡病病原的分离和鉴定［J］．水产学报，33（5）：871-877.

丁建华，金显文，2013．鱼类指环虫的研究进展［J］．淮北师范大学学报（自然科学版），34（1）：35-40.

董双林，2011．中国综合水产养殖的发展历史、原理和分类［J］．中国水产科学，18（5）：1202-1209.

房海，陈翠珍，张晓君，2010．水产养殖动物病原细菌学［M］．北京：中国农业出版社.

付峰，刘荭，黄倢，等，2006．鲤春病毒血症病毒（SVCV）的研究进展［J］．中国水产科学，13（2）：328-334.

甘维熊，邓龙君，周辉霞，2013．淡水鱼类多子小瓜虫病研究进展［J］．科学养鱼（12）：56-58.

高燕，张涛，杨红生，等，2011．凿贝才女虫形态与结构观察［J］．海洋科学，35（10）：103-109.

耿毅，汪开毓，陈德芳，等，2009．鮰爱德华氏菌与鮰爱德华氏菌病［J］．水产科技情报，36（5）：236-240.

龚迎春，余育和，2007．车轮虫分类与系统发育研究进展［J］．动物学研究，28

（2）：217-224.

辜良斌，徐力文，王雨，等，2016. 从珍珠龙趸体内分离的1株创伤弧菌的鉴定及耐药性分析［J］. 大连海洋大学学报，31（2）：162-167.

何山，谭爱萍，姜兰，等，2019. 四株杂交鳢致病性舒伯特气单胞菌特性及致病性比较［J］. 微生物学通报，46（10）：2630-2644.

何义进，谢骏，潘良坤，等，2009. 河蟹养殖主要疾病控制技术［J］. 科学养鱼（5）：48-49.

黄琪琰，1993. 水产动物疾病学［M］. 上海：上海科学技术出版社.

黄郁葱，简纪常，吴灶和，等，2008. 卵形鲳鲹结节病病原的分离与鉴定［J］. 广东海洋大学学报，28（4）：49-53.

贾丹，史成银，黄倢，等，2018. 凡纳滨对虾急性肝胰腺坏死病（AHPND）病原分离鉴定及其致病性分析［J］. 渔业科学进展，39（3）：103-111.

江育林，陈爱平，2003. 水产动物疾病诊断图鉴［M］. 北京：中国农业出版社.

姜峰，2004. 对虾病毒性红腿病的防治［J］. 科学养鱼（12）：46.

蒋魁，徐力文，苏友禄，等，2017. 两株珍珠龙趸病原性哈维弧菌（*Vibrio harveyi*）的分离与鉴定［J］. 生态科学，36（6）：16-24.

金周浩，宋达锋，顾青，2008. 副溶血弧菌致病因子与耐热直接溶血毒素的研究进展［J］. 水产科学，27（6）：320-324.

李才文，许文军，2014. 海水甲壳类寄生性病原血卵涡鞭虫（*Hematodinium* spp.）研究进展［J］. 海洋与湖沼，45（1）：1-10.

李军，王铁辉，陆仁后，等，1999. 草鱼出血病病毒的研究进展［J］. 海洋与湖沼，30（4）：445-453.

李太武，张健，丁明进，等，1997. 皱纹盘鲍脓疱病的组织学和超微结构研究［J］. 动物学报，43（3）：238-242.

李亚楠，白昌明，刘金兰，等，2019. 牡蛎疱疹病毒（OsHV-1）间接原位杂交PCR检测方法的建立与初步应用［J］. 水产学报，43（3）：679-687.

李言伟，江飚，但学明，等，2019. 鱼类抗刺激隐核虫感染的黏膜免疫研究进展［J］. 水产学报，43（1）：156-167.

李洋，李强，张显昱，2014. 哈维弧菌及其主要致病因子的研究进展［J］. 中国农业科技导报，16（4）：159-166.

刘春，2019. 鱼类类结节病病原舒伯特气单胞菌的致病机制研究［D］. 武汉：华中农业大学.

刘春，李凯彬，王庆，等，2012. 杂交鳢（斑鳢♀×乌鳢♂）内脏类结节病病原菌的分离、鉴定与特性分析［J］. 水产学报，36（7）：1119-1125.

刘春，曾伟伟，王庆，等，2014. 杂交鳢（斑鳢♀×乌鳢♂）弹状病毒TaqMan实时荧光定量PCR检测方法的建立及应用［J］. 水产学报，38（1）：136-142.
刘广锋，周世宁，徐力文，等，2006. 杂色鲍幼苗“急性死亡脱落症”病原菌分析［J］. 中国水产科学，13（4）：655-661.
刘明珠，余庆，肖贺贺，等，2019. 卵形鲳鲹源创伤弧菌导致宿主细胞凋亡的作用机制［J］. 广西科学院学报，35（3）：206-212.
刘宗晓，刘荭，江育林，2006. 锦鲤疱疹病毒病的研究进展［J］. 检验检疫科学，16（4）：77-80.
马晓燕，李鹏，严洁，等，2012. 对虾白斑综合征病毒的概述［J］. 南京师大学报（自然科学版），35（4）：90-100.
马振华，于刚，孟祥君，等，2019. 尖吻鲈养殖生物学及加工［M］. 北京：中国农业出版社.
满其蒙，徐力文，区又君，等，2012. 鰤鱼诺卡氏菌感染卵形鲳鲹的组织病理学研究［J］. 广东农业科学（21）：132-135，封二.
孟庆显，1996. 海水养殖动物病害学［M］. 北京：中国农业出版社.
潘长坤，袁会芳，王甜甜，等，2017. 红螯螯虾虹彩病毒在两种螃蟹内的研究［J］. 应用海洋学学报，36（1）：82-86.
潘吉脉，张明洋，贺欣微，等，2019. 杂交鲟维氏气单胞菌的分离鉴定及其耐药性分析［J］. 中国兽医杂志，55（3）：85-89，中插2.
乔毅，沈辉，万夕和，等，2018. 南美白对虾肝肠胞虫的分离及形态学观察［J］. 中国水产科学，25（5）：1051-1058.
曲凌云，张进兴，孙修勤，1999. 养殖牙鲆淋巴囊肿病流行状况与组织病理学研究［J］. 黄渤海海洋，17（2）：43-47.
申亚阳，杨铿，马红玲，等，2017. 广东沿海地区拟穴青蟹呼肠孤病毒和双顺反子病毒-1的分子流行病学调查［J］. 生态科学，36（1）：17-24.
世界动物卫生组织（OIE）鱼病专家委员会，2001. 水生动物疾病诊断手册：2000年版［M］. 北京：中国农业出版社.
苏友禄，冯娟，郭志勋，等，2011. 3种美人鱼发光杆菌疫苗对卵形鲳鲹的免疫效果研究［J］. 华南农业大学学报，32（3）：105-110.
苏友禄，冯娟，郭志勋，等，2012. 美人鱼发光杆菌杀鱼亚种感染卵形鲳鲹的病理学观察［J］. 海洋科学，36（2）：75-81.
苏友禄，刘婵，邓益琴，等，2019. 罗非鱼无乳链球菌病的研究进展［J］. 大连海洋大学学报，34（5）：757-766.
孙秀秀，苏友禄，冯娟，等，2009. 杂色鲍肌肉萎缩症的组织病理学研究［J］. 安徽农业科学，37（3）：1098-1101.

田飞焱，何俊强，王璐，等，2012. 金鱼疱疹病毒性造血器官坏死病研究进展［J］. 中国动物检疫，29（4）：78-80.

王高学，赵云奎，申烨华，等，2011. 25种植物提取物杀灭鱼类指环虫活性研究［J］. 西北大学学报（自然科学版），41（1）：73-76.

王国良，徐益军，金珊，等，2009. 养殖乌鳢诺卡氏菌病及其病原研究［J］. 水生生物学报，33（2）：277-283.

王国良，刘璐，徐益军，2011. 鱼类致病鰤鱼诺卡氏菌（*Nocardia seriolae*）的LAMP检测技术建立与应用［J］. 海洋与湖沼，42（1）：27-31.

王江勇，王瑞旋，苏友禄，等，2013. 方斑东风螺“急性死亡症”的病原病理研究［J］. 南方水产科学，9（5）：93-99.

王瑞旋，刘广锋，王江勇，等，2010. 养殖卵形鲳鲹诺卡氏菌病的研究［J］. 海洋湖沼通报（1）：52-58.

王文强，唐发辉，赵元莙，2015. 南中国海野生海水鱼类外寄生车轮虫新记录［J］. 水生生物学报，39（3）：572-573.

吴静，2010. 鲤斜管虫的分子系统发育研究［J］. 江西农业学报，22（10）：122-125.

夏春，2005. 水生动物疾病学［M］. 北京：中国农业大学出版社.

谢云丹，冯娟，刘婵，等，2019. 自然感染无乳链球菌罗非鱼的比较病理学及毒力基因谱分析［J］. 南方水产科学，15（2）：47-57.

许海东，区又君，郭志勋，等，2010. 神经坏死病毒对卵形鲳鲹的致病性及外壳蛋白基因序列分析［J］. 上海海洋大学学报，19（4）：482-488.

许新，王萌，苏友禄，2017. 石斑拟合片虫对青斑鳃组织的病理损伤［J］. 海洋与渔业（2）：48.

闫冬春，陈博堃，2018. 传染性皮下及造血组织坏死病毒致病性研究进展［J］. 渔业科学进展，39（3）：167-172.

闫茂仓，单乐州，陈少波，等，2009. 黄姑鱼淀粉卵涡鞭虫病的防治［J］. 水产科技情报，36（2）：63-64.

杨文川，李立伟，王彦海，2004. 福建海水养殖鱼类本尼登虫病研究［J］. 海洋科学（7）：36-39.

杨先乐，2001. 特种水产动物疾病的诊断与防治［M］. 北京：中国农业出版社.

俞开康，战文斌，周丽，2000. 海水养殖病害诊断与防治手册［M］. 上海：上海科学技术出版社.

苑淑宾，朱爱意，2012. 溶藻弧菌对水产动物致病性及其防治的研究进展［J］. 浙江海洋学院学报（自然科学版），31（3）：256-264.

战文斌，2004. 水产动物病害学［M］. 北京：中国农业出版社.

战文斌，2011. 水产动物病害学［M］. 2版. 北京：中国农业出版社.

张殿昌，马振华，2015. 卵形鲳鲹繁育理论与养殖技术［M］. 北京：中国农业出版社.

张奇亚，2002. 我国水生动物病毒病研究概况［J］. 水生生物学报，26（1）：89-101.

朱罗罗，张庆利，万晓媛，等，2016. 我国一株新型黄头病毒的分子流行病学［J］. 渔业科学进展，37（3）：68-77.

CASTRI J，THIÉRY R，JEFFROY J，et al，2001. Sea bream *Sparus aurata*，an asymptomatic contagious fish host for nodavirus［J］. Diseases of Aquatic Organisms，47（1）：33-38.

CUI Y Y，YE L T，WU L，et al，2018. Seasonal occurrence of *Perkinsus* spp. and tissue distribution of *P. olseni* in clam（*Soletellina acuta*）from coastal waters of Wuchuan County，southern China［J］. Aquaculture，492：300-305.

DAN X M，LI A X，LIN X T，et al，2006. A standardized method to propagate *Cryptocaryon irritans* on a susceptible host pompano *Trachinotus ovatus*［J］. Aquaculture，258（1/2/3/4）：127-133.

GROVE S，JOHANSEN R，DANNEVIG B H，et al，2003. Experimental infection of Atlantic halibut *Hippoglossus hippoglossus* with nodavirus：tissue distribution and immune response［J］. Diseases of Aquatic Organisms，53（3）：211-221.

GUO Z X，HE J G，XU H D，et al，2013. Pathogenicity and complete genome sequence analysis of the mud crab dicistrovirus-1［J］. Virus Research，171（1）：8-14.

JOHANSEN R，RANHEIM T，HANSEN M K，et al，2002. Pathological changes in juvenile Atlantic halibut *Hippoglossus hippoglossus* persistently infected with nodavirus［J］. Diseases of Aquatic Organisms，50（3）：161-169.

MOHANTY B R，SAHOO P K，2007. Edwardsiellosis in fish：a brief review［J］. Journal of Biosciences，32（7）：1331-1344.

MA H L，PENG C，SU Y L，et al，2016. Isolation of a *Ranavirus*-type grouper iridovirus in mainland China and comparison of its pathogenicity with that of a *Megalocytivirus*-type grouper iridovirus［J］. Aquaculture，463：145-151.

NISHIZAWA T，FURUHASHI M，NAGAI T，et al，1997. Genomic classification of fish nodaviruses by molecular phylogenetic analysis of the coat protein gene［J］. Applied and Environmental Microbiology，63（4）：1633-1636.

NOMOTO R, MUNASINGHE L I, JIN D H, et al, 2004. Lancefield group C *Streptococcus dysgalactiae* infection responsible for fish mortalities in Japan [J]. Journal of Fish Diseases, 27(12): 679-686.

OGAWA K, BONDADREANTASO M G, WAKABAYASHI H, 1995. Redescription of *Benedenia epinepheli* (Yamaguti, 1937) Meserve, 1938 (Monogenea: Capsalidae) from cultured and aquarium marine fishes of Japan [J]. Canadian Journal of Fisheries and Aquatic Sciences, 52(S1): 62-70.

PIER G B, MADIN S H, 1976. *Streptococcus iniae* sp. nov., a beta-hemolytic streptococcus isolated from an Amazon freshwater dolphin, *Inia geoffrensis* [J]. International Journal of Systematic Bacteriology, 26(4): 545-553.

SU Y L, FENG J, JIANG J Z, et al, 2014. *Trypanosoma epinepheli* n. sp. (Kinetoplastida) from a farmed marine fish in China, the brown-marbled grouper (*Epinephelus fuscoguttatus*) [J]. Parasitology Research, 113(1): 11-18.

SU Y L, FENG J, SUN X X, et al, 2014. A new species of *Glugea* Thélohan, 1891 in the red sea bream *Pagrus major* (Temminck & Schlegel) (Teleostei: Sparidae) from China [J]. Systematic Parasitology, 89: 175-183.

SU Y L, XU H D, MA H L, et al, 2015. Dynamic distribution and tissue tropism of nervous necrosis virus in juvenile pompano (*Trachinotus ovatus*) during early stages of infection [J]. Aquaculture, 440: 25-31.

SU Y L, FENG J, LIU C, et al, 2017. Dynamic bacterial colonization and microscopic lesions in multiple organs of tilapia infected with low and high pathogenic *Streptococcus agalactiae* strains [J]. Aquaculture, 471: 190-203.

WANG R X, FENG J, SU Y L, et al, 2013. Studies on the isolation of *Photobacterium damselae* subsp. *piscicida* from diseased golden pompano (*Trachinotus ovatus* Linnaeus) and antibacterial agents sensitivity [J]. Veterinary Microbiology, 162(2/3/4): 957-963.

WENG S P, GUO Z X, SUN J J, et al, 2007. A reovirus disease in cultured mud crab, *Scylla serrata*, in southern China [J]. Journal of Fish Diseases, 30(3): 133-139.

XU K D, SONG W B, 2008. Two trichodinid ectoparasites from marine molluscs in the Yellow Sea, off China, with the description of *Trichodina caecellae* n. sp. (Protozoa: Ciliophora: Peritrichia) [J]. Systematic Parasitology, 69(1): 1-11.

YE L T, TANG B, WU K C, et al, 2015. Mudworm *Polydora lingshuiensis* sp. n is a new species that inhabits both shell burrows and mudtubes [J]. Zootaxa, 3986(1): 88-100.

ZLOTKIN A, HERSHKO H, ELDAR A, 1998. Possible transmission of *Streptococcus iniae* from wild fish to cultured marine fish [J]. Applied and Environmental Microbiology, 64(10): 4065-4067.

附　录

《一、二、三类动物疫病病种名录》中的水生动物疫病

摘自农业农村部公告第573号

二类动物疫病（14种）

鱼类病（11种）：鲤春病毒血症、草鱼出血病、传染性脾肾坏死病、锦鲤疱疹病毒病、刺激隐核虫病、淡水鱼细菌性败血症、病毒性神经坏死病、传染性造血器官坏死病、流行性溃疡综合征、鲫造血器官坏死病、鲤浮肿病

甲壳类病（3种）：白斑综合征、十足目虹彩病毒病、虾肝肠胞虫病

三类动物疫病（22种）

鱼类病（11种）：真鲷虹彩病毒病、传染性胰脏坏死病、牙鲆弹状病毒病、鱼爱德华氏菌病、链球菌病、细菌性肾病、杀鲑气单胞菌病、小瓜虫病、粘孢子虫病、三代虫病、指环虫病

甲壳类病（5种）：黄头病、桃拉综合征、传染性皮下和造血组织坏死病、急性肝胰腺坏死病、河蟹螺原体病

贝类病（3种）：鲍疱疹病毒病、奥尔森派琴虫病、牡蛎疱疹病毒病

两栖与爬行类病（3种）：两栖类蛙虹彩病毒病、鳖腮腺炎病、蛙脑膜炎败血症